W0259051

Die

Berechnung elektrischer Anlagen auf wirtschaftlichen Grundlagen.

Von

Dr. Ing. F. W. Meyer.

Mit 49 in den Text gedruckten Figuren.

Berlin.
Verlag von Julius Springer.
1908.

ISBN-13: 978-3-642-90101-0 e-ISBN-13: 978-3-642-91958-9
DOI: 10.1007/978-3-642-91958-9

Softcover reprint of the hardcover 1st edition 1908

Vorwort.

Die Berechnung der elektrischen Anlagen, namentlich der Hochspannungsanlagen auf wirtschaftstheoretischen Grundlagen hat als Hauptteil der wirtschaftlichen Elektrotechnik letzthin ebenso wie die anderen Zweige der Elektrotechnik eine bedeutende Vertiefung erfahren. Allerdings hat man sich erst unter dem Zwange harter Notwendigkeit in technischen Kreisen veranlaßt gesehen, die wirtschaftlichen Fragen genauer zu behandeln, als dies früher nötig war. Man scheute um so mehr davor zurück, als man in der Wirtschaftstheorie nicht die in der Technik gewohnten exakten Definitionen fand, was nach Launhardts „Mathematischer Begründung der Volkswirtschaftslehre" auf einer allgemeinen Abneigung der Wirtschaftstheoretiker gegen mathematische Darlegungen beruht. Letztere dürfte in der Tat kaum derjenigen nachstehen, welche früher bei den Ingenieuren gegen sorgfältige wirtschaftliche Untersuchungen bestand.

Sehr augenfällig ist nun aber der in mancher Hinsicht vor kurzem eingetretene Umschwung. Man hat begriffen, daß in unserer Zeit neben technischen Vervollkommnungen eine richtige Beurteilung der wirtschaftlichen Verhältnisse und eine genaue Anpassung der technischen Faktoren an diese maßgebend für die Entwickelung elektrischer Unternehmungen sind. In Deutschland liegen nun zwar seit der letzten klärenden Arbeit Teichmüllers keine neueren wirtschaftstheoretischen Ergebnisse für elektrische Anlagen vor, wenigstens weiteren Kreisen nicht; hingegen hat z. B. in Amerika die wirtschaftstheoretische Arbeit

Mershons, des „Hochspannungspioniers von Telluride“, besondere Beachtung gefunden und lebhafte Besprechung erfahren. Eine besondere Empfindung für wirtschaftstheoretische Unterschiede und deren praktische Folgen, die in Amerika und England überhaupt mehr als in Deutschland vorhanden zu sein scheint, wenn sie sich auch nicht exakt genug äußert, verraten die wohl zu beachtenden Resultate von Wallace. Von europäischen Elektrikern haben sich neuerdings hauptsächlich Albaret, Swyngedauw und Sarrat mit den wirtschaftlichen Problemen befaßt.

Wenn es nun auch in vorliegender Abhandlung nicht beabsichtigt und möglich war, auf die gesamte Geschichte der Wirtschaftstheorie für elektrische Anlagen ausführlich einzugehen, da dieses Buch in erster Linie eine Vervollkommnung der Theorie zur direkten Nutzanwendung erstrebt und daher von den älteren Resultaten, im wesentlichen also denjenigen von Thomson, Beringer, Ayrton & Perry, Boucherot, Hochenegg und Teichmüller nur dasjenige benutzt, was im Sinne der allgemeinen Methode des Verfassers brauchbar erschien, so sind doch die meisten Arbeiten kurz gestreift und die oben genannten neueren Ergebnisse einer eingehenderen Kritik unterzogen. Das Ergebnis ist, daß nur in vereinzelten Näherungsbeziehungen sich Übereinstimmung zeigt mit den Resultaten des Verfassers, trotz der bisweilen übereinstimmenden wirtschaftlichen Voraussetzungen. Der Grund liegt zum Teil darin, daß diese wirtschaftlichen Voraussetzungen seitens der verschiedenen Autoren im Laufe der Rechnung nicht überall gewahrt bleiben, zum Teil auch in anderen theoretischen Mißgriffen. Besonders auffällig ist, daß gerade in bezug auf das wirtschaftliche Hauptprinzip, nämlich dasjenige der Rentabilität, die Autoren mehr oder weniger versagen und, wie genauer gezeigt werden wird, in die Behandlung anderer Wirtschaftsmethoden hinübergleiten.

Hervorgehoben werden muß, daß die erhaltenen wirtschaftstheoretischen Relationen nur in seltenen Fällen technischen Sonderbedingungen weichen müssen. So ist z. B. eine früher bisweilen irrtümlich angenommene absolute physikalische „Höchst“- oder „Grenzspannung“ nicht vorhanden, und es wird auf Grund der ausgedehnten physikalischen Untersuchungen Ryans gezeigt, wie sich in den „kritischen Spannungsbereichen“ die wirtschaftlichen Bedingungen ändern müssen, so daß das maßgebende „Ryansche Gesetz“ nicht verletzt wird. Es stellt sich heraus, daß auch aus wirtschaftlichen Gründen eine allgemein gültige absolute Spannungsgrenze nicht existiert.

Trotzdem sind die erhaltenen numerischen Resultate im wesentlichen hauptsächlich als Rechnungsbeispiele zu verstehen. Sie sollen also weniger als diejenigen Mershons ein Urteil fällen über die künftigen Entwickelungen der elektrischen Fernleitungsanlagen. Es sind hauptsächlich die Methoden selbst, von denen ein Nutzen für den Entwurf der Hochspannungsanlagen, welche nicht nur in Amerika, der Schweiz, Italien und Norwegen, sondern in letzter Zeit auch in den deutschen Kohlenrevieren von besonderer wirtschaftlicher Bedeutung geworden sind, erhofft wird.

Es verbleibt mir noch, Herrn Professor Dr. Teichmüller, Karlsruhe, aus dessen einschlägigen Arbeiten ich auch so manche Anregung schöpfte, für seine wertvolle Beratung bei Abfassung dieses Buches, sowie Herrn Geheimen Regierungsrat Professor Dr.-Ing. Launhardt, Hannover, und Herrn Professor der Nationalökonomie Dr. v. Zwiedineck-Südenhorst, Karlsruhe, für ihr gezeigtes lebhaftes Interesse in wirtschaftstheoretischer Hinsicht meinen besonderen Dank auszudrücken.

Hannover, im Herbst 1907.

Der Verfasser.

Inhaltsübersicht.

Einleitung.

Seite

B.

Die Wirtschaftlichkeit der Anlage im allgemeinen.

I. Das Wesen der Wirtschaftlichkeit.

II. Der einfache Übertragungsfall. Die wirtschaftlichen Werte des Effektverlustes, der Spannung und der übrigen elektrischen Daten. Die Kosten der Anlage. Die jährlichen Ausgaben.

III. Praktische Anwendung der Beziehungen. Beispiel.

Seite

V. Einfluß einer Unterstation auf die Rentabilität und ihre Bedingungen. Sonstige technische Sonderheiten. Einfluß der Übergangsverluste und der speziellen Vorgänge in Wechselstromkreisen. Variabler Betrieb. Tarifpolitik. Kritische Betrachtung der sonstigen neueren Arbeiten und Ergebnisse.

VI. Der Einfluß besonderer Kapitalaufwendungen im allgemeinen. Verteilungsnetze. Konzessionserwerbung. Mitbenutzung einer beschränkten Energieerzeugungsmöglichkeit. Rente bei verlorenem Kapital.

VII. Theorie der Kapitalaufnahme. Die günstigste Aufnahme. Gemeinnützigkeit.

Seite

Zweiter Teil.

Beschränkte Energieerzeugungsmöglichkeit.

A.
Die Exploitation.

I. Das Wesen der Exploitation.

II. Der einfachste Übertragungsfall. Die Exploitationswerte der Spannung, des Effektverlustes und der übrigen elektrischen Daten. Die Kosten der Anlage. Die jährlichen Ausgaben. Der Kabelspezialfall.

III. Praktische Anwendung. Der Exploitationsgewinn als Funktion der Entfernung. Die Wertgrenze der Energieerzeugungsmöglichkeit. Beispiele.

Beispiel.

Einleitung.

1. Der Wirtschaftsverlauf im allgemeinen. Die Rolle, welche eine elektrische Anlage in unserm Wirtschaftsleben spielt kann bei gleichem gewerblichen Zweck eine sehr verschiedenartige sein, je nach den treibenden wirtschaftlichen Kräften, denen sie ihre Entstehung verdankt. Letzten Endes besteht der Grund für diese Verschiedenheit darin, daß unsere Produktions- und Konsumtionsregelung sich auf mannigfachen und zwar meist indirekten Wegen vollzieht d. h. in unserem Wirtschaftsstadium mehr oder weniger das Resultat des „freien Spiels der Kräfte“ ist, so daß je nach den jeweiligen Wirtschaftsverhältnissen örtlich und zeitlich bald diese bald jene Interessenvertretung die Oberhand gewinnt und einen ihr günstigen Wirtschaftsverlauf erzwingt.

2. Wirtschaftstheoretische Voraussetzungen für unsere Aufgabe. Wodurch die häufig eigenartigen Verhältnisse entstehen oder gar wie groß die Berechtigung und Zweckmäßigkeit derselben ist, bildet einen Gegenstand der Untersuchungen der Wirtschaftstheoretiker und kann die Veranlassung zu mancherlei staatswirtschaftlichen Maßregeln sein. Für unsere Zwecke genügt es wenn wir unsere Aufgabe wie folgt auffassen:

Wir beobachten die vorhandenen Wirtschaftsprinzipien, wie sie sich tatsächlich Geltung verschaffen, beurteilen vom Standpunkt entsprechender Interessenvertretung aus ihr mögliches „wirtschaftliches Ausnutzungsgefälle“, d. h. die Möglichkeit zur Erzielung größter wirtschaftlicher Vorteile und versuchen in etwas allgemeinerer Weise als es bislang geschehen ist, für elektrische Anlagen die günstigsten Bedingungen für den Bau und den maximalen einmaligen oder dauernden Nutzen festzulegen. Festzuhalten ist aber unter allen Umständen, daß wir, wenn wir uns einmal in den Dienst irgend eines bestimmten Wirtschaftsprinzips gestellt haben, die entsprechenden Interessen soweit zu vertreten haben, als wir nicht direkt gezwungen sind, sei es durch technische Bedingungen, sei es durch stärkere wirtschaftliche Kräfte oder gesetzliche Vorschriften, sie für einen gewissen Bereich preiszugeben. An dem Wirtschaftsprinzip selbst dürfen wir aber, so verlockend dies auch immer sein mag, nicht rütteln. Die Vermischung dieser Prinzipien seitens nicht genügend wirtschaftlich geschulter Ingenieure ist nicht zum mindesten der Grund für eine gewisse allgemeine Unsicherheit auf technisch-wirtschaftlichem Gebiet. Dazu kommt, daß infolge der meist wenig exakten Definitionen der Wirtschaftstheoretiker[1]) fast alle von uns gebrauchten Grundbegriffe eine vielfache Deutung erfahren haben. Wir werden versuchen, an der Hand der mathematischen Relationen unserer Spezialfälle die nötige Klarheit zu schaffen und die passendsten und gebräuchlichsten Definitionen zu wählen. Auf Anschauungsverschiedenheiten soll dabei gelegentlich auch aufmerksam gemacht werden; sie beeinflussen unsere Resultate natürlich nicht, und es könnte höchstens ein Zweifel darüber entstehen, wer sie anwendet und wie der jeweils vorliegende Fall also zweckmäßig zu bezeichnen sei. Auf unserem Gebiete wird es uns gelingen praktisch die Anwendungsart genau genug festzustellen. Tritt eine Vermischung wirtschaftlicher Motive ein, so ist es bei unbestimmter Form der Aufgabestellung einfach abzulehnen mit ihnen zu rechnen und irgend eine Festsetzung zu verlangen. Sache des Ingenieurs kann es dabei allerdings sein, auf die genaueren Folgen bei der einen oder andern Entscheidung aufmerksam zu machen. Dies kann z. B. eintreten bei vielen Erwägungen für städtische Elektrizitätswerke.

3. **Entwicklung der Wirtschaftstheorien für elektrische Anlagen.** Ebenso wie wir uns hinsichtlich der Analyse und der Verfolgung der geschichtlichen Entwicklung der einzelnen Wirtschaftsprinzipien an sich beschränken, müssen wir es uns versagen, uns eingehender mit der Geschichte der Wirtschaftstheorien für elektrische Anlagen und der wirtschaftsgeschichtlichen Rolle der letzteren selbst zu befassen. Eine historische, kritische Beleuchtung der Hauptresultate bis zum Jahre 1902 ist übrigens s. Z. von Teichmüller in einem Aufsatz gegeben, in welchem die Arbeiten von W. Thomson, Beringer, Ayrton & Perry und Hochenegg einer Kritik unter-

[1]) Vergl. W. Launhardt, Mathem. Begründung der Volkswirtschaftslehre. Leipzig 1885.

zogen, eine in mancher Beziehung vollständige Klärung herbeigeführt und zu einer Erweiterung der Betrachtungen durch einige neue Vorschläge angeregt wurde. Wir werden bei den einzelnen Untersuchungen das im Rahmen unserer Methoden richtig erscheinende und verwendete Material der genannten Verfasser als solches kennzeichnen und im übrigen an geeigneten Stellen Vergleiche zwischen den Ergebnissen neuerer Autoren wie Mershon, Wallace, Albaret, Swyngedauw und Sarrat und den unserigen, die für eine vollständige Betrachtung aller Möglichkeiten natürlich ziemlich ausführlich sein müssen, vornehmen.

4. Die einfachsten Fälle in wirtschaftlicher Hinsicht. Die Billigkeit. Wir wollen nun im folgenden die einfachsten Fälle der Erzeugung, Übertragung und Verteilung der elektrischen Energie, mit denen wir uns später ausführlicher zu beschäftigen haben, für verschiedene hauptsächlich in Erscheinung tretende wirtschaftliche Prinzipien kurz zusammenstellend ins Auge fassen.

Wir erkennen dabei zunächst, daß es sich handeln kann um momentan und um dauernd wirkende Grundsätze der Finanzierung und Bewirtschaftung. Das einfachste nur für einen gewissen Zeitpunkt einsetzende Wirtschaftsprinzip ist das der geforderten Billigkeit der Anlage. Es kann ein Finanzierungsprogramm darstellen, bei welchem die Notwendigkeit der Kapitalbeschränkung alle andern wirtschaftlichen Momente überwiegt (z. B. bei schwierigen Kreditverhältnissen), oder es kann sein, daß die übrigen Momente, sei es infolge technischer, sei es infolge der Wirtschaftsverhältnisse selbst, überhaupt nur schwach in Erscheinung treten. Das Streben nach der Billigkeit einer Anlage kann auch davon herrühren, daß sie ein bisweilen einsetzendes Unterprinzip des Wirtschaftsgrundsatzes der Rentabilität für ein Fabrikationsunternehmen ist, wenn dieses Anlagen für fremde Rechnung ausführt. Wann es als solches beschränkt oder unbeschränkt in Erscheinung treten kann, hängt natürlich in erster Linie von der Stärke der entgegenstehenden Interessen d. h. derjenigen der Betriebsunternehmer ab. Eine weitere Erörterung müssen wir uns hier versagen [1]). Es genügt, daß das Prinzip die nötige Kraft besitzt, um tatsächlich vorzukommen, und wir geben also kurz die Definition: Eine Anlage nach dem Prinzip der Billigkeit entwerfen oder finanzieren heißt bewirken,

1) Weitergehende Erörterungen für die verschiedenen Wirtschaftsgrundsätze findet man jeweils in den Anfangskapiteln der zugehörigen Theorien.

daß die einmal entstehenden Kosten der Anlage ein Minimum werden.

5. Die reine Wirtschaftlichkeit. Ist das Wirtschaftsprinzip nicht ein einmalig einsetzendes sondern ein dauerndes Prinzip wirtschaftlicher Betätigung, so kann zunächst verlangt sein, daß durch Entwurf und Finanzierung das Minimum der gesamten wirtschaftlichen Ausgaben für die gesamte Wirtschaftszeit oder einen periodisch wiederkehrenden Zeitraum erzielt wird. Der wirtschaftliche Zweck der Anlage darf hierbei nicht durch andere Ziele beeinträchtigt werden; es darf also kein indirekter Hauptzweck wie bei der noch zu besprechenden Rentabilität vorhanden sein. Zu den wirtschaftlichen Ausgaben gehört dabei auch diejenige, welche gewissermaßen dem genannten Wirtschaftsprinzip der Rentabilität ihre Entstehung verdankt, bei dem in Rede stehenden Wirtschaftsgrundsatz der reinen oder eigentlichen Wirtschaftlichkeit aber gleichwertig mit den andern Ausgaben auftritt, es ist dies die Kapitalverzinsung. Eine Wirtschaftlichkeit ohne eine solche Ausgabe ist ein Idealfall, welcher im Rahmen unserer Wirtschaftsordnung sich fast nie Geltung verschafft. Die Ausgabe berücksichtigt keine Leistung im engeren wirtschaftlichen Sinne, sondern das Vorhandensein eines allgemeinen Wirtschaftsfaktors, welcher durch unser in Rede stehendes Wirtschaftsprinzip selbst gewöhnlich nicht ausgeschaltet wird, einerlei ob der Vertreter desselben der Staat, eine Gemeinde oder eine Privatperson ist. Die die Ausschaltung hindernden Motive z. B. beim Staat sind meist gewisse Stetigkeitsbedürfnisse, welche etwa die Notwendigkeit einer Anleihe ergeben. Wir werden später bei der theoretischen Anwendung unseres Wirtschaftsprinzips auf elektrische Anlagen genauer sehen, wie man sich den Fall verwirklicht denken kann. Es tritt übrigens leicht eine Vermischung des genannten Grundsatzes mit andern Prinzipien ein, z. B. können bei der Energieabnahme seitens privater Interessenten von einem städtischen Werk auf Seiten des letzteren weitergehende finanzpolitische Erwägungen, letzten Endes eigentlich Besteuerungsabsichten auftreten; wir haben dann z. B. den Fall der Monopolausnutzung. Es wird sich zeigen, daß er im allgemeinen mit dem theoretischen Material der Wirtschaftlichkeit behandelt werden kann.

Für die Wirtschaftlichkeit haben wir nach dem Ausgeführten die Definition: Eine Anlage nach dem Prinzip der Wirtschaftlichkeit finanzieren und betreiben heißt bei der vollständigen Erreichung des wirtschaftlichen

Zieles durch geeignete Maßnahmen die Ausgaben für wirkliche und ideelle Leistungen fortlaufend zu einem Minimum gestalten.

6. Die Rentabilität. Das weitere und bei weitem häufiger in unserer Wirtschaftsperiode vorkommende Wirtschaftsprinzip ist dasjenige der Rentabilität. Es charakterisiert eigentlich die Wirtschaftsperiode und wird daher auch von verschiedenen Nationalökonomen zu naheliegenden Bezeichnungen für dieselbe benutzt[1]). Bei ihm ist der Wirtschaftszweck an sich ein indirekter oder ein Mittel zum eigentlichen Zweck. Dieser ist die Erreichung eines möglichst hohen Gewinns pro Kapitaleinheit bei einem bestimmten haltbaren Verkaufspreis der Energie[2]), also die Erzielung eines die normale Verzinsung übersteigenden „Unternehmungsgewinns" [3]). Wir haben demzufolge einerseits bei den durch die Marktlage gegebenen Einnahmen mit der Tendenz der Einschränkung der Ausgaben und andererseits mit einer solchen des Kapitals selbst zu tun. Es kann dabei eine Rentabilität bei erhaltenem und eine solche bei etwa infolge von Betriebsvoraussetzungen von vornherein verloren zu gebendem Kapital in Frage kommen; auch kann teilweise fremdes Kapital aufgenommen werden. Wir würden damit zur Aufnahme- und Obligationstheorie übergehen und dabei z. B. den Spezialfall der Gemeinnützigkeit antreffen, bei welchem zur Ermöglichung des Betriebes die Rentabilität des Grundkapitals durch zur Verfügung gestelltes Kapital von geringer oder verschwindender Verzinsung genügend gehoben wird, lediglich im Hinblick auf den, wenn auch für die eigentlichen Unternehmer oft gleichgültigen Wirtschaftszweck. Wir werden auf diese Dinge an geeignetem Orte des näheren zu sprechen kommen. Daselbst sollen auch die abweichenden Definitionen noch gestreift werden[4]). Wir geben jedenfalls allgemein die Definition: Eine Anlage nach dem Prinzip der Rentabilität finanzieren und betreiben heißt bewirken, daß der Unternehmungsgewinn, d. h. der über die normale Verzinsung hinausgehende Gewinn oder auch der Gesamtgewinn pro Kapitaleinheit sich zu einem Maximum gestaltet.

---

1) Z. B. als „kapitalistische Wirtschaftsperiode".

2) Unter Umständen ist derselbe als variabel zu betrachten. Wir haben dann eine Tarifpolitik zu berücksichtigen.

3) Vergl. z. B. E. v. Philippovich, Grundriß der politischen Ökonomie. I. Allgemeine Volkswirtschaftslehre. Freiburg 1897, S. 271.

4) Vergl. die besonderen Kapitel der Theorie der Rentabilität.

7. Die Exploitation. Bisher hatten wir stillschweigend angenommen, daß wenigstens die Größe des Bedarfs an sich durch die Konsumenten festgestellt sei. Es kann aber auch der Fall eintreten, daß ein Energieproduzent von beschränkter Produktionsfähigkeit, z. B. der Besitzer eines Wasserfalls von begrenzter Ausbeutungsfähigkeit oder einer Petroleumquelle oder dergl., sich seinen Anteil an einer größeren Energielieferung erringen will, oder daß er einen beschränkten, aber lediglich durch seine eigene Produktion beschränkten Konsum hervorrufen kann und will. Der wirtschaftliche Wert seiner Energieproduktionsgelegenheit ist dann vorläufig unbekannt, und der Besitzer will nun entweder bei einer bestimmten Verwertungsmöglichkeit[1]) der Energie den absoluten Maximalgewinn erzielen, oder er will die maximale Kapitalisierungsfähigkeit seiner Produktionsgelegenheit wissen, um sie zu veräussern. Wir haben demnach die Definition:

Ein Unternehmen für eine beschränkte Produktionsgelegenheit nach dem Prinzip der Exploitation entwerfen und betreiben heißt bewirken, daß das Unternehmen den maximalen absoluten dauernden Unternehmergewinn liefert, womit zugleich die günstigste Kapitalisierungsmöglichkeit gegeben ist[2]).

8. Die Exploitationsrentabilität. Der Besitzer des Unternehmens wird bei der Exploitation selbst als kapitallos gedacht; er besitzt eben nur die Energie oder das Recht der Ausnutzung einer Produktionsgelegenheit bis zu bestimmten oder den möglichen Grenzen oder irgend ein anderes Äquivalent. Wird die Gelegenheit kapitalisiert, d. h. verkauft, anstatt in eigenen Betrieb übernommen zu werden, so gelten für den neuen Unternehmer entweder die Prinzipien der Wirtschaftlichkeit, und das bezahlte Kapital ist in die Wirtschaftlichkeitsrechnung einzuführen, oder es gelten die Prinzipien der Rentabilität, und dann kann die Produktion im beschränkten Umfange beibehalten werden. Wir haben es dann lediglich mit andern Variabeln zu tun als im früheren Falle der Rentabilität, und einer besonderen Definition für die Exploitationsrentabilität bedarf es nicht[3]).

---

1) Dieselbe kann unter Umständen wieder als variabel betrachtet werden.

2) Das Weitere vergl. die besonderen Kapitel der Exploitation.

3) Das Weitere vergl. die besonderen Kapitel der Exploitationsrentabilität.

Erster Teil.

Unbeschränkte Energieerzeugungsmöglichkeit bei fixiertem Verbrauch.

A.

Die Billigkeit der Anlage. Die Wirtschaftlichkeit und die Rentabilität bei verschwindenden Erzeugungskosten der Energie.

I. Das Wesen der Billigkeit.

9. Der Grundgedanke der Billigkeit. Ist die technische Arbeitsweise einer elektrischen Anlage genau vorgeschrieben, so ist damit die Ausführungsart noch nicht hinreichend bestimmt; wir haben uns vielmehr noch zu fragen, welcher Wirtschaftsgrundsatz für den Bau und Betrieb Platz greifen soll.

Die technische Arbeitsweise ist in den meisten Fällen dadurch gegeben, daß an einer angegebenen Stelle zu bestimmten Zeiten eine vorgeschriebene elektrische Leistung bestehen soll und daß letztere von einem anderen Orte an den gegebenen Verbrauchsort übertragen werden muß.

Der einfachste Wirtschaftsgrundsatz, welcher nach den einleitenden Bemerkungen für den Bau Geltung besitzen kann, ist derjenige der Billigkeit oder eigentlich der „größten Billigkeit". Wir hatten die Anlage bereits dann für billig erklärt, wenn sie die geringsten Anlagekosten erfordert, ohne daß die technische Ausführbarkeit darunter leidet. Damit ist nicht gesagt, daß alles billig sein darf, was überhaupt in Erscheinung tritt; es können die Einzelkosten vielmehr unter Umständen recht hoch sein, wenn dabei nur die Gesamtbilligkeit der Anlage gefördert wird.

Ferner können wir natürlich nicht verlangen, daß die jährlichen Energieselbstkosten, soweit von solchen überhaupt die Rede sein kann, an irgend einer Stelle der Anlage z. B. dem Verbrauchsort der Energie die geringsten möglichen sind. Wir haben ja jetzt mit den Betriebskosten eben so wenig wie mit Unterhaltungs- und Amortisationskosten zu rechnen.

Wir hatten auch schon angedeutet, unter welchen Umständen die Forderung der Billigkeit entstehen kann, nämlich in allen Fällen, in denen aus irgend einem Grunde die übrigen, vor allem die dauernden Wirtschaftsfaktoren, keine Bedeutung haben, oder diese Bedeutung weit gegenüber derjenigen der Frage der Kapitalbeschaffung zurücktritt. Anlagen, die z. B. nur sehr kurze Zeit bestehen sollen, können folgerichtig nur als billige ausgeführt werden [1]). Ferner war schon kurz darauf hingewiesen, daß z. B. bei schwieriger Kapitalbeschaffung eines Gemeindekörpers oder eines Staates eine dringend notwendige Anlage bisweilen auf Kosten d. h. zum Nachteil der Wirtschaftlichkeit gebaut werden muß. Schließlich war auch bereits angedeutet, daß ein direkter sachlicher Grund zur Herstellung einer billigen Anlage nicht zu bestehen braucht, eine solche aber gleichwohl ausgeführt wird, weil z. B. das ausführende Werk hieran ein Interesse hat, der abnehmende Besitzer aber etwa eine genaue Nachprüfung nicht anstellt oder anstellen kann. Dies ist natürlich in unserer Wirtschaftsordnung nur insoweit erlaubt, als jeder das Recht und die Pflicht besitzt, seinen Interessen Geltung zu verschaffen, und der projektierende Ingenieur hat insofern auch wirtschaftlich eine andere Aufgabe als der beratende des Abnehmers.

10. Beziehung der Billigkeit zur Wirtschaftlichkeit und Rentabilität. Von größter Bedeutung für unsere Billigkeitstheorie ist, daß sie eine vorbereitende Aufgabe erfüllt. Wir werden nämlich sehen, daß für gewisse einfache aber praktisch mögliche Voraussetzungen die Resultate der Wirtschaftlichkeit und die der Rentabilität mit denjenigen der Billigkeit identisch werden. Dies möge einstweilen die Erklärung bilden für unser längeres und ausführliches Verweilen auf dem Gebiete der Billigkeit.

II. Der einfachste Energieübertragungsfall. Die Berechnung der Spannung, des Effektverlustes, des Leitungsquerschnittes und der Stromdichte. Die Gesamtkosten.

11. Voraussetzungen für den einfachsten Fall. Wir fassen zunächst den einfachsten Fall der Energieübertragung ins Auge, unbekümmert darum, ob er häufig vorkommt oder nicht.

[1]) U. a. auch Ausstellungskraftübertragungen, falls nicht etwa wirtschaftlich an ihnen etwas besonderes gezeigt werden soll.

Zu diesem Zwecke machen wir eine Reihe von vereinfachenden Annahmen; später wird es uns dann nicht schwer fallen, uns von den einschränkenden Bedingungen schrittweise zu befreien.

Wir nehmen an, am Orte A der Figur 1 werde eine bestimmte elektrische Leistung verlangt und die erforderliche Energie solle von dem Erzeugungsort B her durch eine Gleichstrom- oder einfache

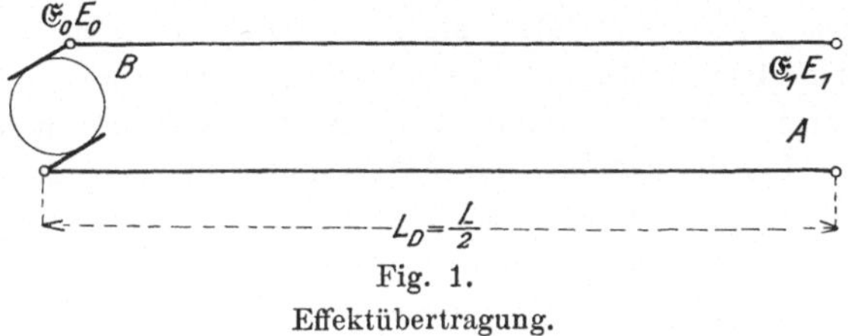

Fig. 1.
Effektübertragung.

Wechselstromleitung unter den günstigsten Bedingungen der Billigkeit übertragen werden. Wir können dabei voraussetzen, der Effekt sei über eine gewisse Zeitdauer konstant. Ist er es nicht, so können wir ebenso einfach den zu irgend einer Zeit verlangten Maximaleffekt der Rechnung zugrunde legen, ohne uns weiter um die zeitliche Änderung zu kümmern, da ja die Anlage für den größten Verbrauch technisch betriebsfähig sein muß, und sich die Billigkeit nur auf diesen beziehen kann.

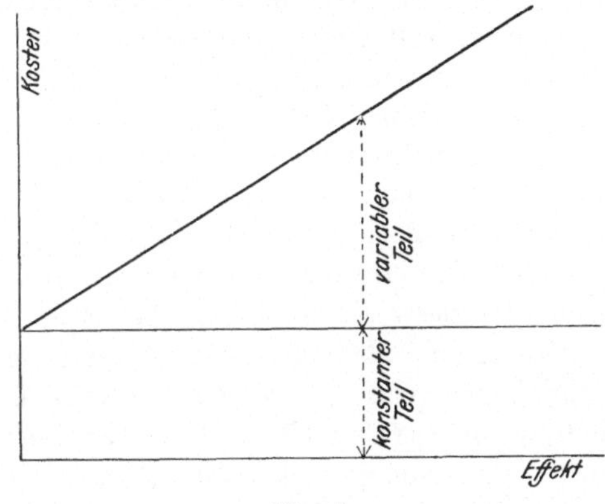

Fig. 2.
Kosten in Abhängigkeit vom Effekt.

Doch soll der Maximaleffekt so groß sein, daß sämtliche Kosten etwa dem Effekt proportional gesetzt werden können. Der Fall kleinerer Leistungen ist häufig nicht schwerer zu untersuchen. Es handelt sich dann, wie in Fig. 2 angedeutet und wie sich genauer verfolgen läßt, oft um einen in jeder Beziehung konstanten Grundwert bestimmter Kosten und einen dem Effekt proportionalen Teil. Nehmen wir dies vorerst als eine gegebene Tatsache hin, so werden sich für die ersten Herleitungen der Theorie wesentliche Unterschiede nicht ergeben können, da uns in derselben hauptsächlich die variablen Größen interessieren. Nur haben wir für die einzelnen Kostenausdrücke jeweils andere numerische Werte einzuführen.

Für die zur Verwendung kommenden Maschinen und Apparate wollen wir hier annehmen, daß sie schlechthin „billig", also etwa nach dem Grundsatz einer zulässigen maximalen Erwärmung konstruiert seien. Es soll also ausgeschlossen sein, daß bei ihrer Konstruktion Rücksicht auf die Gesamtbilligkeit der Anlage genommen wird. Wir können demnach ebenso einfach auch mit „normalen" Typen rechnen, eine Annahme, die bei den späteren Betrachtungen über Wirtschaftlichkeit und Rentabilität eine ganz besondere Bedeutung erlangen wird.

Die Leitung sei eine Freileitung, wie sie wohl meist bei längeren Energieübertragungen vorhanden ist. Wir nehmen dabei zunächst an, daß wir in der Rechnung Strahlungs- und Ableitungsverluste der Linie nicht zu berücksichtigen brauchen, also diese etwa so gering seien, daß eine Erweiterung der Anlage zur Erzeugung der hierdurch verloren gehenden Energie nicht stattzufinden hat. Der Linienverlust beschränkt sich also auf den Verlust im Leitermetall. Denkt man an die meist vorkommende Wechselstromübertragung, so soll von irgend welchen Phasenverschiebungen zwischen Strom und Spannung vorerst ganz abgesehen werden.

Es wird die Rechnung sehr erleichtern, wenn wir uns von vornherein wenigstens einigermaßen klar über die Größenordnung aller Werte sind. Für die meisten ist sie entweder leicht festzustellen oder doch zu schätzen. Über die vorkommende Größe des Ohmschen Verlustes in langen Leitungen könnte man im Zweifel sein. In dieser Beziehung sei bemerkt, daß selbst bei sehr großen Entfernungen, also etwa von 500 km und bei den vorkommenden Spannungen von 50000 bis 200000 Volt der Effektverlust den Betrag von etwa 10 bis 30 % des abgegebenen Effektes selten übersteigt. Die Anlagen sind dabei häufig unter Voraussetzungen gebaut, welche denen der Billigkeit nahe kommen, und die Beträge von Spannung und Effektverlust dürften als Resultat von beim Bau meist vorgenommenen vielen Proben wenigstens einigermaßen richtig d. h. die wirklich günstigsten sein, wie auch eine Nachrechnung auf Grund der zu gebenden Theorie bestätigt.

Wesentlich für eine einfache Rechnung ist noch eine Bedingung, die Energieabgabe an der Verbrauchsstation betreffend. Wir müssen nämlich vorerst annehmen, es sei gleichgültig, zu welcher Spannung die Energie an dieser Stelle zur Verfügung steht. Zur Erfüllung dieser Bedingung können wir uns denken, es beständen besondere Vertragsverhältnisse, nach welchen der Energieabnehmer ein Recht auf Bestimmung der Spannung nicht besitzt, oder die Spannung, die wir auf Grund unserer Rechnung als günstigste finden werden, passe aus irgend welchen technisch-wirtschaftlichen Gründen auch für eine etwaige weitere Fortleitung oder Verteilung der Energie von A aus. Müssen wir auf der Generatorstation B Hochspannungsgeneratoren verwenden, deren Kosten mit der Spannung stark und zwar um etwa 10 bis 20 % bei einer Spannungsänderung von den geringsten vorkommenden bis etwa 10000 Volt wachsen, während sekundär Transformatoren aufgestellt werden, deren Preiserhöhung für den angegebenen Spannungsbereich viel weniger ins Gewicht fällt, einmal weil sie nur etwa 10 bis 20 % bei einer Steigerung der Spannung auf 30000 Volt beträgt, dann aber auch, weil der absolute Betrag der Gesamtverteuerung der Anlage geringer ist als der durch die Hochspannungsgeneratoren hervorgerufene, so ist die letzte Voraussetzung oft ebenfalls hinreichend erfüllt. Die Zweckmäßigkeit einer solchen Anordnung von primären Hochspannungsgeneratoren bei ausschließlich sekundärer Transformation, kann unter Umständen, welche wir übrigens noch näher kennen lernen werden, sich aus Billigkeitsgründen direkt ergeben. Die sekundären Transformatoren brauchen wir im letzteren Falle selbst dann nicht in die Rechnung einzuführen, wenn sie etwa Eigentum des Elektrizitätslieferungswerkes sind. Sie stellen dann lediglich eine fast konstante Mehrausgabe dar, und in der Theorie interessieren uns, wie bemerkt hier vorwiegend die variablen Größen. Zu beachten ist nur, daß man dann der Einfachheit und Gleichmäßigkeit der nächsten zu besprechenden Fälle halber als zu liefernden Effekt den in die Transformatoren *hinein* zu gebenden betrachtet.

Schließlich ist es noch von Interesse, überschlagen zu können, wie groß die Verteuerung einer im übrigen gleichbleibenden Freileitung mit steigender Spannung ist. Naturgemäß kommen hier die größten Schwankungen vor. Man kann aber finden, daß häufig für eine Spannungssteigerung auf 30000 Volt 10 bis 20 % Zuschlag angesetzt wird.

12. *Betrachtung der für die Theorie notwendigen, Größen und Funktionen. Die Ausgangsgleichung für die Gesamtkosten. Potenzkurvenmethode.* Unsere Aufgabe besteht nun darin, alle diejenigen Größen, für welche bin-

dende technische Bedingungen nicht bestehen, so zu berechnen, daß das Minimum des Anlagekapitals, welches wir allgemein mit $\mathfrak{K}$ bezeichnen wollen, entsteht. Solche Größen sind hier nur die Betriebsspannung und der Leitungseffektverlust sowie der davon abhängige Leitungsquerschnitt und die dazugehörige Stromdichte.

Zur Aufstellung einer Ausgangsgleichung für die Anlagekosten und für die weiteren Rechnungen nennen wir

$\mathfrak{E}_0$ den zeitlich konstanten oder an irgend einem Zeitpunkte z. B. des Betriebsjahres zu erwartenden maximalen Primäreffekt,

$\mathfrak{E}_1$ den geforderten oder möglichen zugehörigen Sekundäreffekt,

E_0 die Primärspannung,

E_1 die Sekundärspannung bei Übertragung des konstanten oder maximalen Effekts,

$\mathfrak{e}$ den zugehörigen Effektverlust in der Leitung und

$\mathfrak{d}$ die Stromdichte bei einem Leitungsquerschnitt q und einem konstanten oder Maximalstrom J.

Wir nehmen dabei am einfachsten an, daß die primäre Spannung konstant gehalten wird; andernfalls z. B. bei Regulierung auf gleiche Sekundärspannung ist in die Rechnungen für E_0 der Maximalwert einzusetzen. Einige der genannten Größen sind übrigens ausschließlich in späteren Ableitungen, nicht für den ersten Ansatz erforderlich. Hingegen sind noch Größen für die Einheitskosten oder die Preise notwendig. Nennen wir nun m_0 die Kosten der Energieerzeugerstation pro montiertes Watt für geringe Spannungen in Mark, so müssen wir berücksichtigen, daß sie, wie schon bemerkt, in jedem Fall mit höheren Spannungen steigen. Nach welchem Gesetz dies erfolgt, wird im nächsten Abschnitt, welcher die praktischen Anwendungen bringt, näher verfolgt werden. Es mag hier, um zunächst einige theoretische Betrachtungen zusammenhängend entwickeln zu können, vorerst als Tatsache hingenommen werden, daß die Verteuerungsfunktion $f_0(E_0)$ in dem Gesamtkostenwert der Zentrale pro Effekteinheit $m_0[1 + f_0(E_0)]$, welche von den Isolationsverhältnissen der Maschinen und Apparate abhängig ist, etwa durch eine Kurve von der in Fig. 3 gegebenen Form dargestellt werden kann. Wenn auch der Charakter solcher Kurven manchmal einige Änderungen zeigt, so läßt sich doch im allgemeinen sagen, daß bei den im übrigen bei verschiedenen Spannungen als gleich vorausgesetzten Verhältnissen z. B. bei gleichem Wirkungsgrad der elektrischen Maschinen, es sich um Potenzlinien mit steigendem Exponenten von E_0 handelt, oder daß wenigstens solche für bestimmte Spannungsbereiche mit großer Genauigkeit substituiert werden können. Die Leitungskosten zeigen ebenfalls neben dem von der Spannung unabhängigen Grundwert einen in ähnlicher Weise von der Spannung abhängigen Teil, so daß die Leitungsgesamtkosten gegeben sind durch den Ausdruck $q\, m_L [1 + f_L(E_0)]\, L$, wo L die gesamte Leitungslänge gleich der doppelten einfachen Länge L_D, m_L der Kostenbetrag pro Querschnitts- und Längeneinheit bei geringen Spannungen in Mark und $f_L(E_0)$ die Verteuerungsfunktion ist. Letztere ist nach dem Gesagten also ebenfalls eine Potenzlinie mit steigendem Exponenten.

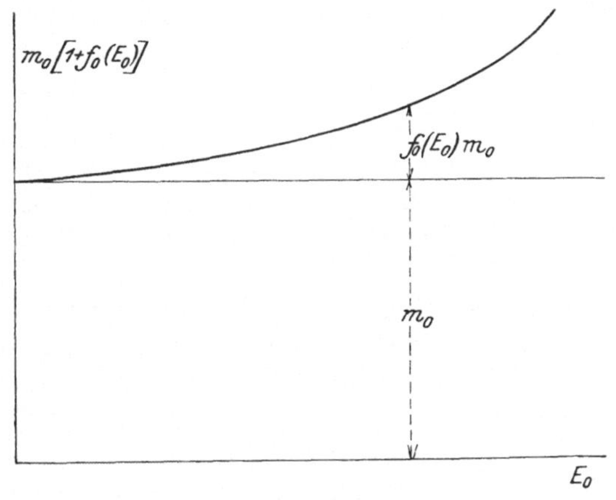

Fig. 3.
Verteuerungsfunktion.

Daß die Kosten dem Querschnitt proportional gesetzt werden können, folgt aus der Annahme, daß sie sämtlich dem Effekt proportional sind. Die früher erwähnten möglicherweise auftretenden konstanten, d. h. vom Querschnitt und Effekt unabhängigen Kosten[1]) können bei der Leitung wie bei der Zentrale natürlich nur dann unberücksichtigt bleiben, wenn sie zugleich von der Spannung unabhängig sind. Andernfalls haben wir sogleich einen schwierigeren Fall vor uns.

Zur Ausführung der Rechnungen ist es nun erforderlich, alle Verteuerungen mit der Spannung für einen möglichst großen Verteuerungsbereich durch möglichst einfache Funktionen auszudrücken

[1]) Über die Beziehung der Leitungskosten zum Querschnitt vergl. auch C. Hochenegg, Anordnung und Bemessung elektrischer Leitungen. Berlin 1893 und 1897.

und zwar so, daß wir imstande sind, nötigenfalls durch einfache Konvergenzrechnungen, d. h. im Verlauf wiederholter numerischer Rechnungen vorgenommene Berichtigungen uns rasch zu Resultaten beliebiger Genauigkeit zu bewegen. Es handelt sich nämlich darum, die früher genannten Minimumbedingungen der Gesamtkosten durch Differentiation nach den verschiedenen Variabeln zu erzielen. Letzten Endes interessiert uns also dabei nur der Charakter einer bestimmten Stelle der Verteuerungskurven, nämlich jener, welcher eben den genannten Minimumbedingungen entspricht. Da nun für einen ziemlich großen Bereich der Exponent der genannten Kurven meist nur wenig steigt, also annähernd konstant gesetzt werden kann, so führen wir eine entsprechende einfache Potenzfunktion ein und berücksichtigen, wenn F_0 und F_L Konstante, n_0 und n_L konstante Exponenten sind, für die erste Rechnung die Verteuerung der Zentrale durch die Funktion $F_0 E_0^{n_0}$ und diejenige der Leitung durch die Funktion $F_L E_0^{n_L}$, da alle Teile der Leitung in bezug auf ihre Isolation praktisch der Primärspannung genügen müssen. Kennen wir nach der ersten Rechnung die Spannung annähernd, so ist es dann nicht schwer, für den genannten Kurvenbereich die Konstanten und Exponenten zu berichtigen und alle Werte genauer zu rechnen.

Die gesamten Anlagekosten oder deren variabler Teil werden nunmehr gegeben sein durch die Ausgangsgleichung

$$\mathfrak{K} = (\mathfrak{E}_1 + \mathfrak{e})\, m_0 (1 + F_0 E_0^{n_0}) + q\, m_L L (1 + F_L E_0^{n_L}).$$

13. Die Spannungsrelativgleichung. Wir haben in genannter Gleichung drei Variable, von denen aber, ganz abgesehen von der zu bestimmenden Größe $\mathfrak{K}$ nur zwei unabhängig sind. Um das Minimum von $\mathfrak{K}$ zu erhalten, müssen wir entsprechend zwei partielle Differentiationen vornehmen. Eine der Variabeln ist also fortzuschaffen. Ist nun ϱ der spezifische Widerstand des Leitermaterials und R_g der Gesamtwiderstand der Leitung, so können wir dazu die Beziehung

$$q = \frac{\varrho L}{R_g} = \frac{\varrho L}{\frac{e}{J^2}} = \frac{\varrho L\, \mathfrak{E}_0^2}{e\, E_0^2} = \frac{\varrho L (\mathfrak{E}_1 + \mathfrak{e})^2}{e\, E_0^2}$$

benutzen. Wir können also schreiben

$$\mathfrak{K} = (\mathfrak{E}_1 + \mathfrak{e})\, m_0 (1 + F_0 E_0^{n_0}) + \frac{(\mathfrak{E}_1 + \mathfrak{e})^2 m_L L^2 \varrho}{e\, E_0^2} (1 + F_L E_0^{n_L})$$

Durch Differentiation partiell nach E_0 ist es nun sogleich möglich, eine richtige Bedingung für die günstigste Spannung der Billigkeit zu erhalten, wenn wir den entstehenden Ausdruck, den wir in Anlehnung an die Definitionen von Jevons[1]) den „Veränderungsgrad der Billigkeit in bezug auf die Spannung bei konstantem Effektverlust" nennen wollen, gleich Null setzen. Wir bekommen

$$(\mathfrak{E}_1 + \mathfrak{e})\, m_0\, n_0\, F_0\, E_0^{n_0 - 1} + \frac{(\mathfrak{E}_1 + \mathfrak{e})^2 m_L L^2 \varrho}{\mathfrak{e}} \left[F_L (n_L - 2) E_0^{n_L - 3} - \frac{2}{E_0^3}\right] = 0$$

Der zweite Differentialquotient, welcher sich praktisch als positiv ergeben wird, belehrt uns, daß wir in der Tat die gewünschte Minimumbedingung vor uns haben. Wir wollen sie in eine übersichtlichere Form bringen und sogleich mit einer Gleichungsbezeichnung versehen. Die Reihenfolge der Numerierung der Gleichungen soll sich übrigens nicht nach dem Gang der Herleitung, sondern nach der Reihenfolge oder Wichtigkeit bei der praktischen Anwendung richten, was sich bald als zweckmäßig herausstellen wird. Außerdem sollen die Gleichungen einen Vermerk über den Genauigkeitsgrad tragen. Die exakten Gleichungen sollen durch den Zusatz b neben der Zahl gekennzeichnet werden. Ein Zusatz a hingegen besagt, daß die Gleichung vom zweiten Genauigkeitsgrade ist, d. h. bis auf einen relativen Fehler einer praktischen relativen „dritten Größenordnung" oder etwa auf 1 % genau ist. Ist kein Zusatz vorhanden, so haben wir es mit einer Gleichung vom „dritten Genauigkeitsgrade" zu tun, welche bis auf einen relativen Fehler „zweiter Größenordnung" oder etwa 10 % genau sein wird, soweit der praktische Anwendungsbereich in der Regel in Frage kommt. Bei allen späteren technischen oder wirtschaftlichen Sonderfällen bei der Energieübertragung sollen sich dann bei allen analogen Gleichungen die gleichen Nummern und Zusätze wiederholen. Es wird sich dabei allerdings zeigen, daß es nicht überall möglich oder zweckmäßig ist, die genauen Formen herzustellen, so daß oft die Gleichungen mit dem Zusatz b und bisweilen auch diejenigen mit dem Zusatz a fehlen.

Wir setzen also

$$m_0 n_0 F_0 E_0^{n_0} = \frac{\mathfrak{E}_1 + \mathfrak{e}}{\mathfrak{e}\, E_0^2}\, m_L L^2 \varrho\, [2 - (n_L - 2) F_L E_0^{n_L}] \quad . \text{(3 b)}$$

Führen wir noch $\frac{\mathfrak{e}}{\mathfrak{E}_1} = v$ ein, indem wir diesen Wert den Effekt-

---

1) Vergl. Stanley Jevons, The Theory of Political Economy. London 1881.

verlust pro Effekteinheit oder auch kurz den „Einheitseffektverlust" nennen, so können wir ferner schreiben

$$m_0 n_0 F_0 E_0^{n_0} = \frac{1+v}{v E_0^2} m_L L^2 \varrho [2 - (n_L - 2) F_L E_0^{n_L}] \quad (3 b')$$

Da v gleichzeitig den „Einheitsspannungsverlust" darstellt, so können wir auch sagen, wenn v eine etwa als maximal vorgeschriebene kleine Größe, jedenfalls kleiner als der später noch zu rechnende numerische Wert der Billigkeit ist, diese Gleichung d. h. die „Spannungsrelativgleichung bei gegebenem Effektverlust", sei zugleich die Spannungsbedingung bei gegebener „Elastizität" der Leitung[1]).

Es ist nun zwar leicht, mit Hilfe dieser Gleichung bei gegebenen Verteurungskurven oder Tabellen eine zugehörige Kurve oder Tabelle für die „Übertragungslängen der Billigkeit" zu berechnen. Viel schwieriger scheint es aber zu sein, wie zunächst beabsichtigt, für die eine gegebene Entfernung $L_D = \frac{L}{2}$ die zugehörige Spannung direkt zu finden, da wir eine gemischte Gleichung höheren Grades vor uns haben. Wir hatten jedoch schon festgestellt, daß die Leitungs- sowohl wie die Maschinenverteurung selbst für sehr hohe Spannungen und damit auch indirekt große Entfernungen nur einen geringen Bruchteil des Anfangswertes der Kosten ausmachen. Es wird sich also als angängig erweisen, hier ein Lösungsverfahren einzuschlagen, welches wir später besonders ausgiebig benutzen werden, da andere alsdann weniger brauchbar sind, nämlich die „Methode der resultierenden Potenzlinie", wie wir sie nennen wollen. Sie besteht darin, die beiden Verteurungsfunktionen der Spannung für den geschätzten Bereich, in welchem die richtige Spannung liegen wird, zu einer einzigen zu vereinigen und dafür eine neue, nämlich die der „resultierenden Potenzlinie" einzuführen. Zu diesem Zwecke setzt man

$$F_r E_0^{n_r} = \frac{1+v}{v} \varrho L^2 m_L$$

wo F_r und n_r gemäß

$$F_r E_0^{n_r} = \frac{m_0 n_0 F_0 E_0^{n_0+2}}{2 - (n_L - 2) F_L E_0^{n_L}}$$

---

1) Vergl. J. Teichmüller, Die elektrischen Leitungen, I. Teil. Stuttgart 1899, S. 53 u. f. Es handelt sich bei der Elastizität darum, daß für ein befriedigendes Funktionieren der Stromempfänger gewisse Spannungsschwankungen nicht überschritten werden dürfen.

aus zwei Punkten der Verteurungskurven festgestellt werden, welche den zu schätzenden Bereich, in welchem die richtige Spannung liegt, einschließen. Es können die gleichen Punkte sein, welche man zweckmäßig zur Bestimmung von F_0, F_L, n_0 und n_L anwendet. Es versteht sich, daß statt der zwei Punkte auch deren einer im richtigen Bereich und eine Tangente überall zur Bestimmung der nötigen Größen dienen können. Hat man die ungefähr richtige Spannung, so ist es dann nicht schwer, F_r und n_r genauer zu bestimmen und sodann fortgesetzt den Spannungswert zu korrigieren. In vorliegendem Falle aber wird es selbst für sehr große Entfernungen kaum nötig sein, zur Anwendung dieses Verfahrens zu schreiten. Wir können es uns daher versagen, hier näher darauf einzugehen. Näher liegt nämlich folgender Konvergenzweg: Da v, wie bemerkt, meist nur wenige Prozente beträgt, so haben wir in

$$m_0 n_0 F_0 E_0^{n_0} = 2 \frac{m_L L^2 \varrho}{v E_0^2} \quad \ldots \ldots \ldots (3)$$

sogleich eine Näherungsgleichung vom dritten Genauigkeitsgrade, aus der wir gemäß

$$E_0 = \left(\frac{2 m_L L^2 \varrho}{v n_0 F_0 m_0}\right)^{\frac{1}{n_0 + 2}} \quad \ldots \ldots \ldots (3')$$

leicht die Spannung angenähert berechnen können. Der Wert kann dann zur Bestimmung des Korrekturgliedes in (3b) oder zunächst in der nicht schwer zu ermittelnden Gleichung vom zweiten Genauigkeitsgrade

$$E_0 = \left(1 + \frac{v}{n_0 + 2} - \frac{n_L - 2}{2 n_0 + 4} F_L E_0^{n_L}\right) \left(\frac{2 m_L L^2 \varrho}{v n_0 F_0 m_0}\right)^{\frac{1}{n_0 + 2}} . \quad (3a)$$

dienen. Mit dem erhaltenen entsprechend genaueren Wert kann man dann unter fortgesetzter Korrektur die Spannung beliebig genau rechnen. Die Bestimmung der erforderlichen Konstanten und Exponenten geschieht natürlich wie vorher entweder aus zwei Punkten oder aus einem und einer Tangente in dem nach Schätzung richtigen Bereich der Spannung. Letzterer kann meist sehr groß angenommen werden, ohne daß die Konvergenz gefährdet wird. Häufig kann sogar, wie die Beispiele zeigen werden, jegliche Korrektur unterbleiben.

Die in den Rechnungen auftretenden unrunden Exponenten stören nicht, sobald man sich eines R e c h e n s c h i e b e r s mit

Potenzierungsskala bedient[1]), womit wir auch später unsere Beispiele schnell durchrechnen werden.

Sind statt der Entfernung die Maschinen- und Leitungsverteurungskurven für die Kosteneinheit gegeben, und sollen wir daraus die Entfernungen in Abhängigkeit von der Spannung in Tabellen oder Kurvenform festlegen, so ziehen wir am einfachsten wie in Fig. 4 eine Reihe von Tangenten; durch die Abschnitte auf der Ordinatenachse sind dann die richtigen Werte der Exponenten und durch die Ordinaten selbst die „Einheitsverteurungen" gegeben.

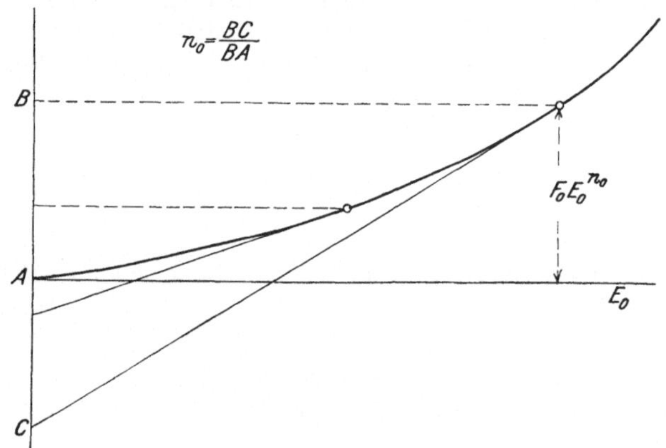

Fig. 4.
Ermittlung des Verteurungsexponenten.

14. Die Relativgleichung für den Effektverlust. Ist oder denken wir uns nicht e oder v konstant, sondern die Spannung selbst, so liefert uns der Differentialquotient der Kostenausgangsgleichung nach e oder v, d. h. der „Veränderungsgrad der Billigkeit in bezug auf den Effektverlust" möglicherweise eine zweite Minimumbedingung. Der „Effektverlust der Billigkeit" ist nämlich analog wie früher gegeben durch den Wert Null desselben oder, was dasselbe ist, durch die Durchgangsstelle seiner Kurve durch die Abszissenachse.

Die durch partielle Differentiation nach e erhaltene Bedingung lautet

$$m_0 (1 + F_0 E_0^{n_0}) - \left(\frac{\mathfrak{E}_1^2 m_L L^2 \varrho}{E_0^2 e^2} - \frac{m_L L^2 \varrho}{E_0^2} \right) (1 + F_L E_0^{n_L}) = 0$$

[1]) Rechenschieber „System Peter".

Hier ist der zweite Differentialquotient immer positiv. Demnach besteht auch hier eine richtige Minimumbedingung. Übersichtlicher schreiben wir

$$\mathfrak{e}\, m_0 (1 + F_0 E_0^{n_0}) = \frac{\mathfrak{E}_1^{\,2} - \mathfrak{e}^2}{\mathfrak{e}} \frac{m_L L^2 \varrho}{E_0^{\,2}} (1 + F_L E_0^{n_L}) \quad . \ (2\,\mathrm{b})$$

Man kann hier ebensogut $\mathfrak{e}$ oder v für gegebene Entfernungen als L in Abhängigkeit von $\mathfrak{e}$ oder v rechnen. Zu ersterem Zwecke setzen wir

$$\mathfrak{e} = \left[\frac{\mathfrak{E}_1^{\,2} m_L L^2 \varrho (1 + F_L E_0^{n_L})}{E_0^{\,2} m_0 (1 + F_0 E_0^{n_0}) + m_L L^2 \varrho (1 + F_L E_0^{n_L})}\right]^{\frac{1}{2}} \quad . \ (2\,\mathrm{b}')$$

oder

$$v = \left[\frac{m_L L^2 \varrho (1 + F_L E_0^{n_L})}{E_0^{\,2} m_0 (1 + F_0 E_0^{n_0}) + m_L L^2 \varrho (1 + F_L E_0^{n_L})}\right]^{\frac{1}{2}} \quad . \ (2\,\mathrm{b}'')$$

Ist die Spannung nun richtig im Sinne der Billigkeitstheorie, oder, falls gegeben, wenigstens einigermaßen von der richtigen praktischen Größenordnung, so können wir nach dem früher Bemerkten aus (2 b) sogleich die häufig ausreichende Gleichung des zweiten Genauigkeitsbereiches herstellen. Sie wird, da bei einem Wert von v von der zweiten Größenordnung, wie er meist vorkommt v^2 von der dritten Größenordnung ist

$$\mathfrak{e}\, m_0 (1 + F_0 E_0^{n_0}) = \frac{\mathfrak{E}_1^{\,2}}{\mathfrak{e}} \frac{m_L L^2 \varrho}{E_0^{\,2}} (1 + F_L E_0^{n_L}) \quad . \quad . \ (2\,\mathrm{a})$$

oder

$$\mathfrak{e} = \left[\frac{\mathfrak{E}_1^{\,2} m_L L^2 \varrho (1 + F_L E_0^{n_L})}{E_0^{\,2} m_0 (1 + F_0 E_0^{n_0})}\right]^{\frac{1}{2}} \quad . \quad . \quad . \quad . \ (2\,\mathrm{a}')$$

oder auch

$$v = \left(1 + \frac{F_2 E_0^{n_L}}{2} - \frac{F_0 E_0^{n_0}}{2}\right) \frac{L}{E_0} \left(\frac{m_L \varrho}{m_0}\right)^{\frac{1}{2}} \quad . \quad . \quad . \ (2\,\mathrm{a}'')$$

Ferner erkennen wir die Form vom dritten Genauigkeitsgrade

$$\mathfrak{e}\, m_0 = \frac{\mathfrak{E}_1^{\,2}}{\mathfrak{e}} \frac{m_L L^2 \varrho}{E_0^{\,2}} \quad . \quad . \quad . \quad . \quad . \quad . \quad . \quad . \ (2)$$

oder

$$v = \frac{L}{E_0} \left(\frac{m_L \varrho}{m_0}\right)^{\frac{1}{2}} \quad . \quad . \quad . \quad . \quad . \quad . \quad . \quad . \ (2')$$

Da die Gleichungen zur Bestimmung des Effektverlustes bei gegebenen übrigen Werten dienen können, werden wir sie bisweilen „Relativgleichungen für den Effektverlust bei gegebener Spannung“ nennen; unter Umständen werden wir auch den letzten Zusatz, wie auch den entsprechenden bei der Spannungsrelativgleichung, vorausgesetzt, daß kein Mißverständnis entstehen kann, fortlassen.

Wir werden später sehen, daß die günstigste Spannung der Billigkeit nicht in demselben Maße steigen kann wie die zugehörige Entfernung. Wir erkennen also aus der genauen Form (2 b′) noch

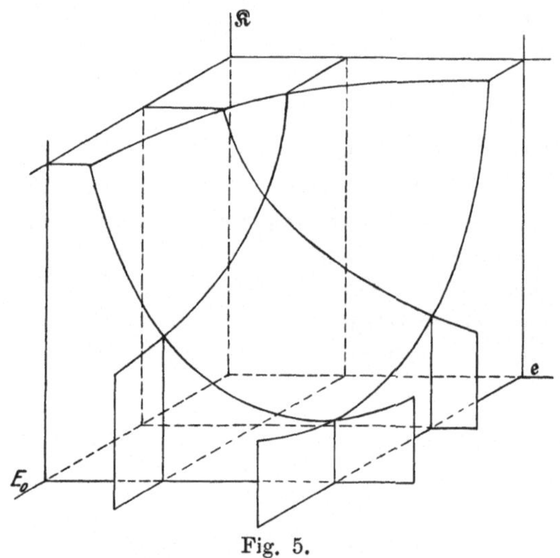

Fig. 5.
Variation der Anlagekosten.

als besonders wichtig, daß Effektverlust auf der Billigkeitsgrundlage **höchstens** gleich dem gegebenen Sekundäreffekt $\mathfrak{E}_1$ werden kann.

15. **Die absolute Spannungsgleichung.** Ist, wie gewöhnlich, weder die Spannung noch der Effektverlust gegeben, sondern sind beide zu bestimmen, so haben wir die Bedingung, daß beide Veränderungsgrade gleichzeitig Null werden müssen, wie auch Fig. 5 erkennen läßt, welche $\mathfrak{K}$ als Funktion von E_0 und $\mathfrak{e}$ in axonometrischer Darstellung zeigt. Um uns streng mathematisch davon zu überzeugen, daß wirklich ein **absolutes** Minimum vorliegt, müßten wir zwar noch, wie allgemein verlangt, das Quadrat des Differentialquotienten nach $\mathfrak{e}$ des Veränderungsgrades in bezug auf

die Spannung von dem Produkt der beiden zweiten Differentialquotienten der Kostenausgangsgleichung abziehen, um zu sehen ob der stehende Wert positiv ist. Dies läßt sich aber leicht schätzen; auch zeigt einige Überlegung, daß ein anderer Fall bei der Art des Problems nicht eintreten kann.

Rechnerisch können wir die Herstellung der neuen „absoluten Werte", wie wir sie nennen wollen, z. B. desjenigen von E_0 in verschiedener Weise vornehmen. Wir wollen aus der Gleichung (3 b) den Wert $\mathfrak{e}^2$ rechnen und ihn mit demjenigen der Gleichung (2 b) gleichsetzen. Es entsteht bei

$$\mathfrak{e}^2 = \left\{\frac{\mathfrak{E}_1 m_L L^2 \varrho\,[2-(n_L-2)\,F_L E_0{}^{n_L}]}{m_L L^2 \varrho\,[(n_L-2)\,F_L E_0{}^{n_L}-2]+m_0 n_0 F_0 E_0{}^{n_0+2}}\right\}^2$$

also die Beziehung

$$\frac{m_L L^2 \varrho\,[2-(n_L-2)\,F_L E^{n_L}]^2}{m_0{}^2 n_0{}^2 F_0{}^2 E_0{}^{2n_0+4}+m_L{}^2 L^4 \varrho^2\,[2-(n_L-2)\,F_L E_0{}^{n_L}]^2 - 2\,m_0 n_0 F_0 E_0{}^{n_0+2} m_L L^2 \varrho\,[2-(n_L-2)\,F_L E_0{}^{n_L}]} =$$

$$= \frac{1+F_L E_0{}^{n_L}}{E_0{}^2 m_0\,(1+F_0 E_0{}^{n_0})+m_L L^2 \varrho\,(1+F_L E_0{}^{n_L})}$$

oder

$$\begin{aligned} m_L L^2 \varrho\,&[2-(n_L-2)\,F_L E_0{}^{n_L}]^2\, E_0{}^2 m_0\,(1+F_0 E_0{}^{n_0}) \\ &+ m_L{}^2 L^4 \varrho^2\,(1+F_L E_0{}^{n_L})\,[2-(n_L-2)\,F_L E_0{}^{n_L}]^2 \\ =(1+F_L E_0{}^{n_L})&\{m_0{}^2 n_0{}^2 F_0{}^2 E_0{}^{2n_0+4}+m_L{}^2 L^4 \varrho^2 [2-(n_L-2)\,F_L E_0{}^{n_L}]^2 \\ &- 2\,m_0 n_0 F_0 E_0{}^{n_0+2} m_L L^2 \varrho\,[2-(n_L-2)\,F_L E_0{}^{n_L}]\} \end{aligned}$$

Durch Vereinfachung entsteht bei Umstellung

$$\begin{aligned} (1+F_L E_0{}^{n_L})\,m_0 n_0{}^2 F_0{}^2 E_0{}^{2n_0+2} &= \{[2-(n_L-2)\,F_L E_0{}^{n_L}]^2 (1+F_0 E_0{}^{n_0}) \\ &+ (1+F_L E_0{}^{n_L})\,[2-(n_L-2)\,F_L E_0{}^{n_L}]\,2\,n_0 F_0 E_0{}^{n_0}\}\, m_L L^2 \varrho\,. \quad (1\,b) \end{aligned}$$

Für die Auflösung der Gleichung gilt das Gleiche wie für die Gleichung (3 b). Nach dem früher Gesagten wird die Gleichung vom dritten Genauigkeitsgrade hier lauten

$$m_0 n_0{}^2 F_0{}^2 E_0{}^{2n_0+2} = 4\,m_L L^2 \varrho \quad . \; . \; . \; . \; . \; . \quad (1)$$

oder

$$E_0 = \left(4\,\frac{m_L \varrho}{m_0}\,\frac{L^2}{n_0{}^2 F_0{}^2}\right)^{\frac{1}{2n_0+2}} \quad . \; . \; . \; . \; . \quad (1')$$

d. h. auch

$$E_0 = \left(\frac{2L}{n_0 F_0}\right)^{\frac{1}{n_0+1}} \left(\frac{m_L \varrho}{m_0}\right)^{\frac{1}{2n_0+2}} \quad . \quad . \quad . \quad . \quad . \quad (1'')$$

Jedenfalls erhalten wir meist aus dieser Gleichung einen Wert, den wir alsdann zur Erreichung der nächsten Stufe der Genauigkeit verwenden können. Auf derselben sollten noch Glieder von der zweiten relativen Größenordnung berücksichtigt werden, und als solche wurden bislang betrachtet der Effektverlust gegenüber dem Gesamteffekt und die Verteurungen gegenüber den Kostengrundwerten. Die Berechtigung hierzu entnahmen wir teils aus den ausgeführten Anlagen, teils aus der Tatsache, daß die auf Grund der Theorie zu rechnenden Beispiele dies für praktische Bereiche bestätigen. Wir können uns aber wenigstens schon hier überzeugen, daß ganz allgemein die Größenordnung des Einheitseffektverlustes mit derjenigen der Einheitsverteurung der Zentrale übereinstimmt. Eliminieren wir nämlich aus zweien der Gleichungen (1) bis (3) den Wert L, so erhalten wir leicht

$$2v = n_0 F_0 E_0^{n_0}, \quad . \quad . \quad . \quad . \quad . \quad . \quad . \quad . \quad (5)$$

woraus das Gesagte für vorkommende Exponenten von n_0 leicht folgt.

Setzen wir nunmehr für den aus (1 b) sich ergebenden Korrekturwert einen angenäherten gemäß

$$\frac{[2-(n_L-2)F_L E_0^{n_L}]^2(1+E_0 F_0^{n_0})+(1+F_L E_0^{n_L})[2-(n_L-2)F_L E_0^{n_L}]\,2n_0 F_0 E_0^{n_0}}{(1+F_L E_0^{n_L})}$$

$$\cong 4\,[1+(n_0+1)F_0 E_0^{n_0} - (n_L-1)F_L E_0^{n_L}]$$

so haben wir mit Genauigkeit vom zweiten Grade

$$E_0 = [1+(n_0+1)F_0 E_0^{n_0} - (n_L-1)F_L E_0^{n_L}]^{\frac{1}{2n_0+2}} \left(\frac{2L}{n_0 F_0}\right)^{\frac{1}{n_0+1}} \left(\frac{m_L \varrho}{m_0}\right)^{\frac{1}{2n_0+2}} \quad (1\,a)$$

wofür wir unter den gemachten Voraussetzungen auch sagen können

$$E_0 = \left[1+\frac{1}{2}F_0 E_0^{n_0} - \frac{n_L-1}{2n_0+2}F_L E_0^{n_L}\right] \left(\frac{2L}{n_0 F_0}\right)^{\frac{1}{n_0+1}} \left(\frac{m_L \varrho}{m_0}\right)^{\frac{1}{2n_0+2}} \quad (1\,a')$$

Mit Hilfe des hieraus zu rechnenden numerischen Wertes der Spannung können wir dann nötigenfalls die Spannungsbestimmung nach der exakten Gleichung vornehmen.

16. Die absolute Gleichung für den Effektverlust. Ersetzt man in Gleichung (2a) den Wert der Spannung durch den eben gefundenen in (1a) so folgt

$$v^2 = \frac{m_L L^2 \varrho (1 + F_L E_0^{n_L})}{[1+(n_0+1)F_0 E_0^{n_0} - (n_L - 1)F_L E_0^{n_L}]^{\frac{1}{n_0+1}} \left(\frac{2L}{n_0 F_0}\right)^{\frac{2}{n_0+1}} \left(\frac{m_L \varrho}{m_0}\right)^{\frac{1}{n_0+1}} m_0 \times (1+F_0 E_0^{n_0})}$$

oder in Ansehung der Genauigkeitsstufe

$$v^2 = \left(1 - 2F_0 E_0^{n_0} + \frac{n_0+n_L}{n_0+1} F_L E_0^{n_L}\right) \left(\frac{m_L \varrho}{m_0} L^2\right)^{\frac{n_0}{n_0+1}} \left(\frac{n_0 F_0}{2}\right)^{\frac{2}{n_0+1}}$$

d. h.

$$v = \left(1 - F_0 E_0^{n_0} + \frac{n_0+n_L}{2n_0+2} F_L E_0^{n_L}\right) \left[\left(\frac{m_L \varrho}{m_0}\right)^{\frac{1}{2}} L\right]^{\frac{n_0}{n_0+1}} \left(\frac{n_0 F_0}{2}\right)^{\frac{1}{n_0+1}} \qquad (4a)$$

Die geringste Annäherung wird also ergeben

$$v = \left[\left(\frac{m_L \varrho}{m_0}\right)^{\frac{1}{2}} L\right]^{\frac{n_0}{n_0+1}} \left(\frac{n_0 F_0}{2}\right)^{\frac{1}{n_0+1}} \quad . \; . \; . \; . \; . \; (4)$$

Man wird allerdings, nachdem E_0 absolut bestimmt worden ist, sich zur Berechnung des Wertes von v oder e eher einer Relativgleichung bedienen, da diese einfacher sind. Die Gleichungen (4) und (4a) legen jedoch den Zusammenhang der einzelnen Größen theoretisch deutlich klar.

Übrigens hätten wir sämtliche bisher gefundenen Gleichungen des zweiten Genauigkeitsgrades auch mit Hilfe des Newtonschen Satzes ableiten können.

17. Praktische Gleichung für den Effektverlust. In geringster Näherung kann man, wenn man die Spannung der Billigkeit bereits gefunden hat, und diese auch einem Projekt zugrunde gelegt werden soll, in sehr einfacher Weise den Effektverlust bestimmen, wenn man die Beziehung (5), welche wir bei der Kontrolle der Größenordnungen zuerst fanden, benutzt. Wir sehen nämlich, daß wir gemäß

$$v = \frac{n_0}{2} F_0 E_0^{n_0} \quad . \; . \; . \; . \; . \; . \; . \; . \; (5')$$

den Wert von v fast unmittelbar aus der Verteurungskurve der Zentrale abgreifen können. Da, wie erwähnt, n_0 durch den Schnitt der Tangente mit der Ordinatenachse gegeben ist, wird die in Fig. 6 gekennzeichnete Strecke AB unmittelbar der doppelte Einheitseffektverlust sein.

Die Formel (5) läßt sich auch leicht durch Korrektionsglieder erweitern. Vergleicht man nämlich die genauere absolute Spannungsgleichung (1a) mit der Relativgleichung für den Effektverlust (2a)

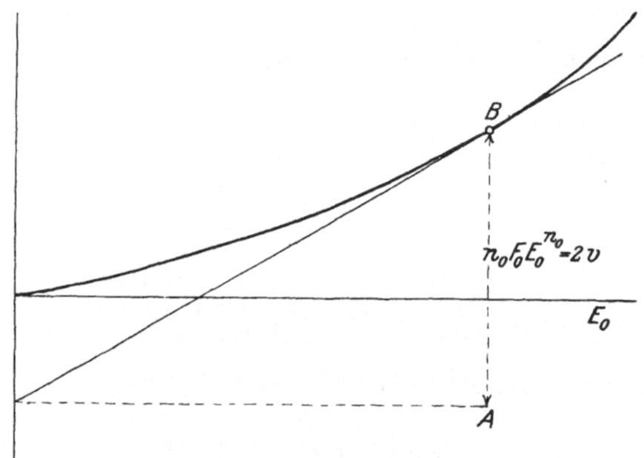

Fig. 6.
Ermittlung des Einheitseffektverlustes.

oder auch die entsprechende Spannungsrelativgleichung (3a) mit der letzteren, so erkennt man leicht, daß in besserer Näherung

$$v = \left(1 - \frac{n_0 + 2}{2} F_0 E_0^{n_0} + \frac{n_L}{2} F_L E_0^{n_L}\right) \frac{n_0}{2} F_0 E_0^{n_0} \quad . \quad . \quad (5a)$$

wird.

Wollte man etwa statt auf den genaueren Wert der Spannung bezug nehmen auf den der geringeren Näherung nach (1), den man ja auch in den Korrektionsgliedern zur genaueren Spannungsbestimmung benutzt, so wird, wenn wir den Wert der geringsten Näherung durch E_{og} bezeichnen,

$$v = \left(1 - F_0 E_{og} + \frac{n_0 + n_L}{2 n_0 + 2} F_L E_{og}^{n_L}\right) \frac{n_0}{2} F_0 E_{og}^{n_0} \quad . \quad . \quad (5a')$$

Die Unterscheidung der Werte von E_0 und E_{og} hat aber natürlich nur im Hauptgliede eigentliche Bedeutung. Die Korrektionsglieder sind, wie leicht einzusehen dieselben wie in Gleichung (4a)

Man sieht, daß auch die Gleichungen vom zweiten Genauigkeitsgrade noch bequemer zu benutzen sind als die Relativgleichung (2b). Man muß aber unbedingt die letztere anwenden, wenn die Betriebsspannung vorgeschrieben ist.

Da auch die völlig exakte Beziehung zwischen v und den Verteurungen von Interesse sein könnte, so soll auch diese noch gegeben werden. Wir erhalten nämlich aus (3b) den Ausdruck

$$\frac{m_L L^2 \varrho}{E_0^2} = \frac{v}{1+v} \frac{m_0 n_0 F_0 E_0^{n_0}}{[2-(n_L-2)F_L F_0^{n_L}]}$$

und aus (2b) die Form

$$\frac{m_L L^2 \varrho}{E_0^2}(1+F_L E_0^{n_L})(1-v^2) = m_0(1+F_0 E_0^{n_0})v^2$$

Führen wir in die letzte Beziehung den Wert links aus der vorhergehenden ein, so folgt

$$v\left[(1+F_0 E_0^{n_0}) + \frac{n_0 F_0 E_0^{n_0}(1+F_L E_0^{n_L})}{2-(n_L-2)F_L E_0^{n_L}}\right] = \frac{n_0 F_0 E_0^{n_0}(1+F_L E_0^{n_L})}{2-(n_L-2)F_L E_0^{n_L}}$$

und daraus weiter

$$v = \frac{n_0 F_0 E_0^{n_0}(1+F_L E_0^{n_L})}{[2-(n_L-2)F_L E_0^{n_L}](1+F_0 E_0^{n_0})+(1+F_L E_0^{n_L})n_0 F_0 E_0^{n_0}} \quad (5b)$$

oder auch

$$v = \frac{n_0 F_0 E_0^{n_0}}{\frac{2-(n_L-2)F_L E_0^{n_L}}{1+F_l E_0^{n_L}}(1+F_0 E_0^{n_0})+n_0 F_0 E_0^{n_0}} \quad . (5b')$$

Die früheren Näherungswerte könnten hieraus natürlich leicht gefolgert werden.

18. Normaltabellen und Normalkurven. Ist nicht eine einzelne Übertragungslänge gegeben, sondern handelt es sich, wie schon bei den elastischen Leitungen ausgeführt, aber jetzt ganz allgemein darum, ausgehend von den von der Spannung abhängigen Verteurungskurven für die Maschinen oder Transformatoren und die Leitungen die vorteilhaftesten Verhältnisse zu berechnen, so wird man natürlich, falls erforderlich, die exakten Gleichungen z. B. Gleichung (1b) und (5b) unmittelbar benutzen, ohne erst die Näherungsgleichungen zur Bestimmung der Korrektionsglieder anzuwenden.

Wenn wir später auf diese und andere Arten Normaltabellen und Normalkurven ableiten, so werden wir zum Vergleiche mit den für andere Wirtschaftsprinzipien geltenden Werten übrigens diejenigen der Billigkeit noch mit dem Index b versehen, also z. B. v_b unmittelbar als Effektverlust der Billigkeit erkennen.

Die Bestimmung der Normalkurven durch die Gleichungen (1) bis (1b) und (5) bis (5b) und die spätere Benutzung zum Abgreifen der Werte für beliebige Entfernungen wird sich dabei als so einfach erweisen, daß die Praxis ein bequemeres Verfahren nicht wohl verlangen kann.

19. Nähere Erörterung der Resultate: Das Verhalten der Stromdichte. Wenn wir jetzt die Eigentümlichkeit einzelner Werte und Beziehungen noch etwas beleuchten wollen, so finden wir zunächst bei Betrachtung der Gleichung (2), daß wir auf dieser Genauigkeitsstufe auch setzen können

$$\mathfrak{e} = \frac{\mathfrak{E}_1}{E_1} L \left(\frac{m_L \varrho}{m_0}\right)^{\frac{1}{2}} = \frac{\mathfrak{E}_1}{E_1} L \varrho \left(\frac{m_L}{m_0 \varrho}\right) = J L \varrho \mathfrak{d},$$

wobei wir $\mathfrak{d}$ als Stromdichte der Billigkeit ansehen müssen. Wir haben demzufolge den

Satz: Die Stromdichte der Billigkeit ist für weite Übertragungsbereiche der Energie konstant, wenn von Gliedern zweiter Größenordnung abgesehen werden kann.

Sie berechnet sich einfach nach

$$\mathfrak{d} = \left(\frac{m_L}{m_0 \varrho}\right)^{\frac{1}{2}} \quad . \; . \; . \; . \; . \; . \; . \; . \; . \quad (6)$$

Diese Tatsache würde es auch erlauben, nach berechnetem $\mathfrak{d}$ vermittelst der Ausgangsgleichung für die Gesamtkosten die günstigste Spannnng durch Proben zu finden, indem man diese Größe nach Schätzung ungefähr richtige Zahlenwerte durchlaufen läßt, das zugehörige $\mathfrak{K}$ berechnet und den geringsten also richtigen Wert samt zugehöriger Spannung festhält. In der Theorie der Wirtschaftlichkeit und derjenigen der Exploitation, nicht aber in derjenigen der Rentabilität werden wir übrigens Analoges zu diesen Ergebnissen finden. Bei Behandlung der Wirtschaftlichkeit werden wir sehen, daß es sich hierbei um eine wichtige Rolle in der Geschichte der Theorie der Wirtschaftlichkeit dreht[1]). Beim Eingehen auf dieselbe soll der Zusammenhang mit der Billigkeit ausführlich beleuchtet werden.

---

[1]) Es handelt sich dort um die, allerdings die Verteurungen sämtlich nicht berücksichtigenden Gleichungen von Thomson und Beringer und deren von Teichmüller aufgeklärten Zusammenhang, sowie um die Teichmüllersche Methode der Bestimmung der Spannung der Wirtschaftlichkeit durch Proben. Vergl. Kap. II der Wirtschaftlichkeit.

Beschränken wir uns ganz allgemein auf den dritten Genauigkeitsgrad, so gewinnen wir in Ansehung von (6) die Möglichkeit eine Spannungsrelativgleichung für gegebene Stromdichte abzuleiten, welche besonders einfach zur absoluten Spannungsgleichung zu ergänzen ist. Waren nämlich die früheren Differentiationen allgemein betrachtet partielle, so erfordert die Herstellung des Veränderungsgrades der Billigkeit in bezug auf die Spannung bei eingeführter Stromdichte eine Differentiation, die als absolute zu bezeichnen ist, wenn man sich den Wert durch den gefundenen konstanten Ausdruck ersetzt denkt.

Bei Ausführung dieser Rechnung setzen wir für den Effektverlust in der Ausgangsgleichung der Gesamtkosten den Wert

$$\mathfrak{e} = \frac{\mathfrak{E}_1}{E_1} L \varrho \mathfrak{d}$$

nehmen bei den Verteurungen formell Bezug auf E_1 und erhalten

$$\cong \mathfrak{K} \left(\mathfrak{E}_1 + \frac{\mathfrak{E}_1 L \varrho \mathfrak{d}}{E_1}\right) m_0 (1 + F_0 E_1^{n_0}) + \frac{\mathfrak{E}_1}{E_1 \mathfrak{d}} m_L L (1 + F_L E_1^{n_L})$$

Der Veränderungsgrad vom Werte Null ergibt dann bei Vereinfachung sogleich die Bedingung

$$m_0 n_0 F_0 E_1^{n_0} = \frac{L \varrho \mathfrak{d} m_0}{E_1} + \frac{m_L L}{E_1 \mathfrak{d}}$$

oder, da für E_1 ohne weiteres E_0 ersetzt werden kann

$$m_0 n_0 F_0 E_0^{n_0} = \frac{L \varrho \mathfrak{d} m_0}{E_0} + \frac{m_L L}{E_0 \mathfrak{d}} \quad \ldots \ldots (7)$$

oder

$$E_0 = \left(\frac{L \varrho \mathfrak{d}}{n_0 F_0} + \frac{m_L L}{n_0 F_0 m_0 \mathfrak{d}}\right)^{\frac{1}{n_0 + 1}} \quad \ldots \ldots (7')$$

Ersetzen wir nun $\mathfrak{d}$ durch den durch (6) gegebenen Wert, so erhalten wir in der Tat äußerst einfach die frühere Beziehung

$$E_0 = \left(\frac{2 L}{n_0 F_0}\right)^{\frac{1}{n_0 + 1}} \left(\frac{m_L \varrho}{m_0}\right)^{\frac{1}{2 n_0 + 2}} \quad \ldots \ldots (1'')$$

Wenn wir den richtigen Wert von $\mathfrak{d}$ vorher berechnet haben, können wir natürlich auch benutzen die leicht zu findende Gleichung

$$n_0 F_0 E_0^{n_0} = \frac{2 L \varrho \mathfrak{d}}{E_0}$$

was inhaltlich mit Gleichung (5) übereinstimmt oder auch die ebenso einfache Beziehung

$$m_0 n_0 F_0 E_0^{n_0} = \frac{2 m_L L}{E_0 \mathfrak{d}}.$$

Äußerst charakteristisch sind in vorliegendem einfachsten Leitungsfalle sämtliche Gleichungen der geringsten Näherung dadurch, daß in ihnen die Leitungsverteurung überhaupt nicht mehr auftritt. Ihr Einfluß ist eben hier von der relativen zweiten Größenordnung. In der Spannungsrelativgleichung für gegebene Stromdichte kann der Einfluß unter Umständen sogar fast völlig verschwinden, nämlich dann, wenn $n_L = 1$, d. h. die Verteurungskurve der Leitung eine Gerade wird.

Man könnte natürlich auch die genauen Veränderungsgrade bei eingeführter Stromdichte feststellen. Wegen der geringen Übersichtlichkeit lohnt sich dies aber nicht. Wollen wir wenigstens eine genauere Gleichung für die Stromdichte, so können wir sie einfach durch Einsetzen von

$$\mathfrak{e} = \frac{\mathfrak{E}_1 + \mathfrak{e}}{E_0} \varrho \mathfrak{d} L$$

in die Gleichung (2a) und Benutzung von Gleichung (5) im Korrektionsglied herstellen. Sie wird bei

$$\frac{\mathfrak{E}_1}{E_0} L \left[\frac{m_L \varrho (1 + F_L E_0^{n_L})}{m_0 (1 + F_0 E_0^{n_0})}\right]^{\frac{1}{2}} = \frac{\mathfrak{E}_1}{E_0} \left(1 + \frac{n_0}{2} F_0 E_0^{n_0}\right) \varrho \mathfrak{d} L$$

und Beachtung der Größenordnung

$$\mathfrak{d} = \left(1 - \frac{n_0 + 1}{2} F_0 E_0^{n_0} + \frac{1}{2} F_L E_0^{n_L}\right) \left(\frac{m_L}{m_0 \varrho}\right)^{\frac{1}{2}} \quad . \text{(6b)}$$

Analog könnte man die exakte Form herstellen. Man wird aber, falls man den genauen Wert der Stromdichte zu kennen wünscht, ihn wohl praktischer stets numerisch aus der Relativgleichung (2b) rechnen.

20. Kontrollsätze. Wir haben die Relativgleichungen neben andern auch in solchen Formen dargestellt, daß ihr Inhalt leicht in kurzen Sätzen ausgesprochen werden kann, wenn wir die geringste Näherung für unsern einfachen Fall ins Auge fassen. Diese Sätze können vorteilhaft sowohl zur Kontrolle der Berechnungen, als auch von fertigen Anlagen dienen. Wir wollen die wichtigeren daher noch zusammenstellen. Die Gleichung (3) gibt uns zunächst folgendes:

Satz: Die für einen gegebenen Wert des Effekt- oder Spannungsverlustes richtige Spannung ist näherungsweise vorhanden, wenn die n_0-fache Verteurung der Zentrale gleich dem doppelten Betrag der Leitungskosten ist.

Dieses Resultat ist natürlich auch durch Einsetzen des durch (3) gegebenen Spannungswertes in die Ausgangsgleichung der Gesamtkosten und Betrachtung der entstehenden Ausdrücke für die Einzelkostenwerte zu erhalten.

Die Gleichung (2) belehrt uns ebenso, sowohl unmittelbar, als auch durch Einsetzen des durch sie gegebenen Wertes des Effektverlustes in die Kostengleichung über eine notwendige Beziehung, welche lautet:

Satz: Der für einen gegebenen Wert der Spannung richtige Wert des Effektverlustes ist näherungsweise vorhanden, wenn der auf den Effektverlust entfallende Kostenbetrag der Zentrale gleich den Leitungskosten ist.

Sind beide Sätze erfüllt, so folgt daraus eine Beziehung, welche auch in Gleichung (5) klar zum Ausdruck gelangt und bereits zur Kontrolle der Größenordnung diente. Wie sich später zeigen wird, ist sie eigentlich die Bedingung der relativ richtigen Spannung für konstanten Leitungsquerschnitt oder konstante Leitungskosten. Ziehen wir noch die Bedingungen der Übersichtlichkeit wegen zusammen, so erhalten wir schließlich:

Satz: Die richtigen Absolutwerte für Spannung und Effektverlust sind näherungsweise vorhanden, wenn der auf den Effektverlust entfallende Kostenbetrag der Zentrale gleich dem Kostenbetrag der Leitung und gleich dem $\frac{n_0}{2}$-fachen Betrag der Verteurung der Zentrale ist.

21. Die Tangentenmethode. Unter Umständen kann es bei gegebenen Entfernungen angebracht erscheinen, statt mit den substituierten Potenzkurven der Verteurungslinien mit Sekanten zu arbeiten, die man allmählich in Tangenten übergehen läßt oder auch mit mittleren Tangenten, deren Richtung im Verlauf der Konvergenzrechnung nach Maßgabe der erforderlichen Genauigkeit fortwährend kontrolliert wird. Es wird dann wie in Fig. 7 ein ideeller

Anfangswert für die Kosten der Zentrale m_0' und ebenso ein solcher für die Leitung m_L' angenommen und dann Veränderung nach der entsprechenden Geraden vorausgesetzt. Statt $F_0 E_0^{n_0}$ haben wir also $F_0 E_0$ in die Rechnung einzuführen und analog für die Leitung $F_L E_0$ statt $F_L E_0^{n_L}$. Die Leitungsverteurung wird dann, wie man sieht, sogar in der absoluten Spannungsgleichung besserer Näherung noch nicht berücksichtigt, da sie für $n_L = 1$ aus ihr herausfällt. Dies heißt aber nicht, daß sie mit Hilfe der neuen Methode von ge-

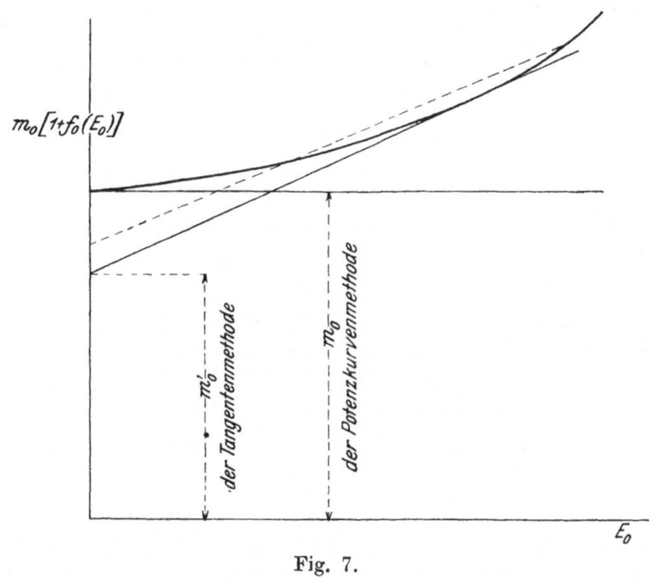

Fig. 7.
Tangentenmethode.

ringerer Konvergenz überhaupt nicht mehr genügend zu fassen sei, sondern es macht sich der Einfluß in den mit zunehmender Annäherung veränderlichen Anfangsgliedern der ideellen geraden Kostenkurven geltend. Die mögliche Genauigkeit ist im allgemeinen dieselbe wie früher, wenn der Weg auch langwieriger ist. Würde indessen die Leitungsverteurung außergewöhnlich hoch werden, so könnte namentlich bei stark wachsendem Exponenten n_L die Methode allerdings sehr schlecht oder gar völlig unbrauchbar werden. Man müßte dann schon bei der Potenzlinie verbleiben oder eine Modifikation des Tangentenverfahrens eintreten lassen, derart, daß die gesamte E_0-Funktion der Leitungskosten durch eine gemeinsame Tangente berücksichtigt wird. Übrigens könnte bei verschwindender Verteurung der Zentrale nur bei einem höheren wirklichen Exponenten als $n_L = 1$ die Leitungsverteurung jemals maßgebend für die Spannung werden, gleichgültig welches der absolute Betrag der Leitungsverteurung ist, da andernfalls ein Kostenminimum im Endlichen nicht mehr besteht. Im allgemeinen wird sich die gewöhnliche Tangentenmethode wohl nicht als unzulänglich erweisen.

22. Gleichungen und Beziehungen bei der Tangentenmethode. Die Spannungsgleichung vom dritten Genauigkeitsgrad wird bei Anwendung der Tangentenmethode

$$E_0 = \left(\frac{2L}{F_0}\right)^{\frac{1}{2}} \left(\frac{m_L \varrho}{m_0}\right)^{\frac{1}{4}}, \quad \ldots \ldots \quad (1\,T)$$

wobei wegen der verhandenen Genauigkeit eine Unterscheidung zwischen m_0 und m_0' sowie m_L und m_L' noch nicht stattzufinden braucht. In besserer Näherung wird, wenn wir jetzt die ideellen Werte m_0' und m_L' einführen, nach früherem

$$E_0 = \left(1 + \frac{1}{2} F_0 E_0\right) \left(\frac{2L}{F_0}\right)^{\frac{1}{2}} \left(\frac{m_L' \varrho}{m_0'}\right)^{\frac{1}{4}} \quad \ldots \quad (1a\,T)$$

Die Gleichung kann übrigens bei gegebener Entfernung im Gegensatz zu der früheren auch leicht exakt gelöst werden.

Die Relativgleichung der geringsten Näherung für den Effektverlust lautet, wenn wir uns mit der Hauptanwendungsform begnügen wie früher

$$v = \frac{L}{E_0} \left(\frac{m_L \varrho}{m_0}\right)^{\frac{1}{2}} \quad \ldots \ldots \ldots \quad (2)$$

wozu für die Stromdichte

$$\mathfrak{d} = \left(\frac{m_L}{m_0 \varrho}\right)^{\frac{1}{2}} \quad \ldots \ldots \ldots \quad (6)$$

gehört. In Näherung vom zweiten Genauigkeitsgrad wird

$$v = \left(1 - \frac{1}{2} F_0 E_0 + \frac{1}{2} F_L E_0\right) \frac{L}{E_0} \left(\frac{m_L' \varrho}{m_0'}\right)^{\frac{1}{2}} \quad \ldots \quad (2a\,T)$$

wozu

$$\mathfrak{d} = \left(1 - F_0 E_0 + \frac{1}{2} F_L E_0\right) \left(\frac{m_L'}{m_0' \varrho}\right)^{\frac{1}{2}} \quad \ldots \quad (6a\,T)$$

gehört.

Die Spannungsrelativgleichung für gegebenen Effekt- oder Spannungsverlust lautet in geringerer Näherung

$$E_0 = \left(\frac{2\varrho L^2 m_L}{v F_0 m_0}\right)^{\frac{1}{3}} \quad \ldots \ldots \quad (3\,T)$$

und in besserer

$$E_0 = \left(1 + \frac{v}{3} + \frac{1}{6} F_L E_0\right)\left(\frac{2 m_L' L^2 \varrho}{v F_0 m_0'}\right)^{\frac{1}{3}} \quad \ldots \quad (3a\,T)$$

Der Absolutwert des Effektverlustes wird

$$v = \left[\left(\frac{m_L \varrho}{m_0}\right)^{\frac{1}{2}} \frac{L F_0}{2}\right]^{\frac{1}{2}} \quad \ldots \ldots \quad (4\,T)$$

in geringerer und

$$v = \left(1 - E_0 F_0 + \frac{1}{2} F_L E_0\right)\left[\left(\frac{m_L' \varrho}{m_0'}\right)^{\frac{1}{2}} \frac{L F_0}{2}\right]^{\frac{1}{2}} \quad \ldots \quad (4a\,T)$$

in besserer Näherung. Die praktische Beziehung für den Effektverlust lautet

$$v = \frac{1}{2} F_0 E_0 \quad \ldots \ldots \ldots \quad (5\,T)$$

oder genauer

$$v = \left(1 - \frac{3}{2} F_0 E_0 + \frac{1}{2} F_L E_0\right) \frac{F_0 E_0}{2} \quad \ldots \quad (5a\,T)$$

und wenn überall auf die Spannungswerte der geringsten Näherung Bezug genommen wird

$$v = \left(1 - F_0 E_{0g} + \frac{1}{2} F_L E_{0g}\right) \frac{F_0 E_{0g}}{2} \quad \ldots \quad (5a'\,T)$$

Der Kontrollsatz über die Beziehung des Effektverlustes zu den Leitungskosten bleibt ungeändert. Den Ergänzungssatz finden wir am einfachsten aus (5). Er lautet

Satz: Die Einheits- oder prozentuale Verteurung der Zentrale, bezogen auf einen einer ideellen Geraden entsprechenden Anfangswert der Kosten muß näherungsweise gleich dem doppelten Einheits- oder prozentualen Effekt- oder Spannungsverlust sein.

Die neuen Formeln besserer Näherung sind meist insofern kaum vorteilhafter anzuwenden als diejenigen bei der Potenzkurvenmethode, als bei letzteren nur konstante Anfangswerte auftreten, während die ideellen bei der Tangentenmethode im Verlauf der Konvergenzrechnung variabel sind und stets neu bestimmt werden müssen.

23. **Die relativen und absoluten Gleichungen bei Einführung des Querschnitts.** Mit den Werten von E_0 und $\mathfrak{e}$ ist auch der Leitungsquerschnitt der Billigkeit bestimmt. Er könnte direkt nach der allgemeinen Beziehung

$$q = \left(\frac{\mathfrak{E}_1 + \mathfrak{e}}{E_0}\right)^2 \frac{\varrho L}{\mathfrak{e}},$$

wenn die Zahlenwerte der Spannung und des Effektverlustes vorliegen, numerisch bestimmt werden. Wollen wir aber auch die allgemeine Gleichung herstellen und dabei z. B. bis zum zweiten Genauigkeitsgrade gehen, so erhalten wir durch Einsetzen des Wertes von $\mathfrak{e}$ nach (2a)

$$q = \left[1 + \frac{1}{2} F_0 E_0^{n_0} - \frac{1}{2} F_L E_0^{n_L} + \frac{2L}{E_0}\left(\frac{m_L \varrho}{m_0}\right)^{\frac{1}{2}}\right] \frac{\mathfrak{E}_1}{E_0}\left(\frac{\varrho m_0}{m_L}\right)^{\frac{1}{2}} \quad (8a)$$

Diese Gleichung ist die Relativgleichung für gegebene Spannung. Letztere kann also bei einigermaßen richtigem Bereich, den wir mit Rücksicht auf die Größenordnung der Vernachlässigungen fordern müssen, beliebig angenommen sein. Setzen wir aber, wie meist zutreffend voraus, sie sei auch nach den Grundsätzen der Billigkeit zu rechnen, so ist das letzte Korrektionsglied $\frac{2L}{E_0}\left(\frac{m_L \varrho}{m_0}\right)^{\frac{1}{2}}$ nach (1) umformbar, und wir erhalten für *diesen* Fall

$$q = \left(1 + \frac{n_0 + 2}{2} F_0 E_0^{n_0} - \frac{1}{2} F_L E_0^{n_L}\right) \frac{\mathfrak{E}_1}{E_0}\left(\frac{\varrho m_0}{m_L}\right)^{\frac{1}{2}} \quad . \ (8a')$$

Die Tangentenmethode würde dann erfordern den Ausdruck

$$q = \left(1 + \frac{3}{2} F_0 E_0 - \frac{1}{2} F_L E_0\right) \frac{\mathfrak{E}_1}{E_0}\left(\frac{\varrho m_0'}{m_L'}\right)^{\frac{1}{2}} \quad . \ . \ . \ (8aT)$$

In geringster Näherung ist

$$q = \frac{\mathfrak{E}_1}{E_0}\left(\frac{\varrho m_0}{m_L}\right)^{\frac{1}{2}} \quad . \ . \ . \ . \ . \ . \ . \ . \ (8)$$

wobei aber E_0 von E_1 nicht mehr unterschieden wird, d. h. wir können auch setzen

$$q = \frac{J}{\mathfrak{d}}$$

wo $\mathfrak{d}$ als Stromdichte der Billigkeit gemäß dem schon gefundenen Wert

$$\mathfrak{d} = \left(\frac{m_L}{\varrho m_0}\right)^{\frac{1}{2}} \quad . \ . \ . \ . \ . \ . \ . \ . \ (6)$$

zu berechnen ist.

Den absoluten Wert des Querschnittes erhalten wir durch Einführung des Spannungswertes nach (1a) in die Relativgleichung leicht als

$$q = \left(1 + n_0 F_0 E_0^{n_0} + \frac{n_L - n_0 - 2}{2 n_0 + 2} F_L E_0^{n_L}\right) \mathfrak{E}_1 \left(\frac{m_0}{m_L}\right)^{\frac{n_0+2}{2n_0+2}} \varrho^{\frac{n_0}{2n_0+2}} \times$$

$$\times \left(\frac{n_0 F_0}{2L}\right)^{\frac{1}{n_0+1}} \quad . \ (10\,a)$$

Bei der Tangentenmethode wäre entsprechend zu setzen

$$q = \left(1 + F_0 E_0 - \frac{1}{2} F_L E_0\right) \mathfrak{E}_1 \left(\frac{m_0'}{m_L'}\right)^{\frac{3}{4}} \varrho^{\frac{1}{4}} \left(\frac{F_0}{2L}\right)^{\frac{1}{2}} \quad . \ (10\,a\,T)$$

In geringster Näherung erhalten wir für unsere gewöhnliche Methode

$$q = \mathfrak{E}_1 \left(\frac{m_0}{m_L}\right)^{\frac{n_0+2}{2n_0+2}} \varrho^{\frac{n_0}{2n_0+2}} \left(\frac{n_0 F_0}{2L}\right)^{\frac{1}{n_0+1}} \quad . \ . \ . \ . \ (10)$$

und

$$q = \mathfrak{E}_1 \left(\frac{m_0}{m_L}\right)^{\frac{3}{4}} \varrho^{\frac{1}{4}} \left(\frac{F_0}{2L}\right)^{\frac{1}{2}} \quad . \ . \ . \ . \ . \ (10\,T)$$

bei der Tangentenmethode.

Es wird nun später die Notwendigkeit an uns herantreten, für gewisse wichtige Sonderfälle mehrere Funktionen des Querschnitts in die Rechnung einzuführen, und wir stellen dann anstelle des Veränderungsgrades in bezug auf $\mathfrak{e}$ denjenigen in bezug auf q her. Sein Nullwert, mit dem neuen in bezug auf die Spannung kombiniert, liefert natürlich auch die erforderlichen Absolutwerte. Zum Vergleich mit diesen später zu gebenden Entwicklungen wollen wir auch für unsern vorliegenden einfachen Fall noch diese Veränderungsgrade von $\mathfrak{K}$ bei eingeführtem Querschnitt herstellen. Da aber die Durchführung der exakten Rechnung jetzt wesentlich verwickelter wird als früher, wollen wir von ihrer Wiedergabe absehen und uns auf die Durchrechnung mit der für unsern Fall meist ausreichenden Genauigkeit zweiten Grades begnügen. Wir setzen also

$$\mathfrak{e} = \left(\frac{\mathfrak{E}_1 + \mathfrak{e}}{E_0}\right)^2 \frac{\varrho L}{q} \cong \left(\frac{\mathfrak{E}_1 + \frac{\mathfrak{E}_1^{\,2} \varrho L}{E_0^{\,2} q}}{E_0}\right)^2 \frac{\varrho L}{q}$$

und demzufolge näherungsweise für die Gesamtkosten

$$\mathfrak{K}=\left[\mathfrak{E}_1+\left(\frac{\mathfrak{E}_1+\frac{\mathfrak{E}_1^2\varrho L}{E_0^2 q}}{E_0}\right)^2\frac{\varrho L}{q}\right]m_0(1+F_0E_0^{n_0})+q\,m_L L(1+F_L E_0^{n_L})$$

oder mit Rücksicht auf die vorhandene Genauigkeit

$$\mathfrak{K}=\left(\mathfrak{E}_1+\frac{\mathfrak{E}_1^2}{E_0^2}\frac{\varrho L}{q}+\frac{2\mathfrak{E}_1^3}{E_0^4}\frac{\varrho^2 L^2}{q^2}\right)m_0(1+F_0E_0^{n_0})+q\,m_L L(1+F_L E_0^{n_L})$$

Den durch partielle Differentiation nach q sich ergebenden einen Veränderungsgrad der Billigkeit setzen wir analog wie früher gleich Null, und wir überzeugen uns aus

$$\left(-\frac{\mathfrak{E}_1^2}{E_0^2}\frac{\varrho L}{q^2}-4\frac{\mathfrak{E}_1^3}{E_0^4}\frac{\varrho^2L^2}{q^3}\right)m_0(1+F_0E_0^{n_0})+m_L L(1+F_L E_0^{n_L})=0$$

leicht auch ohne Kenntnis der früheren Beziehungen, daß

$$q=\frac{\mathfrak{E}_1}{E_0}\left(\frac{\varrho\, m_0}{m_L}\right)^{\frac{1}{2}}$$

in geringster Näherung eine richtige Minimumbedingung darstellt. Benutzen wir diesen Wert zur Einführung in die Glieder zweiter Größenordnung der vorhergehenden Gleichung, so erhalten wir die Relativgleichung für gegebene Spannung in besserer Näherung

$$q=\left[1+\frac{1}{2}F_0E_0^{n_0}-\frac{1}{2}F_L E_0^{n_L}+2\frac{L}{E_0}\left(\frac{m_L\varrho}{m_0}\right)^{\frac{1}{2}}\right]\frac{\mathfrak{E}_1}{E_0}\left(\frac{\varrho\, m_0}{m_L}\right)^{\frac{1}{2}},\quad (8\,a)$$

natürlich übereinstimmend mit dem früheren Wert.

Die aus dem Veränderungsgrad in bezug auf E_0 sich ergebende Bedingung wird in entsprechender Näherung

$$\left[\mathfrak{E}_1 n_0 F_0 E_0^{n_0-1}+\mathfrak{E}_1^2\frac{\varrho L}{q}(n_0-2)F_0E_0^{n_0-3}-2\frac{\mathfrak{E}_1^2}{E_0^3}\frac{\varrho L}{q}\right.$$
$$\left.-8\frac{\mathfrak{E}_1^3}{E_0^5}\frac{\varrho^2L^2}{q^2}\right]m_0+m_L q L n_L F_L E_0^{n_L-1}=0$$

d. h.

$$\mathfrak{E}_1F_0E_0^{n_0}\left[n_0+\frac{\mathfrak{E}_1}{E_0^2}(n_0-2)\frac{\varrho L}{q}\right]m_0$$
$$=2\frac{\mathfrak{E}_1^2}{E_0^2}\frac{\varrho L}{q}\left(1+\frac{4\mathfrak{E}_1}{E_0^2}\frac{\varrho L}{q}\right)m_0-q\,m_L L n_L F_L E_0^{n_L}.\quad (9\,a)$$

oder

$$E_0 = \left\{ \frac{2\,\mathfrak{E}_1^2 \frac{\varrho L}{q}\left(1 + 4\frac{\mathfrak{E}_1}{E_0^2}\frac{\varrho L}{q}\right) m_0 - q\, m_L L\, n_L F_L E_0^{n_L+2}}{\mathfrak{E}_1 F_0 \left[n_0 + \frac{\mathfrak{E}_1}{E_0^2}(n_0 - 2)\frac{\varrho L}{q}\right] m_0} \right\}^{\frac{1}{n_0+2}} \qquad (9a')$$

Hierzu gehört in geringster Näherung

$$\mathfrak{E}_1 n_0 F_0 E_0^{n_0} = 2\frac{\mathfrak{E}_1^2}{E_0^2}\frac{\varrho L}{q} \quad . \; . \; . \; . \; . \; (9)$$

oder

$$E_0 = \left(\frac{2\,\mathfrak{E}_1 \varrho L}{n_0 q F_0}\right)^{\frac{1}{n_0+2}} \quad . \; . \; . \; . \; . \; . \; (9')$$

Die erste Form ergibt aber unmittelbar

$$n_0 F_0 E_0^{n_0} = 2\,v \quad . \; . \; . \; . \; . \; . \; . \; (5'')$$

was den Inhalt des einen möglichen, unvollständigen Kontrollsatzes bildete. Es war schon beiläufig erwähnt, daß er das Kriterium der Richtigkeit der Anlage bei gegebenem Leitungsquerschnitt oder bei gegebener Menge Leitermetall bildet; aus der neuen Ableitung erkennen wir dies ohne weiteres. Es ist also streng zu beachten, daß Gleichung (5) n i c h t etwa an Stelle von Gleichung (2) zur Bestimmung der Spannung bei g e g e b e n e m Effektverlust dienen kann.

Durch Vereinigung von Gleichung (8) und Gleichung (9) erhalten wir leicht die absolute Spannungsgleichung (1) und die absolute Querschnittsgleichung (4). Machen wir von (1) Gebrauch zur Umformung der Korrektionsglieder, so erhalten wir aus (8a) und (9a) natürlich auch die genaueren Gleichungen (1a) und (4a).

Die neuen Relativgleichungen haben übrigens den Vorteil, daß bei der Herstellung von Normalkurven mit ihrer Hilfe auf die Anwendung der absoluten Spannungsgleichung verzichtet werden kann. Man rechnet in geringster Näherung gemäß (8) für eine Reihe von Spannungen die von der Entfernung fast unabhängigen Querschnitte oder besser diejenigen pro Effekteinheit und wendet dann Gleichung (9) zur Bestimmung der Werte von L an. Man hat dann allerdings, wenn eine genauere Rechnung erforderlich ist, in zwei Gleichungen wechselnd Korrekturen vorzunehmen, die bei dem früheren Verfahren von vornherein mit zu erledigen sind. Wollte man die früheren Relativgleichungen in ähnlicher Weise verwenden, so könnte man etwa aus (2) numerische Werte von $\frac{v}{L}$ rechnen und sie dann in (3) einführen.

24. Die Gesamtkosten der Anlage als Funktion der Spannung. Die Gesamtkosten der Anlage oder deren untersuchter Teil sind mit Hilfe der gerechneten Werte aus der Ausgangsgleichung der Kosten in jedem Fall natürlich ohne weiteres festzustellen. Es könnte jedoch wünschenswert sein, von vornherein zu wissen, wie groß für eine Anlage von bestimmter Spannung, deren Übertragungsweite ja eindeutig bestimmt ist, diese Gesamtkosten sind. Um eine Beziehung hierfür zu finden, setzen wir in die Gleichung der Anlagekosten pro Effekteinheit

$$\mathfrak{K}_p = (1+v)\,m_0\,(1+F_0 E_0^{n_0}) + \frac{(1+v)^2}{E_0^2\,v}\,m_L L^2 \varrho\,(1+F_L E_0^{n_L})$$

nach (3b) den Wert

$$\frac{m_L L^2 \varrho}{E_0^2} = \frac{v}{v+1}\,\frac{m_0\,n_0\,F_0\,E_0^{n_0}}{[2-(n_L-2)F_L E_0^{n_L}]}$$

und dann für v den aus Gleichung (5b) sich ergebenden Wert ein. Es folgt

$$\mathfrak{K}_p = (1+F_0 E_0^{n_0})\,m_0 + 2\,n_0\,\frac{F_0 E_0^{n_0}(1+F_L E_0^{n_L})}{2-(n_L-2)F_L E_0^{n_L}}\,m_0\,. \qquad (11b)$$

In Näherung vom zweiten Grade wird für unsern einfachsten Freileitungsfall also

$$\mathfrak{K}_p = \left[1 + F_0 E_0^{n_0} + \left(1+\frac{n_L}{2}F_L E_0^{n_L}\right) n_0 F_0 E_0^{n_0}\right] m_0 \quad . \quad (11a)$$

Die geringste Näherung ergibt sich auch aus dem vollständigen Kontrollsatz ohne weiteres. Sie lautet

$$\mathfrak{K}_p = [1 + (1+n_0)\,F_0 E_0^{n_0}]\,m_0 \quad . \; . \; . \; . \quad (11)$$

und berücksichtigt die Leitungsverteurung nicht mehr.

Die Formen der Gleichungen für die Tangentenmethode sind hiernach wohl unmittelbar zu erkennen.

III. Praktische Anwendung der Beziehungen. Beispiele. Normaltabellen und Normalkurven.

25. Die Kosten im allgemeinen. Zur Anwendung der erhaltenen Beziehungen müssen wir genauer feststellen, welche nume-

rischen Werte etwa für die einzelnen Größen gelten. Für die meisten derselben liegt genügend Material vor in den Angaben der Firmen und den Zusammenstellungen einiger Autoren [1]). Wenig ist indessen über die einzelnen Verteurungswerte vorhanden oder allgemein zugänglich. Man kann nun die Verteurung kontrollieren, wenn man das Verhalten der Isolationsmaterialien studiert [2]) und z. B. bei den Maschinen weiter untersucht, welchen Einfluß auf den Preis die verschiedenen Wicklungen mit ihrer Isolation bei verschiedenen Spannungen ausüben. Die so herstellbaren Verteurungskurven dürfen sich nach früherem zunächst jeweils nur auf eine einmal angenommene Type beziehen, wenn eine Erschwerung der Rechnung vermieden werden soll [3]). Wir rechnen demzufolge, wenn wir nicht gerade billige Maschinen gegeben haben und die Methode erproben wollen, am einfachsten mit Maschinen und Apparaten, wie sie als normal gewöhnlich gebaut werden. Voraussetzung muß aber z. B. ausdrücklich bleiben, daß die Generatoren oder Transformatoren bei den verschiedenen Spannungen gleichen Wirkungsgrad besitzen, da sonst manche auch bei der Billigkeit der Anlage hiervon abhängige Größen nicht, wie angenommen, konstant sind.

26. Praktische Verteurungskurven für Hochspannungsgeneratoren. In Fig. 8 sind zunächst als Beispiele einige Verteurungskurven zusammengestellt, welche sich auf die meist verwendeten Wechselstromgeneratoren beziehen. Sie rühren von deutschen und schweizerischen Elektrizitätsfirmen her und beziehen sich auf Maschinen für eine Einheitsleistung von etwa 1000 KW. Ihr Charakter ist verschieden. Bei der Mehrzahl schwankt der Exponent zwischen 1 und 2. Die Erklärung dürfte nahe liegen. Ist die Form der Wicklungsstäbe z. B. eine solche, daß sich bei einer Vermehrung der Windungszahl, entsprechend der wachsenden Spannung nahezu Proportionalität zur Vergrößerung der Leiterober-

---

[1]) Vergl. S. Herzog, Elektrotechnisches Auskunftsbuch. München und Berlin 1904. F. Hoppe, Wie stellt man Projekte, Kostenanschläge und Betriebskostenberechnungen für elektrische Licht- und Kraftanlagen auf? Darmstadt und Leipzig 1904. C. Hochenegg, Anordnung und Bemessung elektrischer Leitungen. Berlin und München 1893 und 1897. J. Teichmüller, Die elektrischen Leitungen. Stuttgart 1899. J. Herzog und C. Feldmann, Die Berechnung elektrischer Leitungsnetze. Berlin 1903.

[2]) Vergl. E Arnold und J. la Cour, Die Wechselstromtechnik. Berlin 1902. H. W. Turner und H. M. Hobart, Die Isolierung elektrischer Maschinen. Berlin 1906. H. Pohl, Leiter und Isoliermittel, Handbuch der Elektrotechnik VI. Leipzig 1906.

[3]) Vergl. Kap. IX der Billigkeit.

fläche ergibt, und tritt eine Vermehrung der Nuten nicht ein, ist ferner innerhalb der Nuten eine Berührung der Drähte maximaler Spannungsdifferenz nicht zu erwarten, und wird endlich die Durchschlagspannung etwa proportional der Dicke der Isolationsmaterialien angenommen, so wird die Verteurungskurve innerhalb gewisser Grenzen eine Grade sein müssen[1]). Tritt aber bei sonst gleichen Bedingungen mit wachsender Spannung eine stärkere Verteilung der Windungen ein, oder muß man auch auf die größere Spannungsdifferenz innerhalb der Nuten selbst, z. B. bei naheliegender erster und letzter Windung Rücksicht nehmen, so wird, besonders im Hinblick auf das Verhalten der meisten Isolationsmaterialien[2]) eine Erhöhung des Exponenten stattfinden, so daß die Kurven ein höheres, unter Umständen mehr als quadratisches Steigen aufweisen können. Andererseits kann eine teilweise geringere als proportionale Steigerung der Kosten dadurch begünstigt werden, daß z. B. bei runden Drähten bei der Vermehrung der Windungen eine geringere als proportional größere Oberfläche entsteht, wozu noch kommt, daß hier aus technologischen Gründen meist bei geringerem Durchmesser eine verringerte Dicke der Isolation

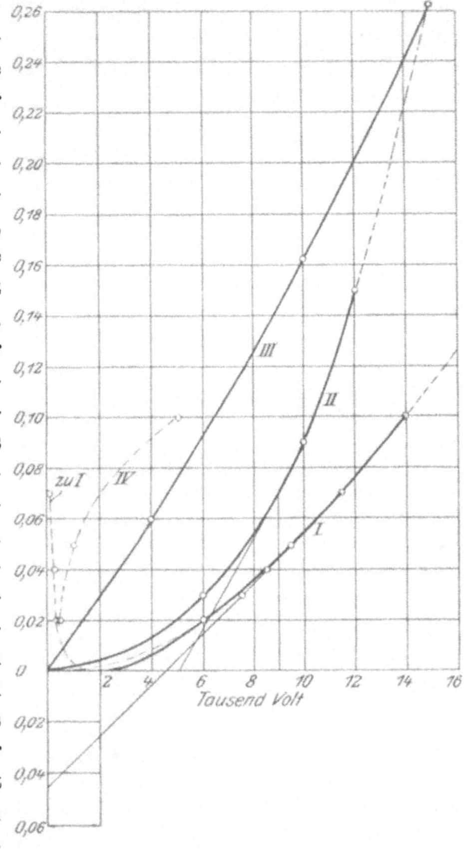

Fig. 8.
Einheitsverteurungskurven für Generatoren.

1) Vergl. die Annahmen anderer Autoren in Kap. X der Billigkeit und Kap. IX der Wirtschaftlichkeit.

2) Vergl. Arnold, Wechselstromtechnik III, S. 148 u. f. Turner und Hobart, Isolierung elektrischer Maschinen.

gewählt wird. Immerhin muß man aber bei Maschinen, deren Verteurung nach Kurve IV verläuft, vermuten, daß die früher festgesetzten Bedingungen, namentlich der Wirkungsgrad nicht für alle Spannungen die gleichen sind. In jedem Fall ist zu beachten, daß gerade in bezug auf die Isolationsabmessung die subjektive Anschauung der Konstrukteure in bezug auf Sicherheit usw. bislang eine große Rolle spielte. Vielleicht tritt hier demnächst unter Berücksichtigung der neueren Untersuchungen über die Isolationsfähigkeit der Materialien eine Änderung ein, wobei dann allerdings auch die voneinander abweichenden indirekten Wirkungen nach den verschiedenen Wirtschaftsprinzipien eine eingehendere Berücksichtigung erfahren sollten. (Wir werden übrigens auf diese Frage, obwohl sie eigentlich den Rahmen vorliegender Theorie überschreitet, noch in einem besonderen Kapitel [1]) zu sprechen kommen.) Wie dem aber auch sei, wir haben im folgenden die Maschinen als gegebene Normalmaschinen zu betrachten und die entsprechenden Werte in die Rechnung einzusetzen.

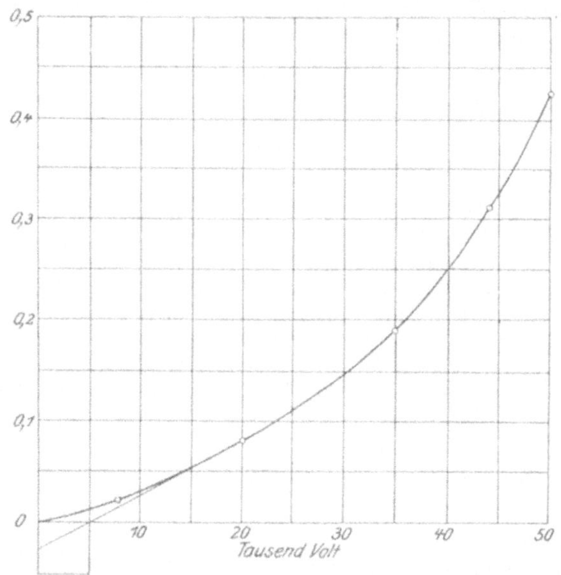

Fig. 9.
Leitungsverteurungskurve.

1) Vergl. Kapitel IX der Billigkeit.

27. Aufstellung einer Verteurungskurve für die Leitung. Um zunächst den Übertragungsfall mit Hochspannungsgeneratoren numerisch zu behandeln, müssen wir noch die Leitungsverteurung betrachten. Für diese sind die Unterlagen besonders schwer zu erhalten und jedenfalls, namentlich für die zunächst angenommenen Freileitungen, auch wenn wir der Einfachheit wieder normale Konstruktionselemente annehmen, ziemlich unsicher. Die die Kostenhöhe beeinflussenden Faktoren sind überdies nach Ort, Klima usw. der Anlage verschieden, so daß die Konstruktion des Gestänges, die Abmessung und Wahl der Isolatoren, die Sicherheits- und Schutzvorrichtungen auf Grund von wenig Erfahrungsmaterial meist gefühlsmäßig bestimmt werden [1]). Wir wollen unserer Rechnung die Fig. 9 zugrunde legen, deren Werte wohl von der richtigen praktisch vorkommenden Größenordnung sein dürften. Übrigens spielt ja auch die Freileitungsverteurung hier eine verhältnismäßig geringe Rolle.

Beispiel I.

28. Berechnung der Spannung und des Effektverlustes für eine gegebene Entfernung. Aufgabe: Die einfache Übertragungslänge sei $L_D = 5$ km. Der Effekt $\mathfrak{E}_1$, welcher in seiner Größe die Bedingungen der Billigkeit nicht ändert, sei beliebig, jedoch soll er nicht so groß sein, daß bei der Ausführung des Projektes eine Einhaltung der Bedingungen auf mehr als etwa 10 % Genauigkeit stattfinden kann. Für die Verteurung der Maschinen soll die Verteurungskurve I der Figur 8 zugrunde gelegt werden. Es sei ferner $m_0 = 0{,}8$ ℳ pro montiertes Watt, $m_L = 0{,}02$ ℳ pro m Länge und qmm Querschnitt und $\varrho = 0{,}0175$ Ohm.

Welches sind die Bedingungen der Billigkeit?

Welches würde für andere Entfernungen die Kurve der Abhängigkeit derselben von den Spannungen sein, wenn Maschinen nach dem Verteurungsgesetz der ersten Näherungsrechnung auch für höhere Spannungen als 14000 Volt gebaut würden?

Lösung: Das der Kurve I nach den Angaben der betreffenden Elektrizitätsfirma zugrunde liegende Gesetz lautet in Tabelle nach Angabe ungefähr wie folgt:

---

[1]) Vergl. in dieser Beziehung namentlich die Annahmen Mershons, welche sich auf amerikanische Verhältnisse beziehen, in Kap. IX der Wirtschaftlichkeit.

Volt		Verteurung gegen etwa 2500 Volt Bezugsspannung.
Spannung	Spannung	
450	6000	2%
350	7500	3%
250	8500	4%
150	9500	5%
50	11500	7%
	14000	10%

Die niederen Spannungen, welche wie die höheren eine Verteurung ergeben und punktiert eingetragen sind, interessieren uns hier nicht; ebensowenig etwaige Treppenstufen der Kosten, welche aus vereinfachten Preisangaben folgen können und die erst in zweiter Linie zur Berücksichtigung kommen könnten, wenn eine entsprechende Genauigkeitsforderung bestände. Auch können wir für unsere Rechnungen mit genügender Genauigkeit die Kurve ohne Verschiebung der Abszissenachse durch den Nullpunkt gehen lassen, ohne daß sich hieraus eine Korrektionsrechnung von Bedeutung ergäbe.

Haben wir keinen Anhalt, wo etwa die richtige Spannung liegt, so nehmen wir als Ausgangspunkte die beiden äußersten, nämlich 6000 und 14000 Volt. Wir rechnen uns dann zunächst nach den für alle Verteurungskurven gegebenen Regeln den Exponenten der reinen Maschinenverteurung durch die wachsende Spannung. Nun ist für $E_{01} = 14\,000$ Volt die Verteurung pro Kosteneinheit

$$F_m E_{01}{}^{n_m} = P_1 = 0{,}10$$

und für $E_{02} = 6000$ Volt

$$F_m E_{02}{}^{n_m} = P_2 = 0{,}02.$$

Es wird mithin der Exponent der Maschinenverteurung n_m

$$n_m = \frac{\log \frac{P_1}{P_2}}{\log \frac{E_{01}}{E_{02}}} = \frac{\log \frac{0{,}10}{0{,}02}}{\log \frac{14\,000}{6000}} = 1{,}899 \cong 1{,}90.$$

Der Ordinatenachsenabschnitt für eine geschätzte „mittlere Tangente" ergibt übrigens, wie leicht zu kontrollieren, etwa denselben Wert.

Außer den Maschinen sind nun als sich verteuernde Teile der

Gesamtanlage zu berücksichtigen ein Teil des Zubehörs, unter Umständen der Schaltanlage und in jedem Fall des Gebäudes.

Die reinen Maschinenkosten sind etwa $m_m = 0,12$ *M* pro montiertes Watt, also das 0,15fache der Kosten der Zentrale. Wir wollen nun, ohne uns auf genauere Feststellungen einzulassen, den gesamten sich verteuernden Teil der Zentrale m_a mit dem Wert $m_a = 0,2\, m_o$ berücksichtigen und den berechneten Exponenten unverändert der Gesamtverteurung zugrunde legen, so daß also $n_o = n_a = n_m = 1,90$ wird. Es wird also für die primäre Verteurung auch gelten

$$m_a F_a E_0^{n_a} = m_0 F_0 E_0^{n_o}.$$

Mit Benutzung des Wertes für $E_{01} = 14000$ erhalten wir demnach

$$0,2 \,.\, m_0 \,.\, 0,10 = m_0 F_0\, 14000^{1,90}$$

also

$$F_0 = \frac{0,2 \,.\, 0,1}{14000^{1,90}} = \frac{0,02}{14000^{1,90}}$$

Es ist nicht unbedingt erforderlich den Wert weiter auszurechnen.

Man kann nämlich zur Berechnung der Spannung bequem nach (1″) setzen

$$E_0 = \left(\frac{2\,L}{n_0 F_0}\right)^{\frac{1}{n_0+1}} \left(\frac{m_L \varrho}{m_0}\right)^{\frac{1}{2\,n_0+2}} = \left(\frac{2 \,.\, 10000}{1,9 \,.\, \frac{0,02}{14000^{1,9}}}\right)^{\frac{1}{2,9}} \left(\frac{0,02 \,.\, 0,0175}{0,8}\right)^{\frac{1}{5,8}}$$

$$= 14000 \left(\frac{2 \,.\, 10000}{1,9 \,.\, 0,02 \,.\, 14000}\right)^{\frac{1}{2,9}} \,.\, \left(\frac{0,02 \,.\, 0,0175}{0,8}\right)^{\frac{1}{5,8}}$$

Zur Ausrechnung bedient man sich dabei des erwähnten Rechenschiebers mit Potenzierungsskala „System Peter“. Die Werte der einzelnen Potenzen werden zur Erzielung der nötigen Genauigkeit dabei in passender Weise in Faktoren zerlegt, und die Teile einzeln mit Hilfe des Schiebers potenziert. Wir erhalten, wenn wir dem entstehenden Wert, um ihn von den späteren bei andern Wirtschaftssystemen zu unterscheiden, den Index b anhängen

$$E_{ob} = 12900 \text{ Volt.}$$

Kontrolliert man zur Probe L für die gerechnete Spannung, indem man den Wert $n_0 F_0 E_0^{n_o}$ aus der Kurve der Maschinenverteurung, welche in Fig. 10 besonders herausgezeichnet ist, gewissermaßen direkt herausgreift, da das gekennzeichnete Stück A B nur noch mit 0,2 multipliziert zu werden braucht, so erhalten wir bei $n_0 F_0 E_0^{n_0} = 0{,}159 \,.\, 0{,}2$

$$L = \frac{n_0 F_0 E_0^{n_0}}{2}\left(\frac{m_0}{m_L \varrho}\right)^{\frac{1}{2}} E_0 = \frac{0{,}159 \,.\, 0{,}2}{2}\left(\frac{0{,}8}{0{,}02 \,.\, 0{,}175}\right)^{\frac{1}{2}} 12\,900 = 9800\,\mathrm{m}$$

oder

$$L_D = 4{,}9 \text{ km},$$

was schon den geringen Einfluß des schwankenden Kurvencharakters kennzeichnet.

Den zur Spannung E_0 gehörigen Einheitseffektverlust v erhalten wir am einfachsten nach Gleichung (5). Es wird bei Benutzung des eben gefundenen Wertes von $n_0 F_0 E_0^{n_0}$

$$v = \frac{n_0 F_0 E_0}{2} = \frac{0{,}159 \,.\, 0{,}2}{2} = 0{,}0159$$

oder

$$v_b = 1{,}59\,\%.$$

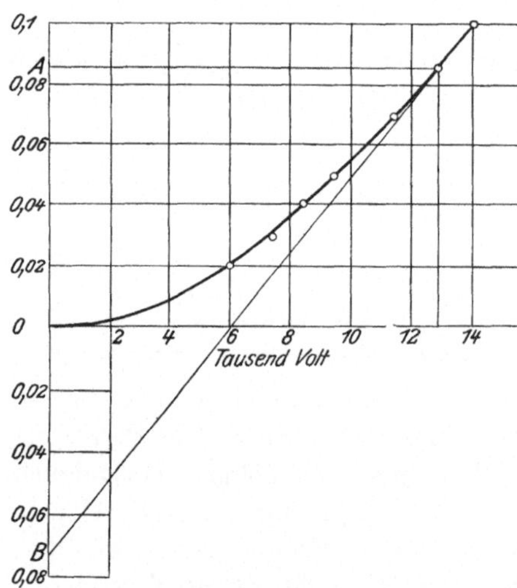

Fig. 10.
Vereinfachte Generatorverteurungskurve.

Von der Größenordnung von v_b gegenüber der Einheit sind aber die Korrektionswerte, und zwar nicht nur diejenigen, welche sich auf die Energieerzeugerstation beziehen, sondern auch diejenigen für die Leitung, wie ein Blick auf Fig. 9 lehrt, so daß sich also die wirkliche Vornahme der Korrektur erübrigt. Doch ist vielleicht noch der Einfluß des genaueren Verteurungsfaktors und Verteurungsexponenten genauer zu kontrollieren, obwohl er sich schon bei der Proberechnung für E_0 als geringfügig erwies. Es ist aber für eine nähere Einschließung des richtigen Spannungsbereichs, wenn wir $E_{01} = 14\,000$ beibehalten, für $E_{02} = 11500$ der Wert $P_2 = 0{,}07$ gegeben. Also folgt

$$n_0 = \frac{\log \frac{0,10}{0,07}}{\log \frac{14\,000}{11\,500}} = 1,834,$$

und es ergibt sich bei Verfolgung des Einflusses auch hieraus kein Grund zur Korrektur.

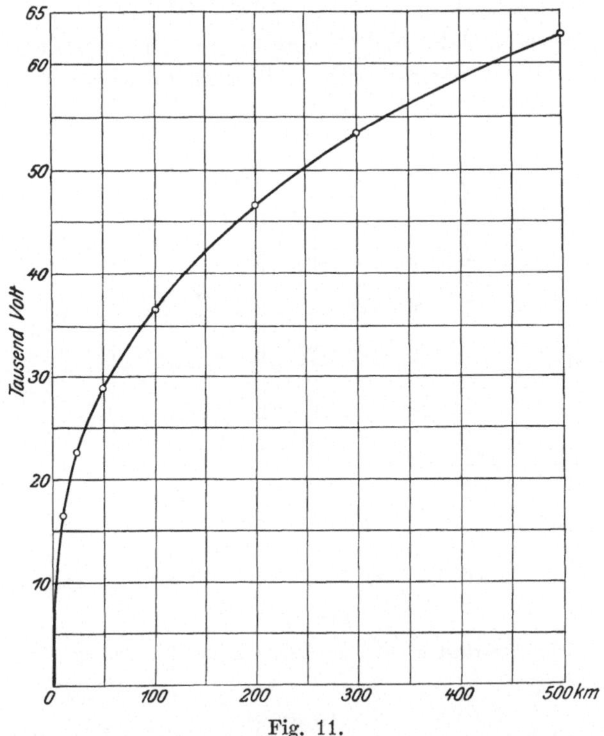

Fig. 11.

Spannung in Abhängigkeit von der Entfernung.

29. Andere Entfernungen im ersten Beispiel. Normaltabellen und Normalkurven. Denken wir uns jetzt, um die letzte Frage der Aufgabe zu beantworten, die Verteurungskurve über die vorhandene Grenze bei 14000 Volt mit gleichbleibendem Exponenten $n_0 = 1,9$ fortgesetzt, so erhalten wir nach (1) folgende Resultate:

$$L_D = 10 \text{ km} \quad E_0 = 12\,900 \left(\frac{10}{5}\right)^{0,346} = 12\,900 \,.\, 1,27 = 16\,400 \text{ Volt}$$
$$„ = 25 \;„ \qquad = 12\,900 \,.\, 1,75 = 22\,600 \;„$$
$$„ = 50 \;„ \qquad = 12\,900 \,.\, 2,23 = 28\,800 \;„$$
$$„ = 100 \;„ \qquad = 12\,900 \,.\, 2,82 = 36\,400 \;„$$
$$„ = 200 \;„ \qquad = 12\,900 \,.\, 3,60 = 46\,500 \;„$$
$$„ = 300 \;„ \qquad = 12\,900 \,.\, 4,14 = 53\,500 \;„$$
$$„ = 500 \;„ \qquad = 12\,900 \,.\, 4,90 = 63\,400 \;„$$

Die Werte sind in Fig. 11 aufgetragen. Die zugehörigen Werte des Effektverlustes ergeben sich z. B. nach Gleichung (5) aus folgender Zusammenstellung:

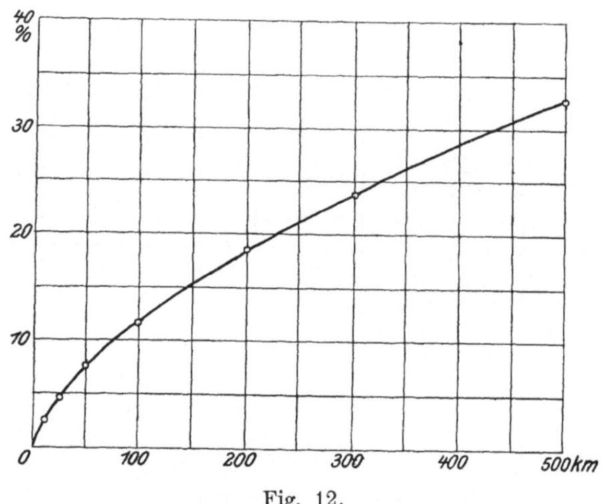

Fig. 12.

Effektverlust in Abhängigkeit von der Entfernung.

$$L_D = 10 \text{ km} \quad v = 1,59 \,.\, \left(\frac{16\,400}{12\,900}\right)^{1,9} = 1,59 \,.\, 1,58 = 2,51\,\%$$
$$„ = 25 \;„ \qquad = 1,59 \,.\, 2,9 \;= 4,61 \;„$$
$$„ = 50 \;„ \qquad = 1,59 \,.\, 4,64 = 7,39 \;„$$
$$„ = 100 \;„ \qquad = 1,59 \,.\, 7,15 = 11,3 \;„$$
$$„ = 200 \;„ \qquad = 1,59 \,.\, 11,5 = 18,3 \;„$$
$$„ = 300 \;„ \qquad = 1,59 \,.\, 15,0 = 23,8 \;„$$
$$„ = 500 \;„ \qquad = 1,59 \,.\, 20,6 = 32,7 \;„$$

Die Werte sind in Fig. 12 aufgetragen. Die Kurve hat den

Charakter einer Potenzlinie vom Exponenten $\frac{n_0}{n_0 + 1} = 0{,}665$, wie die absolute Formel für den Effektverlust (4) sofort ergibt.

Verfolgt man jetzt die Korrektionswerte allgemein weiter, so sieht man, daß sie sich auch für diese größeren Entfernungen für einen ziemlich großen Bereich zufällig nahezu aufheben. Wir wollen also auf ihre Bestimmung hier nicht näher eingehen, sondern in einem andern Beispiel, wo größere Deutlichkeit in dieser Beziehung vorhanden ist, das Wesen der Konvergenzrechnung näher verfolgen. Übrigens erkennt man nach den vorgenommenen Zahlenrechnungen jetzt wohl auch deutlich, daß man, wenn von vornherein die ganzen Kurven hergestellt werden sollen, man immer von den Spannungen und nie von den Entfernungen ausgehen wird.

Beispiel II.

30. Spannung und Effektverlust für eine gegebene Entfernung. Aufgabe: Es soll Effekt von erheblicher Größe auf eine Entfernung von $L_D = 10$ km übertragen werden. Die Höhe des Effekts, d. h. die Ausdehnung der Anlagen mache eine sehr genaue Einhaltung der Billigkeitsbedingungen möglich, so daß selbst kleinere Korrektionen Berücksichtigung finden können. Um diese deutlicher in Erscheinung treten zu lassen, sei die Verteuerungskurve II der Maschinen in Fig. 8 und ferner die Leitungsverteuerungskurve in Fig. 9 gegeben. Zunächst ist in gewöhnlicher Weise Spannung und Effektverlust zu bestimmen. Ferner soll, um die ganzen Verhältnisse der Billigkeit etwas klarer zu stellen, die angenommene Entfernung wieder vergrößert werden, ohne Rücksicht darauf, ob und inwieweit, namentlich im Hinblick auf den später zu betrachtenden Fall der Anwendung primärer Transformatoren [1]), dies unmittelbare praktische Bedeutung hat. Auch sind die Gesamtkosten der Anlage zu berechnen, und es ist der Einfluß der Abweichung von den richtigen Ausführungsbedingungen näher zu beleuchten.

Es sei hierbei gegeben: $m_0 = 1$ ℳ, $m_L = 0{,}02$ ℳ pro m Leitung und qmm Querschnitt, $\varrho = 0{,}0175$ Ohm und das Verhältnis des sich verteuernden Teils der Zentrale zu den Gesamtkosten der Zentrale mit 0,2. Die Maschinen sollen in dem sich verteuernden Teil wieder die Hauptrolle spielen, so daß der Verteurungsfaktor und der Verteu-

---

1) Vergl. S. 66.

rungsexponent genügend genau unmittelbar aus der Maschinenverteurungskurve berechnet werden können. Wir erhalten also aus einer geeigneten Tangente oder den geschätzten Spannungsgrenzen $E_{01} = 12000$ und $E_{02} = 6000$ und den zugehörigen Einheitsverteurungen

$$P_1 = 0{,}15$$

und

$$P_2 = 0{,}03$$

den Wert

$$n_0 = \frac{\log \frac{0{,}15}{0{,}03}}{\log \frac{12000}{6000}} = 2{,}32$$

und aus dem ersten Punkt

$$F_0 = \frac{0{,}2 \,.\, 0{,}15}{(12 \,.\, 10^3)^{3{,}32}} = 1{,}031 \,.\, 10^{-11}$$

In geringster Näherung wird also nach (1″)

$$E_{0b} = \left(\frac{2\,L}{n_0\,F_0}\right)^{\frac{1}{n_0+1}} \left(\frac{m_L \varrho}{m_0}\right)^{\frac{1}{2\,n_0+2}} = \left[\left(\frac{2 \,.\, 2 \,.\, 10^4}{2{,}32 \,.\, 1{,}031 \,.\, 10^{-11}}\right)^2 \times \right.$$

$$\left. \times \frac{2 \,.\, 10^{-2} \,.\, 1{,}75 \,.\, 10^{-2}}{1}\right]^{\frac{1}{6{,}64}} = (9{,}75 \,.\, 10^{26})^{\frac{1}{6{,}64}} = 11600 \text{ Volt.}$$

Für die genauere Rechnung müssen wir den Exponenten der Leitungsverteurungskurve feststellen.

Es ist nach der Leitungsverteurungskurve in Fig. 9 für $E_{01} = 20000$ Volt die Einheitsverteurung $P_{L1} = 0{,}08$ und für $E_{02} = 8000$ Volt $P_{L2} = 0{,}02$, also wird

$$n_L = \frac{\log \frac{0{,}08}{0{,}02}}{\log \frac{20000}{8000}} = 1{,}52$$

wie auch eine „mittlere Tangente“ ungefähr bestätigt. Den Faktor F_L brauchen wir numerisch nicht zu kennen, da $F_L E_0^{n_L}$ ebenso wie $F_0 E_0^{n_0}$ direkt aus der Kurve abgegriffen wird.

Es wird sich aber empfehlen, vor Berücksichtigung der Korrektionsglieder die Kurvenkorrektur vorzunehmen, d. h. den Kurvencharakter in dem gefundenen Bereich zu kontrollieren. Für die näher gelegenen Punkte $E_{01} = 12\,000$ und $E_{02} = 10\,000$ Volt wird nämlich

$$n_0 = \frac{\log \frac{0{,}30}{0{,}18}}{\log \frac{12\,000}{10\,000}} = 2{,}82,$$

was durch eine „mittlere Tangente“ ebenfalls bestätigt wird. Das hierzu notwendige F_0 wird

$$F_0 = \frac{30 \,.\, 10^{-3}}{(12 \,.\, 10^3)^{2{,}82}} = 9{,}40 \,.\, 10^{-14}.$$

Somit wird jetzt nach (1'')

$$E_{ob} = \left[\left(\frac{2 \,.\, 2 \,.\, 10 \,.\, 10^3}{2{,}82 \,.\, 9{,}4 \,.\, 10^{-14}}\right)^2 \frac{2 \,.\, 10^{-2} \,.\, 1{,}75 \,.\, 10^{-2}}{1}\right]^{\frac{1}{7{,}64}} = (79{,}5 \,.\, 10^{29})^{\frac{1}{7{,}64}}$$

$$= 11082 \text{ Volt}$$

und darauf gemäß

$$E_{ob} = \left(1 + \frac{1}{2} F_0 E_0^{n_0} - \frac{n_L - 1}{2 n_0 + 2} F_L E_0^{n_L}\right) \left(\frac{4 L^2}{n_0^2 F_0^2} \frac{m_L \varrho}{m_0}\right)^{\frac{1}{2 n_0 + 2}} \qquad (1a')$$

wenn wir $F_0 E_0^{n_0} = 0{,}2 \,.\, 0{,}120 = 0{,}024$ und $F_L E_0^{n_L} = 0{,}034$ aus den Verteurungskurven abgreifen, genauer

$$E_{ob} = \left(1 + \frac{1}{2}\, 0{,}024 - \frac{1{,}52 - 1}{5{,}64 + 2} \,.\, 0{,}034\right) 11082 =$$

$$= (1 + 0{,}0120 - 0{,}00232)\, 11082 = (1 + 0{,}00968)\, 11082 \cong 11189 \text{ Volt},$$

womit der Einfluß der Fehlerglieder festgestellt ist. Praktisch hat natürlich trotz der Voraussetzung der Aufgabe die letzte Korrektion bei vorliegender Entfernung keine Bedeutung.

Die genaueren Formeln, welche zur Berechnung des Einheitseffektverlustes dienen können, ergeben eine vierfache Wahlmöglichkeit. Wir wollen sie, da nach den gegebenen Zahlen ihre Brauchbarkeit für den vorliegenden Genauigkeitsgrad besonders gut beurteilt werden kann, hier zusammenstellen.

Die absolute Formel war

$$v_b = \left(1 - F_0 E_0^{n_0} + \frac{n_0 + n_L}{2 n_0 + 2} F_L E_0^{n_L}\right) \left[\left(\frac{m_L \varrho}{m_0}\right)^{\frac{1}{2}} L\right]^{\frac{n_0}{n_0+1}} \left(\frac{n_0 F_0}{2}\right)^{\frac{1}{n_0+1}}, \qquad (4a)$$

wo E_0 nur in den Korrektionsgliedern vorkommt.

Ferner haben wir den Wert der Relativgleichung für den Effektverlust

$$v_b = \left(1 + \frac{F_L E_0^{n_L}}{2} - \frac{F_0 E_0^{n_0}}{2}\right) \frac{L}{E} \left(\frac{m_L \varrho}{m_0}\right)^{\frac{1}{2}} \quad . \quad . \quad . \quad (2a'')$$

und den aus der Spannungsrelativgleichung (3 a) folgenden Wert

$$v_b = \left(1 - \frac{n_L - 2}{2} F_0 E_0^{n_L}\right) \frac{2 m_L L^2 \varrho}{m_0 n_0 F_0 E_0^{n_0 + 2} + m_L L^2 \varrho}.$$

Die einfachste Formel, welche ein direktes Abgreifen der sämtlichen Bestimmungswerte aus den Verteurungskurven erlaubt, war

$$v_b = \left(1 - \frac{n_0 + 2}{2} F_0 E_0^{n_0} + \frac{n_L}{2} F_L E_0^{n_L}\right) \frac{n_0}{2} F_0 E_0^{n_0} \quad . \quad (5a)$$

Bei Bezugnahme auf den Wert E_{0g} der geringsten Näherung war schließlich

$$v_b = \left(1 - F_0 E_{0g}^{n_0} + \frac{n_0 + n_L}{2 n_0 + 2} F_L E_{0g}^{n_L}\right) \frac{n_0}{2} F_0 E_{0g}^{n_0} \quad . \quad (5a')$$

Nur war nach der Kurvenkontrolle in geringster Näherung

$$E_{0bg} = 11\,082$$

also wird z. B. nach (5 a')

$$v_b = \left(1 - 0{,}2 \,.\, 0{,}12 + \frac{2{,}82 + 1{,}52}{2 \,.\, 2{,}82 + 2} 0{,}034\right) \frac{2{,}82}{2} 0{,}12 \,.\, 0{,}2$$

$$= (1 - 0{,}005)\, 3{,}38 \cong 3{,}36\ \%.$$

Man sieht also, daß tatsächlich auch bei genauerer Rechnung die Anwendung der anderen Formeln von v kaum jemals von Vorteil ist, wenn E_0 gleichzeitig zu ermitteln ist. Wir wollen jedoch zur Kontrolle hier noch die absolute Formel (4 a) zur Anwendung bringen. Es folgt

$$v_b = \left(1 - 0{,}2 \,.\, 0{,}12 + \frac{2{,}82 + 1{,}52}{2 \,.\, 2{,}82 + 2} 0{,}034\right) \left[\left(\frac{0{,}02 \,.\, 0{,}0175}{1}\right)^{\frac{1}{2}} \times\right.$$

$$\left. \times\, 2 \,.\, 10^4\right]^{\frac{2{,}82}{3{,}82}} \left(\frac{2{,}82}{2} \,.\, 9{,}4 \,.\, 10^{-11}\right)^{\frac{1}{3{,}82}} = (1 - 0{,}005)\, 0{,}03358 = 3{,}342\ \%.$$

Nur bei unendlich naheliegenden Bestimmungspunkten für die Verteurungspotenzen müßten die Werte genau übereinstimmen. Wir setzen für die spätere Anwendung einfach im Mittel

$$v = 0{,}0335 = 3{,}35\ \%.$$

Die Abweichung lehrt besonders, daß bei schon sehr dicht gewählten Punkten der Kostenkurve die erzielbare rechnerische Genauigkeit bei Projekten vorliegender Art oft doch nur von der Größenordnung der Korrektionen sein wird, so daß letztere schon aus dem Grunde dann praktisch wegfallen.

31. Gesamtkosten der Anlage. Vergleich der Vorteile einer richtigen Berechnung der Anlage mit denjenigen einer Vervollkommnung der elektrischen Maschinen. Die nächste Frage ist nun offenbar die, wie weit die gegebenen Bedingungen überhaupt eingehalten werden müssen, d. h. welchen Wert eine Rechnung auf Billigkeit eigentlich besitzt. Wir wollen uns des näheren davon überzeugen und zu diesem Zwecke zunächst das Grundkapital für die gerechneten Werte von v_b und E_{0b} ausrechnen.

Nun war für die Effekteinheit

$$\mathfrak{K}_p = [1 + (n_0 + 1) F_0 E_0^{n_0}] m_0 \quad . \quad . \quad . \quad . \quad . \quad (11)$$

Es wird also

$$\mathfrak{K}_p = (1 + 3{,}82 \,.\, 0{,}24) 1 = 1{,}092 \text{ ℳ},$$

was nach den ausgeführten Korrekturbetrachtungen genau genug ist. Wird die Anlage ausgeführt z. B. für $v = 2\,\%$ und $E_0 = 8000$ Volt, so erhält man durch Einsetzen dieser Werte in die Ausgangsgleichung für die gesamten Anlagekosten leicht

$$\mathfrak{K}_p = 1 + 0{,}142 = 1{,}142 \text{ ℳ}.$$

Der Unterschied beträgt also beinahe (wenn die etwa noch vorhandenen festen, d. h. von unserer Rechnung nicht beeinflußten Kosten ganz außer Betracht bleiben) 5 % vom Gesamtkapital der Erzeugungs- und Übertragungsanlage. Nennen wir die jeweils zum „Anfangswert" 1 ℳ zuzuzählenden Werte die „Additionswerte" (Integralwerte der einzelnen Veränderungsgrade der Billigkeit), so können wir auch sagen, der Gesamtadditionswert sei 55 % größer als derjenige der größten Billigkeit. Wir können uns die Bedeutung noch klarer machen, wenn wir überlegen, daß 0,2 ℳ etwa der Kostenbetrag der elektrischen Maschinen einschließlich Reserve und Zubehör pro Effekteinheit war. Denkt man sich nun an den Maschinen eine gleiche, d. h. 5 %-ige Ersparnis der gesamten Anlagekosten gemacht, so heißt das, es müßten 25 % an denselben erspart werden und zwar ohne Veränderung des Wirkungsgrades, denn sonst würde die Anfangskonstante m_0 auch in anderer Hinsicht verändert.

Es zeigt sich also, daß die Anschauungen, welche den wirtschaftlichen (also hier Billigkeits-) Bedingungen nur eine geringere Berechtigung zugestehen, hinfällig sind. Die diesbezüglichen Fragen sind ebensowohl und so sorgfältig zu erwägen wie die Maschinenkonstruktion; sie geben sogar für die letztere wichtige Gesichtspunkte.

32. Stromdichte und Leitungsquerschnitt pro Effekteinheit. Manchmal hat man allerdings die Bestimmung aller Größen nach unsern Regeln nicht in der Hand, oder es fehlen die Unterlagen. Dann ist natürlich durch die Berechnung der bestimmbaren Größen schon viel gewonnen. Bisweilen, namentlich wenn nur einige Punkte der Verteurungskurven gegeben sind, wird man nach Früherem die günstigste Spannung durch einige Proben suchen, nachdem man die Stromdichte, die ja in geringster Näherung von der Spannung unabhängig ist, allgemein bestimmt hat. Sie ist im Beispiel nach (6)

$$\mathfrak{d}_b = \left(\frac{m_L}{\varrho m_0}\right)^{\frac{1}{2}} = \left(\frac{0{,}02}{0{,}0175}\right)^{\frac{1}{2}} = 1{,}07 \text{ Amp. pro qmm.}$$

Nach der genaueren Formel (6a) ist bei Benutzung der uns bekannten Spannung hingegen

$$\mathfrak{d}_b = \left(1 - \frac{n_0+1}{2} F_0 E_0^{n_0} + \frac{1}{2} F_L E_0^{n_L}\right)\left(\frac{m_L}{\varrho m_0}\right)^{\frac{1}{2}}$$

$$= \left(1 - \frac{2{,}82+1}{2} 0{,}024 + \frac{1}{2} 0{,}034\right) 1{,}07 = 1{,}039 \text{ Amp. pro qmm.}$$

Somit ist auch unmittelbar der Querschnitt für die Effekteinheit q_p im Falle größter Billigkeit mit

$$q_{pb} = \frac{1+v}{E_0}\frac{1}{\mathfrak{d}} = \frac{1+0{,}0335}{11189 \,.\, 1{,}039} = 8{,}91 \,.\, 10^{-5} \text{ qmm}$$

gegeben.

Rechnen wir übrigens zur Kontrolle $\mathfrak{d}_b$ aus dem Einheitseffektverlust v_b, so erhalten wir

$$\mathfrak{d}_b = \frac{E_0 v}{(1+v)\varrho L} = \frac{11189 \,.\, 0{,}0335}{1{,}0335 \,.\, 0{,}0175 \,.\, 2 \,.\, 10^4} = 1{,}035 \text{ Amp. pro qmm.}$$

Der Unterschied gegenüber dem früheren Wert ist auch hier durch die schon getroffenen Bestimmungsungenauigkeiten zu erklären.

33. Spannungen und Effektverluste bei größeren Entfernungen. Korrekturen. Exakte Rechnung. Normalkurven. Wir hätten nun zu untersuchen, wie sich die

Verhältnisse bei höheren, im allgemeinen wohl in unserem Falle nicht verwendeten Spannungen gestalten, namentlich um später den Fall vorhandener Primärtransformatoren zum Vergleich heranziehen zu können, und die Grenzen der Anwendung beider Möglichkeiten zu fixieren. Wir nehmen zu diesem Zwecke an, die Verteurung der Maschinen und des betrachteten Zubehörs vollzöge sich in dem höheren Spannungsbereich gleichmäßig nach unserer ersten Näherungsannahme. Die Kurve würde dann das Aussehen nach Fig. 13 haben, d. h. sie wäre eine Linie der 2,32 ten Potenz.

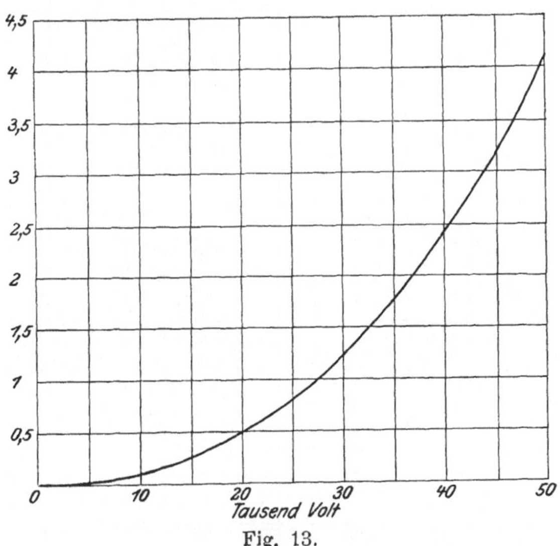

Fig. 13.

Ideelle Generatorverteurungskurve.

Für eine Entfernung von $L_{D2} = 50$ km wird dann nach (1) z. B. bei Benutzung des Wertes für $L_{D1} = 10$ km

$$E_{ob} = 11\,600 \left(\frac{L_{D2}}{L_{D1}}\right)^{\frac{1}{n_0+1}} = 11\,600 \cdot 5^{\frac{1}{3,32}} = 11\,600 \cdot 1,63 = 18\,900 \text{ Volt.}$$

Der gleiche Faktor gibt uns sogleich für $L_D = 250$ km den Wert

$$E_0 = 18\,900 \cdot 1,63 = 30\,800 \text{ Volt.}$$

Weitere zusammengehörige Werte, die am Potenzierungsschieber unmittelbar abzulesen sind, sind z. B. die folgenden

$L_D = 100$ km	$E_0 = 23\,300$ Volt.
200 „	28800 „
300 „	32600 „
400 „	35400 „
500 „	38100 „

Es entsteht auf diese Weise die untere Kurve in Fig. 14.

Wir wollen nun feststellen, wie sich die Korrekturrechnung vom zweiten Genauigkeitsgrade verhält und zu diesem Zwecke die bereits angenommene ideelle Hauptverteurungskurve vom Exponenten

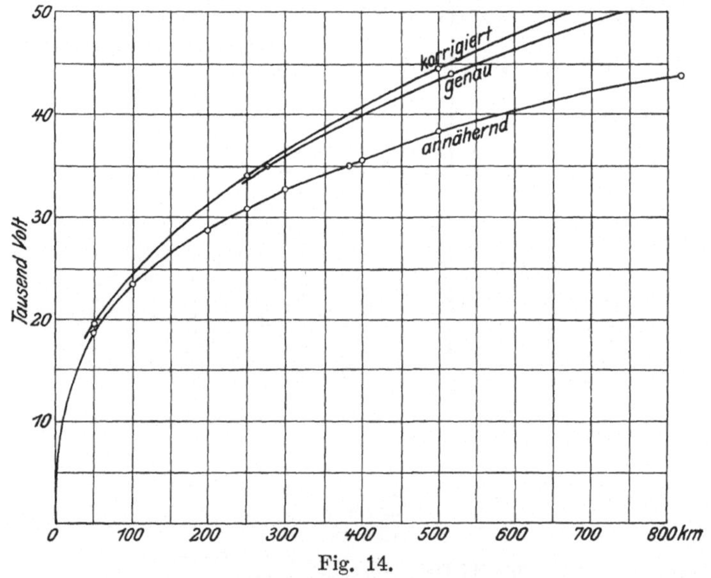

Fig. 14.
Spannung in Abhängigkeit von der Entfernung.

$n_0 = 2{,}32$ in Fig. 13 direkt zum Abgreifen benutzen, während wir die hinreichend weit gegebene Leitungsverteurungskurve in Fig. 9 der Rechnung ohne Änderung zugrunde legen, um den Einfluß der veränderlichen Exponenten hier kennen zu lernen. Es wird dann gemäß (1a) für $L_D = 50$ km

$$E_{ob} = \left(1 + \frac{1}{2} F_0 E_0^{n_0} - \frac{n_L - 1}{2n_0 + 2} F_L E_0^{n_L}\right) \left(\frac{4\,L^2}{n_0^2 F_0^2} \frac{m_L \varrho}{m_0}\right)^{\frac{1}{2n_0+2}}$$

$$= \left(1 + \frac{1}{2}\, 0{,}43 \,.\, 0{,}2 - \frac{1{,}55 - 1}{2 \,.\, 2{,}32 + 2}\, 0{,}072\right) .\, 18\,900 = 19\,600 \text{ Volt.}$$

Ebenso wird z. B. für $L_D = 250$ km

$$E_{ob} = \left(1 + \frac{1}{2} 1{,}34 \,.\, 0{,}2 - \frac{2-1}{6{,}64} 0{,}15\right) 30\,800 = 34\,100 \text{ Volt}$$

und für $L_D = 500$ km.

$$E_0 = \left(1 + \frac{1}{2} \,.\, 2{,}1 \,.\, 02 - \frac{2-1}{6{,}64} 0{,}24\right) 38\,100 = 44\,600 \text{ Volt.}$$

Die zugehörige Kurve ist die obere in Fig. 14.

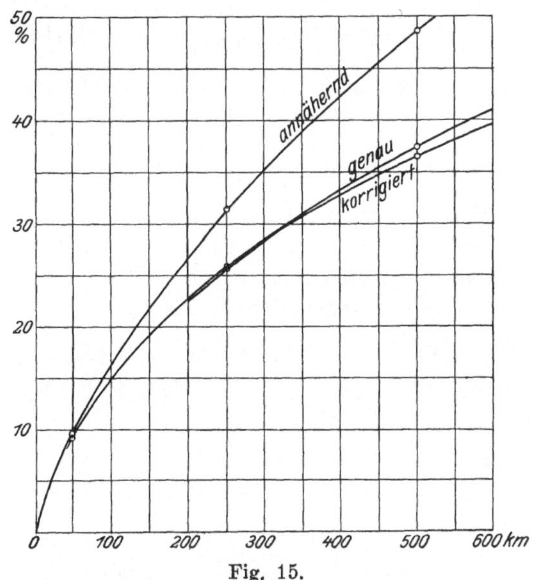

Fig. 15.
Effektverlust in Abhängigkeit von der Entfernung.

Die Werte von v greifen wir in der geringsten Näherung gemäß

$$v = \frac{n_0}{2} F_0 E_0^{n_0} \quad \dots \dots \dots \quad (5')$$

direkt aus der Hauptverteurungskurve ab. Wir erhalten z. B.

$L_D =$ 50 km $E_0 = 18\,900$ Volt	$v = \frac{2{,}32}{2} 43 \,.\, 10^{-2} \,.\, 0{,}2$	$= 0{,}0995$
250 „ 30800 „	0,232 . 1,34	0,312
500 „ 38100 „	0,232 . 2,1	0,489

Die betreffende Kurve ist in Fig. 15 aufgezeichnet.

Um an den erhaltenen Werten die Korrekturen anzubringen, wollen wir benutzen

$$v = \frac{n_0}{2} F_0 E_{og}^{n_0}\left(1 - F_0 E_{og} + \frac{n_0 + n_L}{2 n_0 + 2} F_L E_{og}^{n_L}\right) \quad . \qquad (5a')$$

und erhalten

$$L_D = 50 \text{km} \quad v = \left(1 - 0{,}086 + \frac{2{,}32 + 1{,}55}{4{,}64 + 2} 0{,}072\right) 0{,}0995 = 0{,}0955$$

$$250 \text{ „} \quad \left(1 - 0{,}268 + \frac{2{,}32 + 2}{6{,}64} 0{,}15\right) 0{,}312 = 0{,}258$$

$$500 \text{ „} \quad \left(1 - 0{,}42 + \frac{2{,}32 + 2}{6{,}64} 0{,}24\right) 0{,}489 = 0{,}362.$$

Die entsprechende Kurve ist in Fig. 15 gleichfalls eingetragen. Sie liegt in ihrem oberen Bereiche erheblich unter der ersten Näherungskurve vom Exponenten $\frac{2{,}32}{2{,}32 + 1} = 0{,}699$.

Wir schreiten nun zur exakten Rechnung. Da wir die ganzen Normalkurven herstellen wollen, vermeiden wir natürlich die Methode der resultierenden Potenzlinie und suchen aus Fig. 13 und 9 für Reihen von E_0 stets das zugehörige L. Nach

$$(1 + F_L E_0^{n_L}) m_0 n_0^2 F_0^2 E_0^{2n_0+2} = \{[2 - (n_L - 2) F_L E_0^{n_L}]^2 (1 + F_0 E_0^{n_0})$$
$$+ (1 + F_L E_0^{n_L}) [2 - (n_L - 2) F_L E_0^{n_L} [2 n_0 F_0 E_0^{n_0}\} m_L L^2 \varrho \qquad (1b)$$

wird also für $E_0 = 35000$ Volt

$$(1 + 0{,}19)\, 1 \,.\, 2{,}32^2 \,.\, 0{,}36^2 \,.\, 35000^2 = \{[2 - (2 - 2)\, 0{,}19]^2 (1 + 0{,}36)$$
$$+ (1 + 0{,}19) [2 - (2 - 2)\, 0{,}19] \,.\, 2 \,.\, 2{,}32 \,.\, 0{,}36\}\, 0{,}02\, L^2 \,.\, 0{,}0175$$

d. h.

$$L^2 = \frac{1{,}19 \,.\, 5{,}36 \,.\, 0{,}129 \,.}{0{,}02 \,.\, 0{,}0175 \,.\, 9{,}42} 35000^2$$

und

$$L = 550000 \text{ m}$$

oder die einfache Entfernung

$$L_D = 275 \text{ km}.$$

Ohne Berücksichtigung der Korrektionsglieder wäre für die angenommene Spannung nach (1)

$$L^2 = \frac{5{,}36 \,.\, 0{,}129 \,.\, 35000^2}{4 \,.\, 0{,}0175 \,.\, 0{,}02}$$

d. h.

$$L = 776000 \text{ m}$$

oder

$$L_D = 388 \text{ km}.$$

Für $E_0 = 44000$ wird z. B. ferner genau

$$(1+0{,}32)\,1\,.\,2{,}32^2\,.\,0{,}6^2\,.\,44000^2 = \{[2-(2{,}18-2)\,0{,}32]^2\,(1+0{,}6) + (1+0{,}32)\,[2-(2{,}18-2)\,0{,}32]\,.\,2\,.\,2{,}32\,.\,0{,}6\,.\,0{,}02\,L^2 \,\dot{}\, 0{,}0175$$

d. h.

$$L = 1350000 \text{ m}$$

oder

$$L_D = 517{,}4 \text{ km}.$$

Ohne Korrektur ist hier

$$L = 1640000 \text{ m}$$

oder

$$L_D = 820 \text{ km}.$$

Diese Punkte und andere in gleicher Weise zu findende ergeben die zugehörige Kurve in Fig. 14.

Zur Berechnung der exakten Werte von v können wir natürlich sowohl diese gerechneten Werte von L in Abhängigkeit von den angenommenen runden Werten von E_0 benutzen, als auch aus der genauen Kurve für runde Werte von L die Werte von E_0 abgreifen und in

$$v = \left[\frac{m_L L^2 \varrho (1 + F_L E_0^{\,n_L})}{E_0^2 m_0 (1 + F_0 E_0) + m_0 L^2 \varrho (1 + F_L E_0^{\,n_L})}\right]^{\frac{1}{2}} \quad . \text{(2b'')}$$

benutzen. Wir erhalten z. B. für $L_D = 500$ km und $E_0 = 43000$ Volt

$$v = \left(\frac{3{,}5\,.\,10^{-4}\,.\,10^{12}\,.\,1{,}3}{4{,}3^2\,.\,10^8\,.\,1{,}54 + 3{,}5\,.\,10^8\,.\,1{,}3}\right)^{\frac{1}{2}}$$

$$= \left(\frac{4{,}55\,.\,10^8}{2{,}84\,.\,10^9 + 4{,}55\,.\,10^8}\right)^{\frac{1}{2}} = 0{,}373.$$

Für $L_D = 250$ km und $E_0 = 33500$ Volt wird entsprechend

$$v = \left(\frac{3{,}5\,.\,10^{-4}\,.\,25\,.\,10^{10}\,.\,1{,}175}{3{,}35\,.\,10^8\,1{,}31 + 3{,}5\,.\,25\,.\,10^6\,.\,1{,}175}\right)^{\frac{1}{2}} = 0{,}256.$$

Dreht es sich lediglich um das Endresultat, so benutzt man auch auf dieser Stufe der Genauigkeit noch die praktische Gleichung für den Effektverlust (5b). Es möge nur kurz bemerkt werden, daß die Probe hiernach eine Bestätigung des obigen Wertes ergibt.

Betrachtet man die zugehörige genaue Effektverlustlinie in Fig. 15 so sieht man, daß der Unterschied gegenüber der einfach korrigierten Linie hier besonders gering ist. Dies ist jedoch im wesentlichen ein Spiel des Zufalls, wie man schon aus den relativ sehr großen Korrekturwerten selbst schließen kann.

34. Die Anlagekosten bei größeren Entfernungen. Rechnen wir nun die zu unseren genauen Werten gehörigen Gesamt- oder Additionskosten der Anlage, so erhalten wir die entsprechende Linie in Fig. 16, in welche auch die zugehörigen Werte für den Fall, daß primär Transformatoren verwendet[1]) werden, eingetragen sind. Es hat natürlich nur innerhalb eines gewissen Bereichs der Entfernungen Zweck, die genaue Gleichung (11b) zu benutzen. Bei den übrigen kann man sich mit den entsprechend geringeren Näherungen

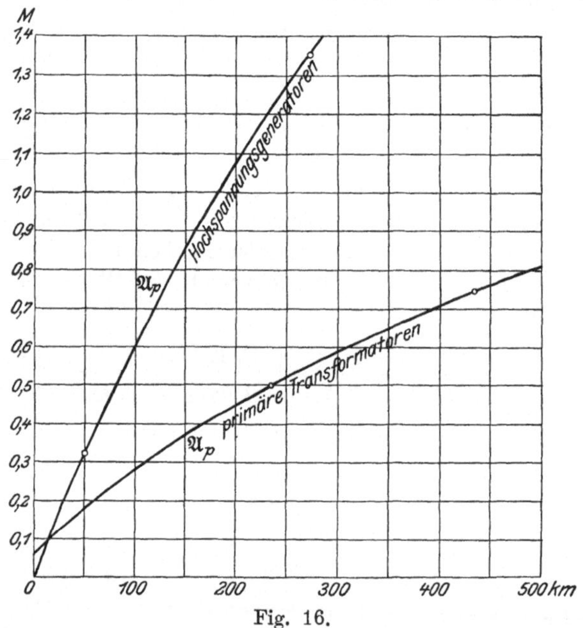

Fig. 16.
Additionswerte der Kosten der Anlage.

begnügen. Rechnen wir als Beispiel den Wert für $L_D = 275$ km und die zugehörige Spannung $E_0 = 35\,000$ Volt, so erkennen wir, daß hier etwa Gleichung (11a) genügt. Wir erhalten

$$\mathfrak{K}_p = \left[1 + F_0 E_0^{n_0} + \left(1 + \frac{n_L}{2} F_L E_0^{n_L}\right) n_0 F_0 E_0^{n_0}\right] m_0$$

$$= (1 + 0{,}36 + 1{,}19 \,.\, 2{,}32 \,.\, 0{,}36)\, 1 = 2{,}36$$

und den Additionswert

$$\mathfrak{A}_p = 1{,}36.$$

[1]) Vergl. S. 66.

Wollen wir die Einzelwerte der Kosten erkennen und etwa sogleich eine Probe machen, so setzen wir nach der Ausgangsgleichung der Gesamtkosten, indem wir noch v = 0,27 aus Fig. 15 abgreifen,

$$\mathfrak{K}_p = (1+v)\, m_0 \,(1 + F_0 E_0^{n_0}) + \frac{(1+v)^2}{E_0^2 v} m_L L^2 \varrho \,(1 + F_L E_0^{n_L})$$

und erhalten

$$\mathfrak{K}_p = 1{,}27 \,.\, 1 \,.\, 1{,}36 + \frac{1{,}27^2}{3{,}5^2 \,.\, 10^8 \,.\, 0{,}27} 0{,}02 \,.\, 5{,}5^2 \,.\, 10^{10} \,.\, 0{,}0175 \,.\, 1{,}19$$
$$= 2{,}35.$$

Wir setzen also definitiv etwa

$$\mathfrak{A}_p = 1{,}36.$$

Der Charakter der Linie ist, namentlich im unteren Bereich im wesentlichen der einer Linie von der $\frac{2{,}32}{3{,}32} \cong 0{,}7$ten Potenz.

35. Vergleich der Stromdichte für große und kleine Entfernungen. Berechnen wir die Stromdichte aus dem unmittelbar gegebenen Wert des Effektverlustes für die Entfernung L^D = 500 km so erhalten wir

$$\mathfrak{d} = \frac{E_0 v}{(1+v)\varrho L} = \frac{43\,000 \,.\, 0{,}373}{1{,}373 \,.\, 0{,}0175 \,.\, 10^6} = 0{,}665 \text{ Amp pro qmm}$$

gegen

$$\mathfrak{d} = 1{,}035 \text{ Amp. pro qmm,}$$

wie früher auf dieselbe Weise für $L_D = 10$ km berechnet wurde. Von einer konstanten Stromdichte kann also in diesem Bereich in der Tat keine Rede mehr sein. Der Unterschied beträgt etwa 37 % des ursprünglichen Wertes und etwa 57 % des richtigen.

36. Abhängigkeit der Gesamtkosten von variablen Werten der Spannung und der Stromdichte bei einer gegebenen Entfernung. Wir hatten schon gelegentlich erwähnt, welchen Einfluß es auf die Gesamtkosten hat, wenn die richtigen Bedingungen nicht eingehalten werden. Wir wollen nun noch die genauen Abweichungskurven der Gesamtkostenwerte $\mathfrak{K}_p$ und der Additionswerte $\mathfrak{A}_p$ für variable Werte von E_0 feststellen, wenn wenigstens die ursprünglich richtige Stromdichte beibehalten wird, und wenn eine andere gewählt wird. Ferner sollen diese Werte ermittelt werden für eine Reihe von abweichenden Stromdichten bei der beibehaltenen ursprünglich richtigen Spannung und bei einer andern. Die Entfernung sei unsere ursprüngliche $L_D = 10$ km. Des

genügenden Bereichs halber sei die Hauptverteurungskurve die ideelle in Fig. 13, während die Leitungsverteurungskurve in Fig. 9 unverändert beibehalten werden kann.

Die zugehörigen leicht zu findenden genauen Werte der Spannung und der Stromdichte sind, da nun auch hier keine Korrektur nach der Hauptverteurungskurve mehr in Betracht kommt, $E_0 =$ 11700 Volt und $\mathfrak{d} = 1{,}045$ Amp. und wir erhalten nach der Ausgangsgleichung für die Gesamtkosten

$$\mathfrak{K}_p = 1{,}0944 \text{ und } \mathfrak{A}_p = 0{,}0944$$

wie auch die hier noch anwendbare Gleichung (11a) bestätigt.

Für $E_0 = 20000$ wird bei gleicher, also noch in geringster Näherung richtiger Stromdichte nach der Ausgangsgleichung der Kosten

$$\mathfrak{K}_p = 1{,}1416 \text{ und } \mathfrak{A}_p = 0{,}1416.$$

Für $E_0 = 40000$ wird

$$\mathfrak{K}_p = 1{,}506 \text{ und } \mathfrak{A}_p = 0{,}506.$$

Hingegen wird für $E_0 = 5000$

$$\mathfrak{K}_p = 1{,}1669 \text{ und } \mathfrak{A}_p = 0{,}1669$$

und für $E_0 = 2500$

$$\mathfrak{K}_p = 1{,}361 \text{ und } \mathfrak{A}_p = 0{,}361.$$

Wollen wir zum Vergleich jetzt noch die Kurve für $\mathfrak{d} = 2$ Amp. pro qmm herstellen, so erhalten wir zunächst das neue relativ richtige E_0 genügend genau mit

$$E_0 = 11700\left(\frac{2}{1{,}045} + \frac{1{,}045}{2}\right)^{0{,}301} = 12450 \text{ Volt,}$$

wie aus der Gleichung (7) leicht zu folgern ist. Bei Einsetzung in die ursprüngliche Kostengleichung wird jetzt

$$\mathfrak{K}_p = 1{,}1099 \text{ und } \mathfrak{A}_p = 0{,}1099.$$

Bei $E_0 = 20000$ erhalten wir bei der gleichen Stromdichte

$$\mathfrak{K}_p = 1{,}1510 \text{ und } \mathfrak{A}_p = 0{,}1510$$

und bei $E_0 = 5000$ ebenso

$$\mathfrak{K}_p = 1{,}2105 \text{ und } \mathfrak{A}_p = 0{,}2105.$$

Demnach erhalten wir die beiden Kurven in Fig. 17, in welche auch noch die sich aus der Kostenausgangsgleichung gleichfalls ergebenden Einzelkosten eingetragen sind. Für wachsende Stromdichten wandern die Minimumstellen nach rechts, die Äste links verlaufen immer höher und diejenigen rechts ineinander. Dabei wird der Einfluß des veränderten $\mathfrak{d}$ auf den Wert von $\mathfrak{A}_p$ nie so stark wie der des veränderten E_0, wie sich schon aus den Exponenten der Einzelkostenglieder sogleich ergibt. Die richtige Spannung muß also genauer eingehalten werden, als die richtige Stromdichte.

Wir wollen jetzt das richtige $E_0 = 11\,700$ annehmen und die Werte von $\mathfrak{K}_p$ und $\mathfrak{A}_p$ für verschiedene $\mathfrak{d}$ rechnen. Der Punkt des Minimums ist natürlich bei $\mathfrak{d} = 1{,}045$ gelegen, und dazu gehört wie früher

$$\mathfrak{K}_p = 1{,}0944 \text{ und } \mathfrak{A} = 0{,}0944.$$

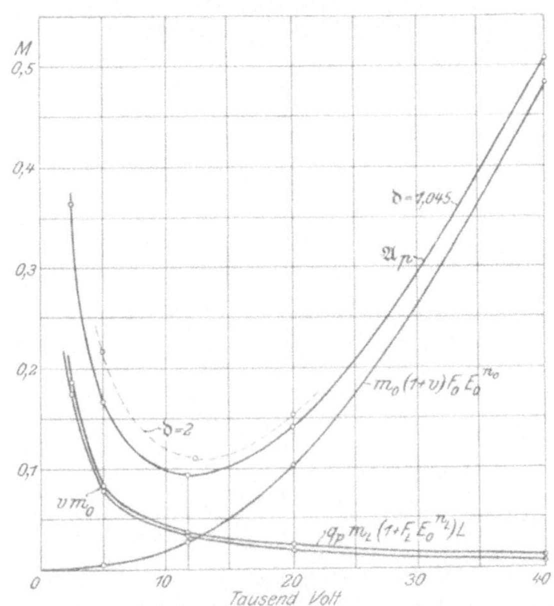

Fig. 17.
Additionswerte für 10 km Entfernung in Abhängigkeit von der Spannung.

Im übrigen haben wir für $\mathfrak{d} = 2$

$$\mathfrak{K}_p = 1{,}1099 \text{ und } \mathfrak{A}_p = 0{,}1099;$$

für $\mathfrak{d} = 4$

$$\mathfrak{K}_p = 1{,}1756 \text{ und } \mathfrak{A}_p = 0{,}1756;$$

hingegen für $\mathfrak{d} = 0{,}5$

$$\mathfrak{K}_p = 1{,}1157 \text{ und } \mathfrak{A}_p = 0{,}1157;$$

und für $\mathfrak{d} = 0{,}25$

$$\mathfrak{K}_p = 1{,}1757 \text{ und } \mathfrak{A}_p = 0{,}1757.$$

In Fig. 18 sind sowohl die Werte $\mathfrak{A}_p$, als auch die neuen Einzelwerte der Kosten dargestellt. Rechnen wir noch die Kurve der Werte von $\mathfrak{K}_p$ und $\mathfrak{A}_p$ für verschiedene Stromdichten und eine Spannung von $E_0 = 20000$, so bleibt der Minimumwert $\mathfrak{d}_0 = 1{,}045$ in geringster Näherung erhalten, und die Kurve selbst wird flacher als die frühere. Den Wert von $\mathfrak{K}_p$ für den letztgenannten Wert von $\mathfrak{d}$ hatten wir schon ermittelt; ebenso einen solchen für $\mathfrak{d} = 2$ und $E_0 = 20000$.

Für $\mathfrak{d} = 0{,}5$ und $E_0 = 20000$ wird

$$\mathfrak{K}_p = 1{,}1533 \text{ und } \mathfrak{A}_p = 0{,}1533$$

wie gleichfalls eingetragen ist.

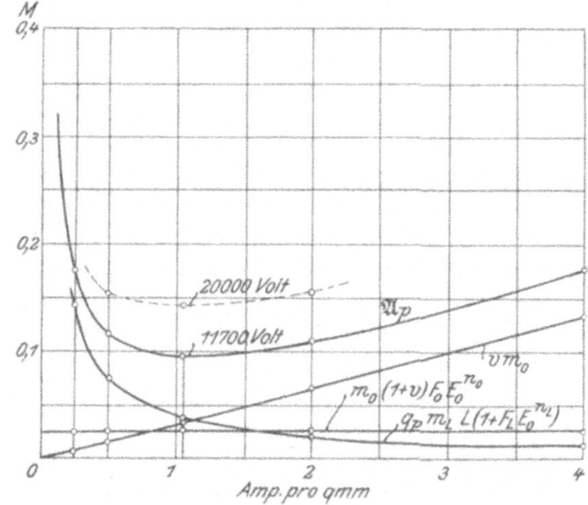

Fig. 18.
Additionswerte für 10 km Entfernung in Abhängigkeit von der Stromdichte.

Für die größeren Entfernungen werden, wenn wieder stets die ideelle Kurve der Maschinenverteurung in Fig. 13 beibehalten wird, um wenigstens ein beiläufiges Urteil zu bekommen, natürlich Kurven von entsprechend stärkerer Krümmung gelten.

Beispiel III.

37. Anwendung der Tangentenmethode. Aufgabe: Auf eine Entfernung von $L_D = 5$ km sei Energie zu übertragen. Wie groß ist die Spannung der Billigkeit und wie groß der Einheitseffektverlust, wenn die Kurve III in Fig. 8 für die Maschinen-

verteurung der Rechnung zugrunde gelegt wird? Wegen des ziemlich gestreckten Verlaufs der genannten Kurve soll die hier zweckdienliche Tangentenmethode verwendet werden. Welches sind weiter die Entfernungen für alle Punkte der gegebenen Hauptverteurungskurve unter Berücksichtigung der Korrektionen? Die hierbei notwendige Leitungsverteurungskurve sei der einfachen Rechnung wegen die ideelle in Fig. 19, welche etwa von der Größenordnung der früheren, ebenfalls eingezeichneten Kurve, aber von dem konstanten Exponenten $n_L = 2$ ist. Die gegebenen Größen des letzten Beispiels sollen im übrigen auch hier gelten.

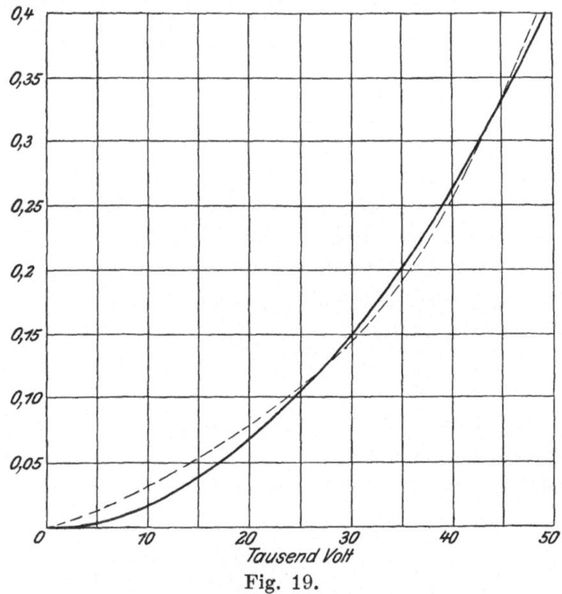

Fig. 19.
Ideelle Leitungsverteurungskurve.

Aus der Maschinenverteurungskurve gewinnen wir hier zunächst den Faktor F_m der reinen Maschinenverteurung, und zwar entweder aus dem Gleichungspaar

$$F_m E_{01} = P_1 + y$$
$$F_m E_{02} = P_2 + y,$$

wo y die Entfernung des Schnittpunktes einer in Fig. 8 etwa zunächst anzunehmenden Sekante mit der Ordinatenachse vom Anfangspunkt des Systems ist, oder aus einer der Gleichungen, indem wir y sogleich aus der Figur abgreifen. Im letzteren Falle nehmen wir statt der Sekante zweckmäßig eine „mittlere Tangente", da wir solche zur Lösung des zweiten Teils der Aufgabe ohnehin brauchen. Auf diese Weise erhalten wir für $E_0 = 10000$ Volt bei Einzeichnung der Tangente

$$F_m = \frac{P + y}{E_0} = \frac{(16{,}2 + 2)\,10^{-2}}{10000} = 1{,}82\,.\,10^{-5}$$

und somit

$$F_0 = 1{,}82\,.\,10^{-6}\,.\,0{,}2 = 3{,}64\,.\,10^{-6}.$$

Demnach wird in geringster Näherung, da jetzt noch die wahren Anfangswerte der Kosten benutzt werden können, nach (1 T)

$$E_0 = \left(\frac{2\,L}{F_0}\right)^{\frac{1}{2}} \left(\frac{m_L \varrho}{m_0}\right)^{\frac{1}{4}} = \left(\frac{2\,.\,2\,.\,5\,.\,10^3}{3{,}64\,.\,10^{-6}}\right)^{\frac{1}{2}} \left(\frac{0{,}02\,.\,0{,}0175}{1}\right)^{\frac{1}{4}} = 10100 \text{ Volt},$$

was zufällig fast der Ausgangswert ist. Auch wenn letzteres nicht der Fall gewesen wäre, würde aber natürlich der mögliche Fehler bei der hier benutzten Methode im Hinblick auf den Kurvencharakter nicht sehr groß werden können.

Der Einheitseffektverlust wird nach (5 T)

$$v = \frac{F_0\,E_0}{2} = \frac{0{,}185\,.\,0{,}2}{2} = 0{,}0185.$$

38. Normalkurven. Die Normalkurven wollen wir, wie das zweckmäßig ist, sogleich genauer herstellen. Für den gegebenen Bereich genügt überall der zweite Genauigkeitsgrad. Für die Spannung hatten wir

$$E_0 = \left(1 + \frac{1}{2}\,F_0\,E_0\right) \left(\frac{2\,L}{F_0}\right)^{\frac{1}{2}} \left(\frac{m_L'\,\varrho}{m_0'}\right)^{\frac{1}{4}} \quad . \; . \; . \; (1\,a\,T)$$

Hierbei ist aber nach früherem Bezug zu nehmen auf die ideellen Anfangswerte sämtlicher Kosten, entsprechend den Schnitten der Tangenten mit der Ordinatenachse. Diese sind variabel, und es könnte der Wunsch entstehen, die wirklichen Werte in die Formel einzuführen. Wir erhalten, wenn jetzt n_0 und n_L nur das Verhältnis von $F_0\,E_0$ und $F_L\,E_0$ zu den oberhalb der Abszissenachse gelegenen Teilen angeben, leicht

$$(F_0\,E_0)^2\,E_0^2\,m_0 = \left(1 + \frac{n_0 + 1}{n_0}\,F_0\,E_0 - \frac{n_L - 1}{n_L}\,F_L\,E_0\right) 4\,m_L\,L^2\,\varrho.$$

Wir hätten dies auch direkt aus der Potenzlinienmethode folgern können, denn wir erkennen sogleich, daß es, sofern es sich um die Ermittlung von Reihen von L in Abhängigkeit von den Spannungen handelt, einen eigentlichen Methodenunterschied nicht mehr gibt. Wir erhalten im Beispiel für 15000 Volt bei $n_0 = 1{,}15$ und $n_L = 2$, wie wir aus den genannten Abschnitten finden,

$$L^2 = \frac{(0{,}304 \cdot 0{,}2)^2 \cdot 15000^2 \cdot 1}{(1 + 1{,}87 \cdot 0{,}304 \cdot 0{,}2 - 0{,}5 \cdot 0{,}08)\, 4 \cdot 0{,}02 \cdot 0{,}0175}$$

d. h.

$$L = 23\,400 \text{ m}$$

oder

$$L_D = 11{,}7 \text{ km}.$$

Für 10000 Volt erhalten wir bei $n_0 = 1{,}12$ und dem überall gleichbleibenden Wert $n_L = 2$

$$L^2 = \frac{(0{,}182 \cdot 0{,}2)^2 \cdot 10\,000^2 \cdot 1}{(1 + 1{,}89 \cdot 0{,}182 \cdot 0{,}2 - 0{,}016) \cdot 1{,}4 \cdot 10^{-3}}$$

d. h

$$L = 9480 \text{ m}$$

oder

$$L_D = 4{,}74 \text{ km}.$$

Für 5000 Volt und $n_0 = 1{,}065$ wird

$$L^2 = \frac{(0{,}080 \cdot 0{,}2)^2 \cdot 5000^2 \cdot 1}{(1 + 1{,}94 \cdot 0{,}080 \cdot 0{,}2 - 0{,}005)\, 1{,}4 \cdot 10^{-3}}$$

d. h.

$$L = 2120 \text{ m}$$

oder

$$L_D = 1{,}06 \text{ km}.$$

Für den Einheitseffektverlust bilden wir, um ähnlich vorgehen zu können, aus

$$v = \left(1 - \frac{3}{2} F_0 E_0 + \frac{1}{2} F_L E_0\right) \frac{F_0 E_0}{2} \quad . \quad . \quad . \quad (5\text{a T})$$

die Gleichung

$$v = \left(1 - \frac{n_0 + 2}{2 n_0} F_0 E_0 + \frac{1}{2} F_L E_0\right) \frac{F_0 E_0}{2},$$

wo sich besonders, im Gegensatz zur vorigen Gleichung, die Verteurungsgröße des Hauptgliedes rechts auf das wirkliche m_0 bezieht, und erhalten für $E_0 = 15\,000$ Volt

$$v = \left(1 - \frac{3,15}{2,30}\,0,608 + 0,5\,.\,0,08\right)\frac{6,08}{2}\,.\,10^{-2} = 2,80\,\%.$$

Für $E_0 = 10\,000$ Volt wird entsprechend

$$v = \left(1 - \frac{3,12}{2,24}\,0,0364 + 0,016\right)\frac{3,64}{2}\,10^{-2} = 1,76\,\%$$

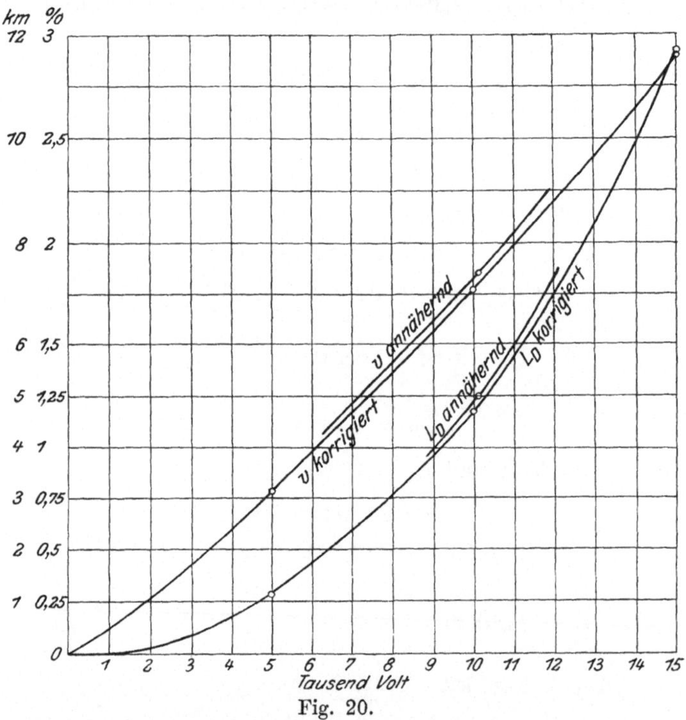

Fig. 20.

Entfernung und Effektverlust in Abhängigkeit von der Spannung.

und endlich für $E_0 = 5000$ Volt

$$v = \left(1 - \frac{3,065}{2,130}\,.\,0,0160 + 0,005\right)\frac{1,60}{2}\,.\,10^{-2} = 0,785\,\%.$$

Diese Werte sind wie diejenigen von L_D in Fig. 20 in Abhängigkeit von E_0 aufgetragen.

39. Der Fall der Verwendung von Primärtransformatoren. Verteurungskurven für Transformatoren.

Für den Fall, daß die hohe Spannung primär durch Transformatoren erzeugt wird, werden natürlich unsere Beziehungen in gleicher Weise verwendet wie für den Hochspannungsgeneratorenfall; nur wird die Verteurungsreduktion d. h. die Zurückführung der Verteurung der Transformatoren samt Zubehör auf den gesamten Primärwert m_0 eine andere. Verteurungskurven für Transformatoren sind nun in Fig. 21 aufgezeichnet. Nach Angabe der Fabriken beziehen sie sich auf im übrigen gleiche Verhältnisse, namentlich auf gleichen Wirkungsgrad; zum Teil ist eine entsprechende Umrechnung vorgenommen. Sehr

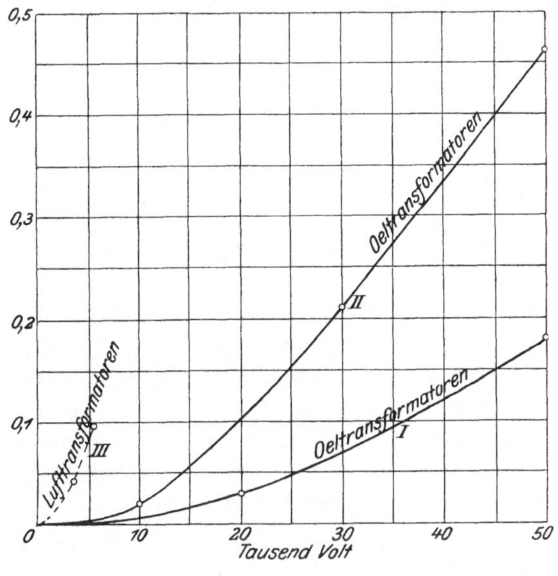

Fig. 21.
Transformatorverteurungskurven.

häufig findet man bei der Herstellung solcher Kurven Übergang in eine Gerade, trotzdem man aus denselben Gründen wie bei den Generatoren unter Umständen auch ein stärkeres Ansteigen erwarten muß, namentlich wenn nicht etwa die Verminderung der Isolationsdicke der Einzeldrähte mit abnehmendem Querschnitt und die häufig nur nach der Wurzel der Spannung wachsende Gesamtoberfläche der Drähte eine Hauptrolle spielen [1]). Da wir jedoch wie bei den Generatoren

[1]) Vergl. namentlich die Annahmen Mershons und Sarrats, Kap. IX der Wirtsch.

auch bei den Transformatoren zunächst mit schlechthin „billigen“ oder normalen Konstruktionen rechnen wollen, die nicht weiter veränderlich zu denken sind, müssen wir auch hier weitere Verfolgung solcher Fragen erweiternden Untersuchungen überlassen, und es verbleibt uns wie früher die weit einfachere Aufgabe mit vorhandenen marktgängigen Mitteln die billigste Anlage herzustellen.

Die Voraussetzung des einfachsten Falles bezüglich der Abgabe der Energie unter Hochspannung läßt sich hier übrigens nur durch besondere Vertragsverhältnisse oder eine weitere Energiefortleitung durch die Abnehmer erklären, da andernfalls unbedingt die Verteurung der Sekundärtransformatoren für das Lieferungswerk der Energie in Rechnung gesetzt werden muß.

Beispiel.

40. Spannung und Effektverlust für eine gegebene Entfernung. Aufgabe: Es sind die Bedingungen für die Energiefortleitung zunächst für eine Entfernung von $L_D = 10$ km und sodann für größere Entfernungen zu suchen; auch ist ein Vergleich mit einem Hochspannungsgeneratorenfall durchzuführen.

Die Verteurungskurven, welche zur Verfügung stehen, haben nun einen, auch der Größe der Verteurung (nicht nur dem Kurvencharakter) nach sehr verschiedenen Verlauf, und zwar nicht nur je nachdem sie zu Luft- oder Öltransformatoren gehören oder große oder kleine Typen berücksichtigen, sondern z. B. bei der Ölkühlungsgattung je nach den verschiedenen Fabrikanten.

Wir wählen z. B. die Kurve II, welche zu Transformatoren mittlerer Größe gehört.

Ferner sei für die Anlage der Kostenbetrag pro montiertes Watt 1 ℳ ohne Transformatoren und wie früher $m_L = 0{,}02$ ℳ, $\varrho = 0{,}0175$ Ohm; die Transformatorenkosten seien etwa für die Anfangsspannung gegeben durch $m_t = 0{,}04$ ℳ pro Watt.

Der Wirkungsgrad des Transformators, den wir hier nötig haben, betrage $\eta = 0{,}98$.

Somit wird der Kostenbetrag primär pro Watt insgesamt

$$m_0 = \frac{1}{0{,}98} + 0{,}04 = 1{,}06 \text{ ℳ}.$$

Ferner ist für die ziemlich weit voneinander entfernt liegenden gegebenen d. h. für die Zeichnung mitbenutzten Punkte $E_{01} = 42\,000$ Volt und $E_{02} = 18000$ Volt der Verteurungsexponent

$$n_t \cong n_0 = \frac{\log\frac{36}{9}}{\log\frac{42}{18}} = 1{,}64$$

und der Verteurungsfaktor

$$F_0 = \frac{0{,}36}{42\,000^{1{,}64}} \cdot \frac{0{,}04}{1{,}06} \cdot 1{,}2,$$

wenn wir mit 1,2 noch die Verteurung der Schaltanlage, Sicherheitsvorrichtungen usw. bei gleichbleibenden Exponenten berücksichtigen wollen. Der Faktor soll, wie es vielleicht auch zweckmäßig sein kann, in folgender, später leicht umzurechnenden Form benutzt werden

$$F_0 = \frac{6{,}85 \,.\, 10^2}{(4{,}2 \,.\, 10^4)^{2{,}64}}.$$

Es folgt nämlich dann anschaulich sofort nach (1″)

$$E_{0b} = \left(\frac{2L}{n_0 F_0}\right)^{\frac{1}{n_0+1}} \left(\frac{m_L \varrho}{m_0}\right)^{\frac{1}{2n_0+2}}$$

$$= \left[\frac{2L}{1{,}64 \,.\, 6{,}85 \,.\, 10^2} \left(\frac{0{,}02 \,.\, 0{,}0175}{1{,}06}\right)^{\frac{1}{2}}\right]^{\frac{1}{2{,}64}} .\, 42\,000,$$

und da wir die Entfernung zunächst mit $L_D = 10$ km also $L = 20\,000$ einsetzen müssen,

$$E_{0b} = \left(\frac{4 \,.\, 10^4 \;\; 1{,}82 \,.\, 10^{-2}}{1{,}64 \,.\, 6{,}85 \,.\, 10^2}\right)^{0{,}38} .\, 42\,000 = 0{,}645^{0{,}38} .\, 42\,000$$

$$= 35\,600 \text{ Volt.}$$

Rechnen wir aus dem zugehörigen Kurvenpunkt rückwärts den Wert L, so erkennen wir, daß ein Grund zu einer Korrektion nach dem Kurvencharakter nicht vorliegt. Daß auch ein Grund zu den übrigen Korrektionen sich hier nicht ergibt, ersehen wir aus der Relation

$$2\,v = n_0 F_0 E_0^{n_0} \quad \ldots \ldots \ldots \quad (5)$$

d. h.

$$2\,v = 1{,}64 \,.\, 0{,}28 \,.\, 4{,}52 \,.\, 10^{-2},$$

wo

$$v = 1{,}02\,\%,$$

also der Einheitseffektverlust, uns zugleich auch die Größenordnung des möglichen Fehlers, d. h. die bei vorausgesetzter ideeller Verteurungskurve vom Exponenten 1,64 in Frage kommende vorhandene Abweichung vom theoretisch richtigen Wert gibt.

41. Normalkurven für größere Entfernungen. Gehen wir nunmehr zu größeren Entfernungen über, und nehmen wir vorläufig an, auf die Übergangsverluste brauchte selbst bei höchster Spannung keine Rücksicht genommen werden[1]), und die Verteurungs-

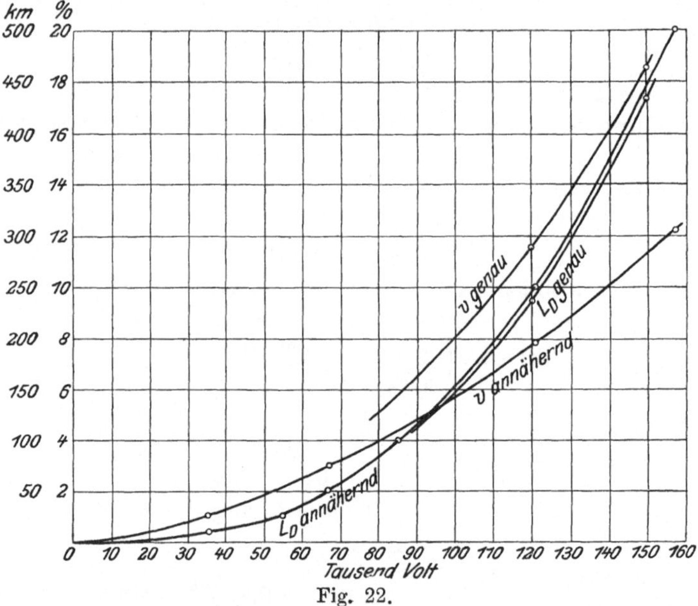

Fig. 22.

Entfernung und Effektverlust in Abhängigkeit von der Spannung.

kurve behalte ihren, aus der ersten Näherungsrechnung bestimmten Charakter bei, so erhalten wir unter Benutzung des Wertes für 10 km, nach (1) z. B. für $L_D = 25$ km die Spannung

$$E_0 = \left(\frac{25}{10}\right)^{0,38} . 35\,600 = 55\,500 \text{ Volt}$$

und in gleicher Weise z. B. gemäß (4) den Einheitseffektverlust

$$v = \left(\frac{25}{10}\right)^{0,62} 1,05 . 10^{-2} = 1,85\,\%.$$

1) Wann diese Annahme zulässig ist, wird sich bei Besprechung der Ryanschen Versuche (vergl. Kap. VIII der Billigkeit) ergeben.

Analog erhalten wir für weitere Entfernungen die entsprechenden Werte nämlich:

$L_D =$		$E_0 =$		$v =$
50 km		66000 Volt		2,90 %
100 „		85500 „		4,41 „
250 „		121000 „		7,8 „
500 „		157000 „		12,1 „
1000 „		207000 „		18,4 „
5000 „		384000 „		50 „
10000 „		500000 „		76 „

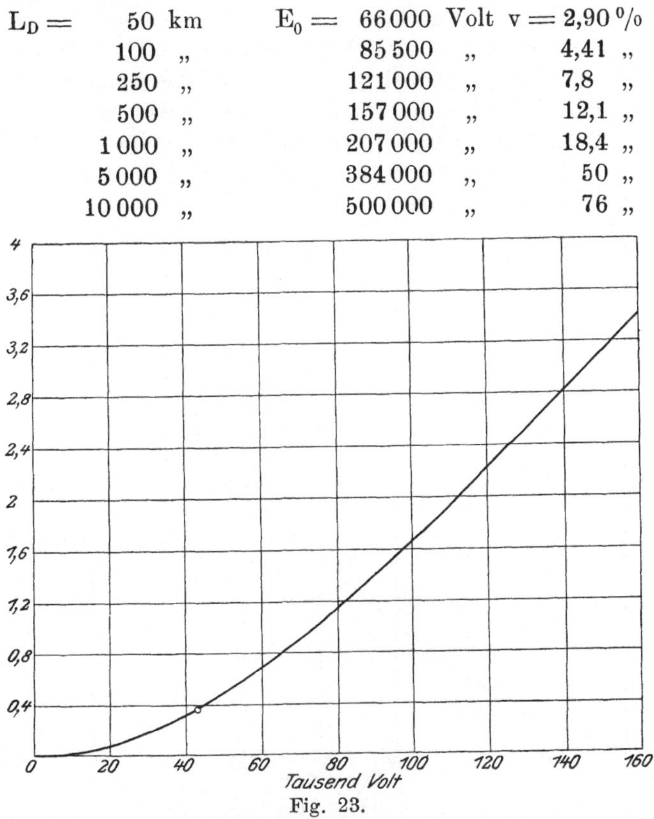

Fig. 23.

Ideelle Transformatorverteurungskurve.

Die Werte sind in Abhängigkeit von der Spannung bis 160000 Volt in Fig. 22 eingetragen. Hierzu ist zu bemerken, daß Anlagen für eine Entfernung von über 500 km ausgeführt worden sind, allerdings für den Fall der Rentabilität [1]). Die Korrektionsglieder von E_0 sind aber jetzt für die größeren Entfernungen so groß, daß man für praktische Verwendung wohl unbedingt die genaue Beziehung (1 b) für die Spannung und ebenso eine der genauen Beziehungen für den Effektverlust zur Kontrolle oder endgültigen Benützung heranziehen muß.

[1]) Vergl. Kap. X der Billigkeit.

Wir wollen nun später einen Vergleich der „Additionskostenwerte“ mit denjenigen im Generatorfall durchführen; also müssen wir die korrigierten oder genauen Linien genügend weit herstellen. Wir werden daher am besten wie früher von angenommenen Spannungen ausgehen und L und v rechnen. Das Resultat der entsprechenden Rechnungen ist in Fig. 22 neben den unkorrigierten Werten aufgezeichnet.

Die Rechnung vollzieht sich zum Beispiel für den Punkt $E_0 = 150\,000$ Volt wie folgt: Es kann nach (1 b) vielleicht etwas zweckmäßiger gesetzt werden

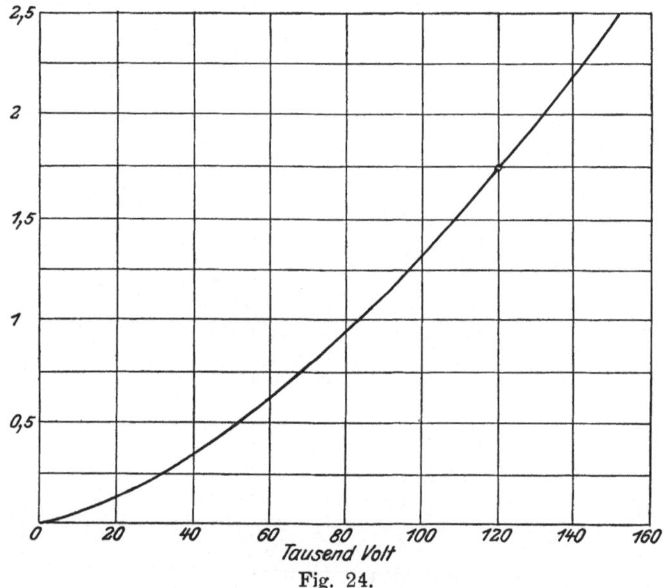

Fig. 24.
Ideelle Leitungsverteurungskurve.

$$L^2 m_L \varrho \{ [2 - (n_L - 2) F_L E_0^{n_L}]^2 (1 + F_0 E_0^{n_0}) + (1 + F_L E_0^{n_L}) \times$$
$$\times [2 - (n_L - 2) F_L E_0^{n_L}] 2 n_0 F_0 E_0^{n_0} \} = (1 + F_L E_0^{n_L}) m_0 n_0^2 F_0^2 E_0^{2 n_0} E_0^2$$

also

$$L^2 . 0{,}02 . 0{,}0175 \{[2 - (1{,}52 - 2) 2{,}45]^2 (1 + 0{,}141) + (1 + 2{,}45) \times$$
$$\times [2 - (1{,}52 - 2) 2{,}45] 2 . 1{,}64 . 0{,}141 \}$$
$$= (1 + 2{,}45) 1{,}06 . 1{,}64^2 . 0{,}141^2 . 150000^2,$$

wenn für die Bestimmung der Transformator und Leitungsverteurung die vereinfachten, ideellen Kurven in Fig. 23 und Fig. 24, deren konstanter Exponent 1,64 und 1,52 ist, benutzt werden.

Es folgt

$$L^2\,3{,}5\,.\,10^{-4} = \frac{3{,}45}{16{,}70}\,.\,1{,}06\,.\,1{,}64^2\,.\,0{,}141^2\,.\,150\,000^2$$

d. h.

$$L = 870000 \text{ m}$$

oder

$$L_D = 435 \text{ km.}$$

Man kann auch die Werte der Näherungskurve von L_D benutzen und die vollständigen Korrektionen daran anbringen. So wird für

$$E_0 = 120000 \text{ Volt}$$

der Korrekturfaktor 0,97. Die Fehler heben sich also wie im ersten Falle ziemlich auf, und es wird

$$L_D = 0{,}97\,.\,245 = 238 \text{ km.}$$

Die zugehörige Kurve der genauen Werte von v in Figur 22 ist gerechnet nach

$$v = \left[\frac{m_L L^2 \varrho (1 + F_L E_0^{n_L})}{E_0^2 m_0 (1 + F_0 E_0^{n_0}) + m_L L^2 \varrho (1 + F_L E_0^{n_L})}\right]^{\frac{1}{2}} . \quad (2b'')$$

ergibt also z. B. für $E_0 = 150000$ Volt

$$v = \left(\frac{3{,}5\,.\,10^{-4}\,.\,8{,}70^2\,.\,10^{10}\,.\,3{,}45}{1{,}5^2\,.\,10^{10}\,.\,1{,}06\,.\,1{,}141 + 3{,}5\,.\,10^{-4}\,.\,8{,}70^2\,.\,10^{10}\,.\,3{,}45}\right)^{\frac{1}{2}} = 18{,}5\,\%.$$

Rechnen wir nach (5 b), so wird

$$v = 1{,}64\,.\,1{,}141 \frac{3{,}45}{(2 + 0{,}48\,.\,2{,}45)\,1{,}141 + 3{,}45\,.\,1{,}64\,.\,0{,}141} = 18{,}1\,\%.$$

Die Werte stimmen also bis auf 2 % überein.

Für den zweiten Punkt erhält man analog

$$v = 11{,}6\,\%.$$

42. **Anlagekosten im Transformatorfall im Vergleich mit denjenigen im Generatorfall.** Nun wird gemäß der Kostenausgangsgleichung pro Effekteinheit

$$\mathfrak{K}_p = (1 + v)\, m_0 (1 + F_0 E_0^{n_0}) + \frac{(1 + v)^2}{v E_0^2}\, m_L \varrho L^2 (1 + F_L E_0^{n_L})$$

für $E_0 = 150000$ Volt, $L_D \cong 435$ km und $v \cong 18{,}5\,\%$

$$\mathfrak{K}_p = 1{,}185 \,.\, 1{,}06 \,.\, 1{,}141 + \frac{(1{,}185)^2}{0{,}185 \,.\, 1{,}5^2 \,.\, 10^{10}} 3{,}5 \,.\, 10^{-4}\, 8{,}70^2 \,.\, 10^{10} \,.\, 3{,}45$$

$$= 1{,}435 + 0{,}307 = 1{,}742 \cong 1{,}74.$$

Liegt uns nur etwas am Endresultat und nicht an den genauen Einzelkosten, so benutzen wir natürlich

$$\mathfrak{K}_p = (1 + F_0 E_0^{n_0})\, m_0 + 2\, \frac{n_0 F_0 E_0^{n_0} (1 + F_L E_0^{n_L})}{2 - (n_L - 2) F_L E_0^{n_L}}\, m_0, \qquad (11b)$$

worin Leitungsverlust und Leitungskosten nicht vorkommen.

Es wird

$$\mathfrak{K}_p = 1{,}06 \left(1{,}141 + 2\, \frac{1{,}64 \,.\, 0{,}141 \,.\, 3{,}45}{2 + 1{,}18}\right) = 1{,}745 \cong 1{,}74$$

wie vorher. Somit ist

$$\mathfrak{A}_p \cong 0{,}74.$$

Für $E_0 = 120000$ Volt wird z. B. weiter

$$\mathfrak{K}_p = 1{,}495,$$

also

$$\mathfrak{A}_p \cong 0{,}50.$$

Die Kurve für einen beträchtlichen Bereich befindet sich in Fig. 16. Sie ist ziemlich weit vom Exponenten $\frac{1{,}64}{2{,}64} = 0{,}62$.

Die Kurve der Werte von $\mathfrak{A}_p$ für den früher näher berechneten Fall ohne Transformatoren ist zum Vergleich dazu gezeichnet.

Der Schnittpunkt gibt den Beginn der praktischen Transformatorverwendung.

43. Bemerkung über die Rechnung bei anderen Transformatorverteurungskurven. Für die übrigen Verteurungskurven würde natürlich analoge Rechnung Platz greifen, und zwar würde Verteurungskurve I in Fig. 21 ohne Korrektion etwa für die gleichen Spannungen die 0,4fache Übertragungslängen ergeben. Mit Rücksicht auf das Verhalten von v wären die unkorrigierten Werte unter Umständen bis 100 km brauchbar. Später muß aber wohl unbedingt genaue Rechnung erfolgen.

IV. Die Verwendung von Kabeln. Die geänderte Näherungsgleichung. Beispiel.

44. Kabelverteurungskurven. Voraussetzungen für den einfachsten Fall. War bisher das Verhalten der Leitungsverteurung im allgemeinen nicht von großem Einfluß, und

ließ sich eine entsprechende Korrektion häufig vernachlässigen, so erhalten wir ein ganz anderes Bild bei der Verwendung von Kabeln, selbst für verhältnismäßig geringe Entfernungen. Die Kabelfabrikation, welche in jüngster Zeit bedeutende Fortschritte gemacht hat, erzielt heute Kabel bis zu einer sehr hohen Spannung[1]). Wenngleich nun für größere Entfernungen wohl nur oberirdische Leitungen verwendet werden, so kann doch unter Umständen eine unterirdische Führung von 10 km und mehr in Frage kommen. Es wird sich zeigen, daß wir zur Behandlung eines solchen Falles bei den sonstigen einfachsten Voraussetzungen unsere exakten Beziehungen zu Hilfe nehmen müssen, oder daß wenigstens die Näherungsformeln und damit auch die Konvergenzwege einer Umgestaltung bedürfen.

Die Kurven in Fig. 25 bieten nun eine Reihe von Kostenwerten, entsprechend den von einer deutschen Kabelfabrik angegebenen Verkaufspreisen. Sie sind in Abhängigkeit von den Querschnitten und Spannungen aufgetragen; allerdings beziehen sie sich auf die häufiger vorkommenden Dreileiterkabel; doch ist es nicht schwer, hiernach die Kosten von einfachen und Zweileiterkabeln zu beurteilen. Die Veränderlichkeit der Kosten nach dem Querschnitt wird uns später zu beschäftigen haben, wenn wir zu einer Erweiterung unserer Beziehungen für die schwierigeren Fälle schreiten. Vorläufig behalten wir wie früher den einfachsten Fall im Auge, und wir nehmen, um ihn zu ermöglichen, namentlich um die vorausgesetzte Proportionalität der Kosten zum Effekte und damit auch zum Leitungsquerschnitt zu wahren, einstweilen an, es müsse ein bestimmter Kabelquerschnitt verwendet werden; nur die Zahl der Kabel sei variabel, eine Forderung, die z. B. bei sehr großem Effekt immer besteht, da natürlich die Kabel nur bis zu einem bestimmten Querschnitt fabriziert werden. Wir könnten auch annehmen, der mit dem Kabel zu übertragende Effekt sei aus irgend welchen Gründen mit vorgeschriebenen Kabeln nach verschiedenen Richtungen auf gleiche Entfernungen derart zu versenden, daß er einer Ringleitung mit der Zentrale als Kreismittelpunkt zuzuführen sei. Allerdings

[1]) Die Herstellung von Hochspannungskabeln unterliegt besonderen theoretischen Schwierigkeiten, welche mit der Kapazitäts- und Widerstandsverteilung in der Isolationsschicht zusammenhängen und an sich mit steigender Spannung stark wachsen. Vergl. in dieser Beziehung z. B. C. Baur, Das elektrische Kabel, Berlin 1903, S. 45 u. f. Wir können auf diese Dinge hier natürlich nicht näher eingehen und müssen uns mit der Tatsache begnügen, daß die weiter unten zur Berechnung benutzten Kabel wirklich marktgängig sind. Indessen werden wir bei der Behandlung der Übergangsverluste in Kap. VIII der Billigkeit den Gegenstand nochmals streifen.

treten dann nach andern Kosten auf, die unter Umständen die Einfachheit des Problems stark stören. Inwieweit man den einfachsten Fall auch bei einzelnen Kabeln erhält, wird sich später zeigen[1]). Jedenfalls braucht man die nächsten Rechnungen für Vergleiche.

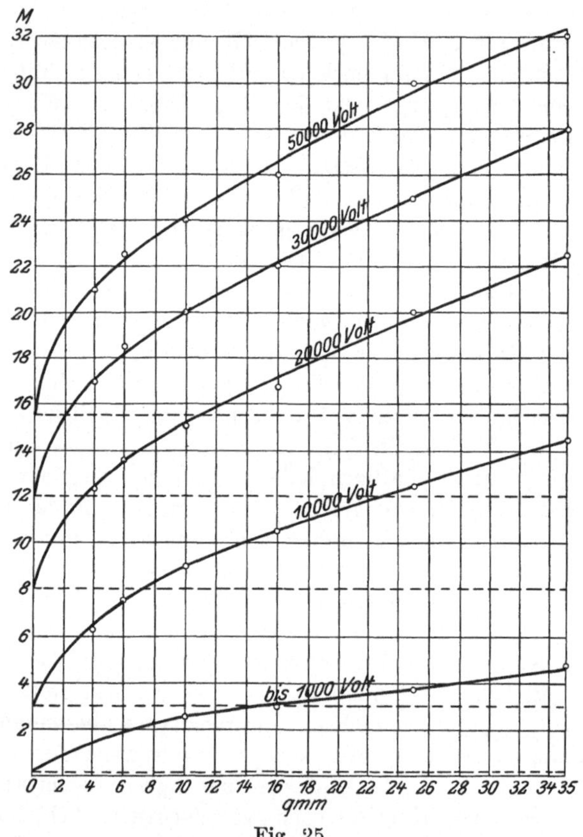

Fig. 25.
Kosten von Hochspannungskabeln.

45. **Neue Näherungsgleichungen für die Spannung.** Unsere exakte Beziehung für die Spannung lautete nun

$$(1+F_L E_0^{n_L})\, m_0 n_0^2 F_0^2 E_0^{2n_0+2} = \{[2-(n_L-2)F_L E_0^{n_L}]^2 \times$$
$$\times (1+F_0 E_0^{n_0}) + (1+F_L E_0^{n_L})[2-(n_L-2)F_L E_0^{n_L}]\, 2 n_0 F_0 E_0^{n_0}\}\, m_L L^2 \varrho \quad (1\text{b})$$

---

[1]) Vergl. Kap. VII der Billigkeit.

Für den einfachsten Fall setzen wir nun zunächst die Verlegungskosten konstant. (Wir könnten auch sofort und beinahe ebenso einfach außerdem noch ein dem Querschnitt proportionales Glied einführen.)

Ein Blick auf die Kurven überzeugt uns dann, daß $n_L < 1$ wird, und weiter, daß von einer niedrigen Grenze ab die Leitungsverteurungsglieder den Anfangswert bedeutend überschreiten [1]). Trotz dieser erheblichen prozentualen Verteurung der Leitung wird aber, wie die Formel bei einiger Überlegung lehrt, in Anbetracht des ersteren Umstandes, die Spannung der Billigkeit gegenüber dem Fall, daß die Leitung sich überhaupt nicht verteure, nicht erniedrigt, sondern erhöht. Der Grund liegt darin, daß zwar bei erhöhter Spannung sich ein starker Kostenzuwachs ergibt, daß diesem aber doch durch die entstehende Verringerung des gesamten Kabelquerschnitts erfolgreich entgegengearbeitet wird. Eine für gewisse Grenzen passende Beziehung erhalten wir in [2])

$$m_0 n_0^2 F_0^2 E_0^{2n_0+2} = \frac{[2-(n_L-2) F_L E_0^{n_L}]^2}{1+F_L E_0^{n_L}} m_L L^2 \varrho \quad . \quad (1a)$$

Da hier $(2-n_L) F_L E_0^{n_L}$ selbst für die geringeren Spannungen von der Größenordnung der Anfangsglieder sein wird, lösen wir die Gleichung praktisch nach der früher erwähnten Methode der Bildung einer resultierenden Potenzlinie, und zwar wird der linksstehende Ausdruck in

$$m_0 n_0^2 F_0^2 E_0^{2n_0+2}(1+F_L E_0^{n_L}) - \{[(2-n_L) F_L E_0^{n_L}]^2 \\ + 4(2-n_L) F_L E_0^{n_L}\} m_L L^2 \varrho = 4 m_L L^2 \varrho$$

mittelst passender Eingrenzungswerte, etwa der schon bei Ermittlung der Verteurungsexponenten und Faktoren benutzten, zu einem resultierenden umgewandelt derart, daß wir eine neue Gleichung erhalten von der Form

$$F_r E_0^r = 4\, m^L L^2 \varrho.$$

Diese wird dann konvergierend gelöst [3]).

---

1) Vergl. auch die Annahmen Albarets für Kabel bis 10000 Volt in Kap. IX der Wirtschaftlichkeit.

2) Die Numerierung der Gleichungen entsprechend den verschiedenen Genauigkeitsgraden ist zwar nach früherem in allen Kapiteln systematisch die gleiche, kann aber natürlich für die verschiedenen Fälle auch bei gleichen exakten Gleichungen Näherungsgleichungen von recht verschiedenem Inhalt treffen.

3) Die Tangentenmethode wäre gerade in bezug auf die Konvergenz hier noch weniger für die Berechnung von E_0 geeignet als früher in den meisten Fällen.

Natürlich könnte man zu gleichem Zwecke auch bilden

$$\frac{m_0 n_0^2 F_0^2 E_0^{2n_0+2}(1 + F_L E_0^{n_L})}{[2 - (n_L - 2) F_L E_0^{n_L}]^2} = m_L L^2 \varrho.$$

Dies wird besonders dann vorteilhaft oder notwendig sein, wenn bei der ersteren Umbildung eine substituierte reine Potenzkurve in der Nähe der gesuchten Punkte unbequem oder infolge eines Schnittes der wahren Kurve mit der Abcissenachse unmöglich wird.

Wäre die Leitungsverteurung vorherrschend und auch der Verteuerungsexponent groß, so erhielte man in

$$E_0 = \left[\frac{2}{F_L (n_L - 2)}\right]^{\frac{1}{n_L}}$$

einen Näherungswert, welcher aber in dem vorliegenden praktischen Falle für $n_L < 1$ versagt, d. h. die Leitungsverteurung kann hier so wenig wie bei der Freileitung, wie groß auch immer der Verteurungsfaktor sein möge, die Betriebsspannung wesentlich bestimmen. Hingegen sehen wir, daß ein oft brauchbarer Näherungswert von noch mehr vereinfachter Gestalt wie der erste, gegeben sein wird mit

$$E_0 = \left[(2 - n_L)\frac{L}{n_0 F_0}\left(\frac{m_L \varrho F_L}{m_0}\right)^{\frac{1}{2}}\right]^{\frac{1}{n_0 + 1 - \frac{n_L}{2}}} \quad . \quad . \quad . \quad . \quad (1)$$

Würde diese Gleichung unbequem werden, oder eine genügende Konvergenz sich nicht ergeben, so wird man auch vielleicht von vornherein auf Einzelrechnungen verzichten und wie früher die für allgemeine Benutzung praktischen Normaltabellen und Normalkurven aufstellen, indem man die verschiedenen Spannungen bei den einzelnen Querschnitten annimmt und L rechnet. Man kann sich dabei dann wieder sogleich, wo nötig, der genauen Gleichung (1b) bedienen.

Beispiel:

46. Der Absolutwert der Spannung. Aufgabe: Gegeben seien die erwähnten Kurven für verseilte Dreileiterkabel in Fig. 25 welche gemäß folgender Tabelle aufgezeichnet sind:

Drehstrom-Hochspannungskabel, dreifach verseilt, mit blankem Bleimantel.

Querschnitt in qmm	10000 Volt	20000	30000	50000 Volt
3 × 4	6,30	12,30	17,—	21
3 × 6	7,50	13,50	18,50	22
3 × 10	9,—	15,—	20,—	24
3 × 16	10,50	16,70	22,—	26
3 × 25	12,40	20,—	25,—	30
3 × 35	14,50	22,50	28,—	32

Mark pro lfd. m.

(Die Kabel sind geprüft mit 20000, 40000, 60000 und 80000 Volt.)

In Fig. 26 sind die Verteurungskurven für einige Werte abgeleitet, und zwar ist dabei eine Anfangskurve angenommen, welche für den Querschnitt von 3 × 10 qmm einen Anfangswert von 2,4, für 3 × 16 qmm von 3,0, für 3 × 25 qmm von 3,7 und für 3 × 35 von 4,7 ℳ voraussetzt[1]).

Um die Werte für unsere vorliegende Aufgabe brauchbar zu machen, wollen wir annehmen, die Preise für einfache Kabel seien ein Drittel von den genannten, was genau genug ist, um unsere Methode zu erläutern, worauf es uns hauptsächlich ankommt. Ferner soll aus methodischen Gründen angenommen werden, es liege der Transformatorfall vor, obwohl der geringen Entfernung halber meist bei Kabeln der Generatorfall vorkommt. Die zunächst zu betrachtende Entfernung sei 10 km.

Bei den zu verwertenden hohen Spannungen setzen wir dann vielleicht für den etwa zu schätzenden Bereich von 50000 Volt der schon früher benutzten Kurve II in Fig. 20

$$n_0 = 1{,}24,\ F_0 = \frac{0{,}46}{(5\,.\,10^4)^{1{,}24}}\,.\,0{,}0452,$$

und nehmen wieder $m_0 = 1{,}06$.

Für einen einfachen Querschnitt von 10 qmm ist dann weiter nach dem oben Bemerkten $m_L = 0{,}08$ ℳ pro qmm und nach der zugehörigen Kurve in Fig. 26 etwa $n_L = 0{,}7$ bei $F_L = \frac{9}{(5\,.\,10)^{0{,}7}}$.

Demzufolge wird bei $L_D = 10$ km nach (1)

1) Vergl. Fig. 25.

$E_{ob} =$

$$\left[(2-0{,}7)\frac{20000}{1{,}24.0{,}0452\frac{0{,}46}{(5.10^4)^{1{,}24}}}\left(\frac{0{,}08.0{,}0175}{1{,}06}\frac{9}{50000^{0{,}7}}\right)^{\frac{1}{2}}\right]^{\frac{1}{1{,}24+1-0{,}35}}$$

$$= 5.10^4\left[\frac{1{,}3.2.10^4}{1{,}24.4{,}52.10^{-3}.4{,}6.5.10^4}\left(\frac{8.1{,}75.9.10^{-4}}{1{,}06}\right)^{\frac{1}{2}}\right]^{\frac{1}{1{,}89}}$$

$$\cong 1{,}52.5.10^4 = 76000 \text{ Volt.}$$

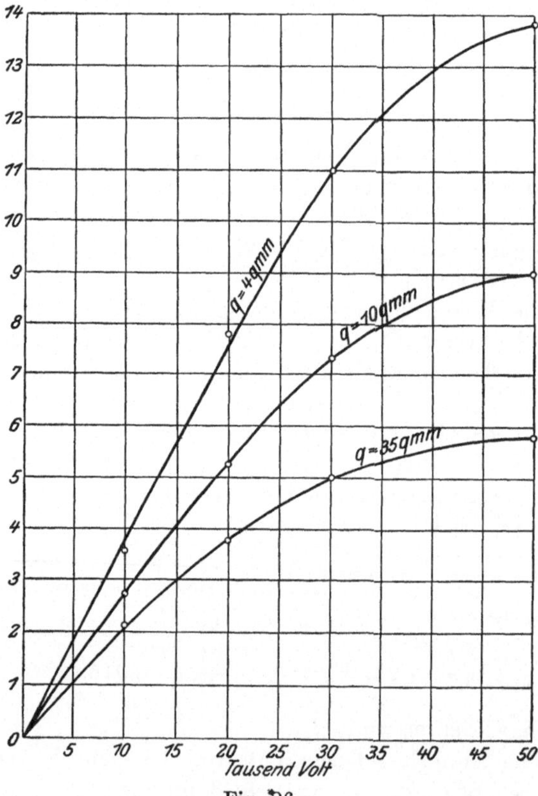

Fig. 26.
Verteurungskurven für Hochspannungskabel.

Eine numerische Kontrolle rückwärts bezüglich der Leitungsverteurung überzeugt uns, daß die vereinfachte Gleichung in der Tat Berechtigung hatte.

47. **Die Stromdichte. Notwendigkeit der Annahme einer relativ richtigen Spannung. Vergleich der absoluten und relativen Spannungslinie.** Trotz der Richtigkeit des berechneten Spannungswertes werden wir genötigt sein, einen andern Wert anzunehmen, und zwar weil uns die zu hohe Stromdichte der Billigkeit zur Annahme einer andern zwingt. Es ist nämlich hier leicht zu folgern

$$\mathfrak{d} = \frac{(m_L F_L E_0^{n_L})^{\frac{1}{2}}}{(\varrho m_0)^{\frac{1}{2}}} \quad \ldots \ldots \ldots \ldots (6)$$

also im Beispiel

$$\mathfrak{d}_b = \left(\frac{0{,}08 \,.\, 12{,}1}{0{,}0175 \,.\, 1{,}06}\right)^{\frac{1}{2}} \cong 7{,}25 \text{ Amp. pro qmm,}$$

wozu

$$v = \frac{7{,}25 \,.\, 0{,}0175 \,.\, 20000}{76000} = 0{,}0334$$

gehört.

Die Stromdichte ist also, um die starke Erwärmung der Kabel zu vermeiden, zu verringern. Für ein neu festzusetzendes $\mathfrak{d}_{max}$ ist aber auch das berechnete E_{ob} nicht mehr richtig. Wir finden den richtigen Wert analog wie früher aus dem entsprechenden neuen „Veränderungsgrad".

Es ist nämlich hier für die Effekteinheit annähernd nach der allgemeinen Ausgangsgleichung der Kosten

$$\mathfrak{K}_p = \left(1 + \frac{L\varrho\mathfrak{d}}{E_0} + F_0 E_0^{n_0}\right) m_0 + \frac{m_L L}{E_0 \mathfrak{d}} (1 + F_L E_0^{n_L})$$

$$\cong \left(1 + \frac{L\varrho\mathfrak{d}}{E_0} + F_0 E_0^{n_0}\right) m_0 + \frac{m_L L}{E_0 \mathfrak{d}} F_L E_0^{n_L},$$

und daraus folgt als Minimumbedingung für konstante Stromdichte

$$m_0 n_0 F_0 E_0^{n_0} = (1 - n_L) \frac{m_L L F_L E_0^{n_L}}{E_0 \mathfrak{d}} + \frac{L\varrho\mathfrak{d} m_0}{E_0} \quad \ldots (7)$$

Diese Gleichung, welche wir wieder auf verschiedene Art behandeln können, ist in verschiedener Hinsicht interessant.

Zur graphischen Darstellung der entsprechenden Beziehung nehmen wir am besten verschiedene E_0 an und rechnen das zugehörige L_D. Zum Vergleich zeichnen wir passend die „absolut" richtige Linie der Werte von L_D dazu, deren Punkte wir ebenfalls unter Ausgang von verschiedenen E_0 rechnen.

Es wird z. B. für $E_0 = 50000$ Volt absolut nach (1) in der zweckmäßigen Form

$$(2 - n_L)\left(\frac{m_L \varrho F_L E_0^{n_L}}{m_0}\right)^{\frac{1}{2}} L = n_0 F_0 E_0^{n_0+1}$$

$$1{,}3\left(\frac{0{,}08 \,.\, 0{,}0175}{1{,}06}\right)^{\frac{1}{2}} 9^{\frac{1}{2}} L = 1{,}24 \,.\, 0{,}46 \,.\, 0{,}0452 \,.\, 50000$$

also

$$L = 0{,}182 \,.\, 50000 = 9100 \text{ m}$$

oder

$$L_D = 4{,}55 \text{ km}.$$

Analog rechnet man für die zur Bestimmung der Kurve noch nötigen sonstigen Punkte. Für niedere Spannungen, z. B. $E_0 = 20000$ Volt und $L_D = 0{,}75$ km, ist die Genauigkeit der benutzten Näherungsgleichung aber nicht mehr sehr groß. Der Fehlereinfluß ist leicht zu schätzen, und wir wollen auf eine Korrektur hier verzichten.

Setzen wir nun das zulässige $\mathfrak{d}_{max} = 2$ Amp.[1]), so erhalten wir z. B. für die Spannung von 76000 Volt gemäß der passend in folgender Form geschriebenen Gleichung (7)

$$\left[(1 - n_L)\frac{m_L F_L E_0^{n_L}}{\mathfrak{d}\, m_0} + \varrho\, \mathfrak{d}\right] L = n_0 F_0 E_0^{n_0+1}$$

$$\left(\frac{0{,}3 \,.\, 0{,}08 \,.\, 12{,}1}{2 \,.\, 1{,}06} + 3{,}5 \,.\, 10^{-2}\right) L = 1{,}24 \,.\, 0{,}46 \,.\, 0{,}0452 \left(\frac{7{,}60}{5}\right)^{1{,}24} . \, 76000$$

also

$$L = 19100 \text{ m}$$

oder

$$L_D = 9{,}55 \text{ km},$$

also in Ansehung einer Rechnungsgenauigkeit fast dasselbe wie früher bei dem sehr abweichenden Wert $\mathfrak{d} = 7{,}25$, wo $L = 20000$ war, wie übrigens durch Einsetzen von $\mathfrak{d} = 7{,}25$ in Gleichung (7) mit dem Resultat $L = 19900$ genau genug bestätigt wird. Der Grund

[1]) Die wirklich zulässige Stromdichte ist wohl etwas höher. Versuchsergebnisse hierüber finden sich nicht. Die Angaben des ausführlichen Werkes J. Teichmüller, Die Erwärmung elektrischer Leitungen, Stuttgart 1905, Sammlung elektrotechnischer Vorträge, beziehen sich nur auf Kabel bis 10000 Volt. Allerdings ist die Fabrikation von Hochspannungskabeln für die angegebenen Spannungen erst neueren Datums, wenn andererseits auch das Versuchsstadium wohl übergeschritten ist.

liegt darin, daß sich der Einfluß von verschiedenen $\mathfrak{d}$ in den beiden Gliedern, in welchen es vorkommt, in diesem Bereich ziemlich aufhebt.

Für

$$E_0 = 50000 \text{ Volt}$$

ergibt sich

$$\left(\frac{0{,}3 \cdot 0{,}08 \cdot 9}{2 \cdot 1{,}06} + 3{,}5 \cdot 10^{-2}\right) L = 1{,}24 \cdot 0{,}46 \cdot 0{,}0452 \cdot 50000$$

und

$$L = 9450 \text{ m}$$

oder

$$L_D = 4{,}725 \text{ km}$$

gegen $L_D = 4{,}55$ km bei richtigem $\mathfrak{d}$, nämlich dem nach (6) gerechneten Wert

$$\mathfrak{d} = \left(\frac{0{,}08 \cdot 9}{0{,}0175 \cdot 1{,}06}\right)^{\frac{1}{2}} = 6{,}25 \text{ Amp. pro qmm.}$$

Die Einsetzung dieses Wertes in die Formel (7) gibt, wie man sich leicht überzeugt, auch hier den zu erwartenden früheren Wert nämlich

$$L_D = 4{,}55 \text{ km.}$$

Auch im unteren Bereich zeigt sich bei weiterer Ausführung der Rechnung nur eine geringe Abweichung. Die Feststellung des genauen Betrages derselben würde allerdings ein Eingehen auf die exakten Formeln nötig machen.

Wir erhalten also das bemerkenswerte Resultat, daß, wie groß man innerhalb bestimmter Grenzen $\mathfrak{d}$ auch nehmen mag, die Spannung der Billigkeit fast die gleiche bleibt, wie die Gegenüberstellung in Fig. 27 deutlich lehrt.

Die beiden Kurven müssen sich übrigens an zwei Stellen schneiden, denn aus der aus (1) und (7) zu folgenden Bedingung

$$(2 - n_L)\left(\frac{m_L \varrho F_L E_0^{\,n_L}}{m_0}\right)^{\frac{1}{2}} = \frac{(1 - n_L) m_L F_L E_0^{\,n_L}}{\mathfrak{d} m_0} + \varrho \mathfrak{d}$$

ergibt sich

$$\mathfrak{d}^2 - (2 - n_L)\left(\frac{m_L \varrho F_L E_0^{\,n_L}}{m_0}\right)^{\frac{1}{2}} \frac{1}{\varrho} \mathfrak{d} = -(1 - n_L)\frac{m_L}{\varrho m_0} F_L E_0^{\,n_L}$$

und somit

$$\mathfrak{d} = \left(\frac{2-n_L}{2} \pm \frac{n_L}{2}\right)\left(\frac{m_L}{m_0\,\varrho} F_L E_0^{\,n_L}\right)^{\frac{1}{2}}$$

also zunächst

$$F_L E_{01}^{\,n_L} = \left(\frac{1}{1-n_L}\right)^2 \frac{m_0\,\varrho}{m_L}\,\mathfrak{d}^2 = \left(\frac{1}{0,3}\right)^2 \frac{1,06\,.\,0,0175}{0,08}\,4 = 10,3.$$

Dazu gehört

$$E_{01} = 72000 \text{ Volt.}$$

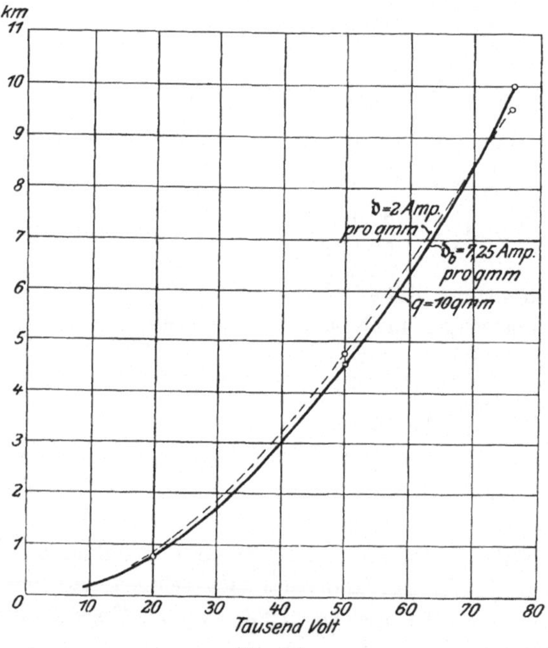

Fig. 27.

Entfernung in Abhängigkeit von der Spannung bei Verwendung von Hochspannungskabeln.

Der zweite Wert fordert hingegen einfach das bei $\mathfrak{d} = 2$ vorkommende, im Sinne der Billigkeit absolut richtige E_0, da sich einfach Gleichung (6) ergibt. Der zugehörige Wert $F_L E_{02}^{\,n_L} = 0,93$ ist aber so gering, daß unsere Näherungsgleichung zur Bestimmung von E_0 nicht mehr ausreicht.

Die Darstellung besagt auch, daß abgesehen von dem verhältnismäßig geringeren Einfluß der Stromdichte an sich, die Kostengröße in bezug auf die Dichtenänderung schon deshalb nicht so empfindlich sein kann, wie bei Änderung der Spannung, weil die einmal gerechnete Spannung sich immer wieder den verschiedenen Dichten anpaßt.

48. **Absolute und praktische Gleichung für den Effektverlust. Numerisches Resultat.** Es könnte auch hier die Frage entstehen, wie die einzelnen Größen in die absolute Formel für den Effektverlust eintreten. Es ist nun leicht zu folgern, daß in geringster Näherung

$$v = \left[\left(\frac{m_L \varrho F_L}{m_0}\right)^{\frac{1}{2}} L\right]^{\frac{2n_0}{2n_0+2-n_L}} \left(\frac{n_0 F_0}{2-n_L}\right)^{\frac{2-n_L}{2n_0+2-n_L}} \quad . \quad . \quad (4)$$

wird.

Benutzen wird man statt der letzten Gleichung wohl meist, soweit nicht wie oben eine geringe Stromdichte direkt gefordert wird, die ebenfalls leicht herzuleitende Formel

$$v = \frac{n_0}{2-n_L} F_0 E_0^{n_0}, \quad . \quad . \quad . \quad . \quad . \quad . \quad . \quad (5)$$

deren genauer Ausdruck der frühere bleibt.

Für unser Beispiel wird hiernach bei der ursprünglichen Entfernung

$$v = \frac{1{,}24}{1{,}3} \,.\, 0{,}0347 = 3{,}32\,\%,$$

während wir

$$v = 3{,}34\,\%$$

aus der richtigen Stromdichte berechnet hatten. Diese Ausrechnung hat wegen der zu hohen Stromdichte natürlich nur theoretische Bedeutung.

49. **Die Gesamtkosten der Anlage als Funktion der Spannung.** Zu bemerken wäre ferner vielleicht noch, daß in geringster Näherung hier für die Kosten pro Effekteneinheit zu setzen ist

$$\mathfrak{K}_p = 1 + F_0 E_0^{n_0} + \frac{2\,n_0}{(2-n_L)} F_0 E_0^{n_0} \quad . \quad . \quad . \quad . \quad (11)$$

Die Anwendung der Formel, ebenso wie die der genauen Gleichung, bietet aber nichts Neues.

V. Berücksichtigung einer sich verteuernden Unterstation. Neuer Billigkeitsveränderungsgrad bezüglich der Spannung. Die geänderten Bedingungen. Beispiel.

50. Die Spannungsrelativgleichung bei vorhandener Unterstation. Die früheren Beziehungen kommen nur in den früher genannten besonderen Fällen praktisch in Frage. Wir gehen jetzt einen Schritt weiter und nehmen an, daß eine Unterstation vorhanden sei, deren Verteuerung berücksichtigt werden muß. Es seien hierbei F_1 der Faktor, n_1 der Exponent der Verteurung der Unterstation und m_1 der Betrag der Kosten daselbst, der Einfachheit halber bezogen auf die in die Unterstation eingeführte Effekteinheit.

Es wird dann

$$\mathfrak{K} = (\mathfrak{E}_1 + \mathfrak{e})\, m_0 (1 + F_0 E_0^{n_0}) + \mathfrak{E}_1\, m_1 (1 + F_1 E_0^{n_1}) + \frac{(\mathfrak{E}_1 + \mathfrak{e})^2 m_L L^2 \varrho}{\mathfrak{e} E_0^2} (1 + F_L E_0^{n_L})$$

Der Veränderungsgrad in bezug auf $\mathfrak{e}$ gibt die gegen früher unveränderte Bedingung

$$\mathfrak{e} = \left[\frac{\mathfrak{E}_1^2 m_L L^2 \varrho (1 + F_L E_0^{n_L})}{E_0^2 m_0 (1 + F_0 E_0^{n_0}) + m_L L^2 \varrho (1 + F_L E_0^{n_L})}\right]^{\frac{1}{2}} \quad . \quad . \quad (2\,b)$$

während der Veränderungsgrad in bezug auf E_0 die Bedingung

$$(\mathfrak{E}_1 + \mathfrak{e})\, m_0 n_0 F_0 E_0^{n_0} + \mathfrak{E}_1 m_1 n_1 F_1 E_0^{n_1} = \frac{(\mathfrak{E}_1 + \mathfrak{e})^2}{\mathfrak{e} E_0^2} m_L L^2 \varrho [2 - (n_L - 2) F_L E_0^{n_L}] \quad . \quad . \quad (3\,b)$$

liefert.

51. Absolute Gleichungen für die Spannung. Will man hier wie früher den Absolutwert von E_0 durch Gleichsetzung der Werte von $\mathfrak{e}$ nach (2b) und (3b) erzielen, so wird das Verfahren jetzt viel umständlicher. Wir können darum auch vielleicht in die letzte Bedingung (3b) einfach den ersten Wert von $\mathfrak{e}$ unter Verzichtleistung auf eine Rationalmachung direkt einsetzen. Es folgt

$$\left\{1 + \frac{m_L^{\frac{1}{2}} L \varrho^{\frac{1}{2}} (1 + F_L E_0^{n_L})^{\frac{1}{2}}}{[E_0^2 m_0 (1 + E_0^{n_0} F_0) + m_L L^2 \varrho (1 + F_L E_0^{n_L})]^{\frac{1}{2}}}\right\} m_0 n_0 F_0 E_0^{n_0}$$

$$+ m_1 n_1 F_1 E_0^{n_1} = \frac{m_L L^2 \varrho}{E_0^2} \left\{1 + \frac{m_L^{\frac{1}{2}} L \varrho^{\frac{1}{2}} (1 + F_L E_0^{n_L})^{\frac{1}{2}}}{[E_0^2 m_0 (1 + F_0 E_0^{n_0}) + m_L L^2 \varrho (1 + F_L E_0^{n_L})]^{\frac{1}{2}}}\right\}^2$$

$$\times [2 - (n_L - 2) F_L E_0^{n_L}] \frac{[E_0^2 m_0 (1 + F_0 E_0^{n_0}) + m_L L^2 \varrho (1 + F_L E_0^{n_L})]^{\frac{1}{2}}}{m_L^{\frac{1}{2}} L \varrho^{\frac{1}{2}} (1 + F_L E_0^{n_L})^{\frac{1}{2}}} \quad (1\,b)$$

Diese Gleichung, welche nötigenfalls nach einer leicht zu bildenden resultierenden Potenzlinie gelöst werden kann, vereinfachen wir zur Erzielung der Näherungsgleichungen für den Freileitungsfall sofort, da uns die früheren Untersuchungen genügend Material zur Beurteilung der Größenordnung der einzelnen Glieder bieten. Wir sehen nämlich bei aufmerksamer Betrachtung, daß wir meist hinlänglich genau setzen können

$$\left[\left(1+\frac{m_L^{\frac{1}{2}} L \varrho^{\frac{1}{2}}}{E_0 m_0^{\frac{1}{2}}}\right) m_0 n_0 F_0 E_0^{n_0+1} + m_1 n_1 F_1 E_0^{n_1+1}\right]^2$$
$$= 4 m_L L^2 \varrho m_0 \left[1 + F_0 E_0^{n_0} - (n_L - 1) F_L E_0^{n_L} + \frac{4 m_L^{\frac{1}{2}} L \varrho^{\frac{1}{2}}}{E_0 m_0^{\frac{1}{2}}}\right]$$

oder

$$m_0 n_0 F_0 E_0^{n_0+1} + m_1 n_1 F_1 E_0^{n_1+1} = 2 m_L^{\frac{1}{2}} L \varrho^{\frac{1}{2}} m_0^{\frac{1}{2}} \times$$
$$\times \left[1 + \frac{E_0^{n_0} F_0}{2} - \frac{n_L - 1}{2} F_L E_0^{n_L} + \frac{m_0 n_0 F_0 E_0^{n_0} + 2 m_1 n_1 F_1 E_0^{n_1}}{2 m_0}\right] \quad (1\,a)$$

woraus wieder die Spannung unter Bildung einer resultierenden Potenzlinie links aus den Bestimmungsgrößen für die einzelnen Verteurungsfaktoren und Exponenten zu finden ist.

In geringster Näherung ist hier der Vollständigkeit halber noch zu setzen

$$m_0 n_0 F_0 E_0^{n_0+1} + m_1 n_1 F_1 E_0^{n_1+1} = 2 m_L^{\frac{1}{2}} L \varrho^{\frac{1}{2}} m_0^{\frac{1}{2}} \quad . \quad . \quad (1)$$

Hat man z. B. gleiche Transformatoren primär und sekundär, und kann man von der Verschiedenheit der Hilfsapparate usw. absehen, so ist $n_1 = n_0$; kann auch außer Beachtung bleiben, daß wir primär auf die abgegebene, sekundär auf die eingeführte Effekteinheit Bezug genommen haben, so ist einfach

$$m_0^{\frac{1}{2}} n_0 F_0 E_0^{n_0+1} = m_L^{\frac{1}{2}} L \varrho^{\frac{1}{2}} \quad . \quad . \quad . \quad . \quad . \quad (1\,G)$$

Hat man die Werte der geringsten Näherung, so steht in jedem Fall der Anwendung der genaueren Formeln nichts entgegen, wenn man die Korrektionsglieder in der Konvergenz stufenweise genauer bestimmt. Da man aber in den seltenen Fällen, in denen größere Genauigkeit nötig ist, und ferner nicht die erwähnte Gleichheit sekundär und primär angenommen werden kann, besser von vornherein mit einer genaueren resultierenden Potenzlinie arbeitet, so wollen wir noch die ganz allgemein zweckmäßig anzuwendende rationale Umformung von (1b) geben.

Sie kann nämlich zugleich in allen Spezialfällen am bequemsten zur Herstellung der neuen Näherungsgleichungen dienen und sondert L derart ab, daß mit ihr Normaltabellen für verschiedene E_0 ohne weiteres gerechnet werden können. Allerdings ist die Umrechnung etwas langwierig; da sie andererseits keine prinzipiellen Schwierigkeiten macht, wollen wir nur das Resultat angeben:

Es wird nämlich

$$(m_0 n_0 F_0 E_0^{n_0} + m_1 n_1 F_1)^2 E_0^2$$

$$= m_L L^2 \varrho \Big\{ \frac{[2-(n_L-2) F_L E_0^{n_L}]^2}{1 + F_L E_0^{n_L}} m_0 (1 + F_0 E_0^{n_0}) + 2[2-(n_L-2) F_L E_0^{n_L}] \times$$

$$\times m_0 n_0 F_0 E_0^{n_0} + 4[2-(n_l-2) F_L E_0^{n_L}] m_1 n_1 F_1 E_0^{n_1} + 4[2-(n_L-2) F_L E_0^{n_1}] \times$$

$$\times m_1 n_1 F_1 E_0^{n_1} \frac{m_L L^2 \varrho}{m_0 (1 + F_0 E_0^{n_0}) E_0^2} - \frac{(m_1 n_1 F_1 E_0^{n_1})^2}{m_0 (1 + F_0 E_0^{n_0})}$$

$$- \frac{2 m_1 n_0 n_1 F_0 E_0^{n_0} F_1 E_0^{n_1}}{(1 + F_0 E_0^{n_0})} \Big\} \quad . \quad (1b')$$

Kann nun etwa bei gleichartigen Maschinen oder Transformatoren genau genug gesetzt werden

$$m_1 n_1 F_1 E_0^{n_1} = m_0 n_0 F_0 E_0^{n_0},$$

so folgt

$$4 (m_0 n_0 F_0 E_0^{n_0})^2 E_0^2 = m_L L^2 \varrho \Big\{ \frac{[2-(n_L-2) F_L E_0^{n_L}]^2}{1 + F_L E_0^{n_L}} m_0 (1 + F_0 E_0^{n_0})$$

$$+ 6 [2-(n_L-2) F_L E_0^{n_L}] m_0 n_0 F_0 E_0^{n_0} - 3 \frac{(n_0 F_0 E_0^{n_0})^2 m_0}{(1 + F_0 E_0^{n_0})}$$

$$+ 4 [2-(n_L-2) F_L E_0^{n_L}] n_0 F_0 E_0^{n_0} \frac{m_L L^2 \varrho}{(1 + F_0 E_0^{n_0}) E_0^2} \Big\} \quad (1bG)$$

Das letzte Glied spielt fast nie eine Rolle. Man kann dafür genau genug setzen.

$$4 [2-(n_L-2) F_L E_0^{n_L}] n_0^3 (F_0 E_0)^3 m_0$$

52. **Die praktische Gleichung für den Effektverlust.** Wie die absolute Formel für v jetzt lautet, ist ebenfalls leicht zu berechnen. Praktisch interessiert uns jedoch hauptsächlich die analog wie früher zu findende Beziehung

$$v = \frac{n_0 F_0 E_0^{n_0} + \frac{m_1}{m_0} n_1 F_1 E_0^{n_1}}{2} \quad . \; . \; . \; . \; . \; (5)$$

Den genaueren Wert erhalten wir wie folgt:
Aus der Spannungsrelativgleichung (3b) folgt

$$\frac{m_L L^2 \varrho}{E_0^2} = \frac{(1+v)\, m_0 n_0 F_0 E_0^{n_0} + m_1 n_1 F_1 E_0^{n_1}}{2-(n_L-2) F_L E_0^{n_L}} \frac{v}{(1+v)^2}$$

und aus der Relativgleichung für den Effektverlust (2b) wie früher

$$\frac{m_L L^2 \varrho}{E_0^2} (1 + F_L E_0^{n_L})(1 - v^2) = m_0 (1 + F_0 E_0^{n_0})\, v^2.$$

Somit wird

$$\frac{(1+v)\, m_0 n_0 F_0 E_0^{n_0} + m_1 n_1 F_1 E_0^{n_1}}{2-(n_L-2) F_L E_0^{n_L}} \frac{v}{(1+v)^2} (1 + F_L E_0^{n_L})(1 - v^2)$$
$$= m_0 (1 + F_0 E_0^{n_0})\, v^2.$$

Demzufolge wird weiter

$$\left(1 + F_0 E_0^{n_0} + n_0 F_0 E_0^{n_0} \frac{1 + F_L E_0^{n_L}}{2-(n_L-2) F_L E_0^{n_L}}\right) v^2$$
$$+ \left(1 + F_0 E_0^{n_0} + \frac{m_1}{m_0} n_1 F_1 E_0^{n_1} \frac{1 + F_L E_0^{n_L}}{2-(n_L-2) F_L E_0^{n_L}}\right) v$$
$$= \left(n_0 F_0 E_0^{u_0} + \frac{m_1}{m_0} n_1 F_1 E_0^{n_1}\right) \frac{1 + F_L E_0^{n_L}}{2-(n_L-2) F_L E_0^{n_L}} \quad . \; (5b)$$

Die exakte Auflösung bietet aber gegenüber der Relativgleichung (2b) keine Vorteile mehr. Wir setzen deshalb sogleich in die Korrektionsglieder den Näherungwert von v nach (5) ein und erhalten dann für den Freileitungsfall in überall gleicher Genauigkeit vom zweiten Grade

$$v = \left(1 + \frac{n_L}{2} F_L E_0^{n_L} - \frac{n_0 + 2}{2} F_0 E_0^{n_0} - n_1 F_1 E_0^{n_1} \frac{m_1}{m_0}\right) \times$$
$$\times \frac{n_0 F_0 E_0^{n_0} + \frac{m_1}{m_0} n_1 F_1 E_0^{n_1}}{2} \quad . \; (5\,a)$$

Natürlich könnte man auch wie früher auf die unkorrigierten Werte der Spannung Bezug nehmen.

Auch die Veränderung des Wertes von q ist leicht zu verfolgen und soll, da q praktisch aus den schon gerechneten Größen zahlenmäßig bestimmt wird, hier nicht weiter verfolgt werden.

53. Der neue Ergänzungskontrollsatz. Vernachlässigen wir sämtliche Korrektionsglieder, und liegen primär und sekundär die gleichen Verteurungsverhältnisse vor, so erhalten wir am einfachsten gemäß Gleichung (5) den einen gegen früher abzuändernden und zur praktischen Kontrolle dienenden

Satz: Im Falle der größten Billigkeit ist näherungsweise der Einheitseffektverlust gleich dem n_0-fachen Betrage der Verteurung der Primärstation pro Kosteneinheit oder gleich der Einheitsverteurung nach einer ideellen Kostenkurve von Gestalt einer Tangente im Punkte der angenommenen Spannung.

Da der Satz über das Verhältnis des Effektverlustes zu den Leitungskosten der gleiche bleibt, so ist auch der neue vollständige Kontrollsatz leicht zu folgern.

Sind die genannten Verhältnisse primär und sekundär nicht gleich, so kann man in dem eben ausgesprochenen Kontrollsatz nach (5) von einer „reduzierten" Verteurung der Primärstation sprechen.

54. Die Spannungsrelativgleichung für konstante Stromdichte. Im Falle der geringsten Näherung kann man natürlich auch wieder

$$\mathfrak{d} = \left(\frac{m_L}{m_0 \varrho}\right)^{\frac{1}{2}} \quad \ldots\ldots\ldots (6)$$

zuerst rechnen und dann entweder probierenderweise mit Hilfe der Ausgangsgleichung für die Gesamtkosten oder aus der neuen Gleichung

$$n_0 F_0 E_0^{n_0+1} + n_1 \frac{m_1}{m_0} F_1 E_0^{n_1+1} = L \varrho \mathfrak{d} + \frac{m_L L}{m_0 \mathfrak{d}} \quad \ldots (7)$$

bestimmen, wie groß die Spannung sein muß.

55. Praktische Gleichungen für die Anlagekosten. Von Vorteil könnte ferner wieder bisweilen eine einfache Gleichung für das Anlagekapital pro Effekteinheit sein. Sie findet sich aus

$$\mathfrak{K}_p = (1+v)\, m_0 (1 + F_0 E_0^{n_0}) + m_1 (1 + F_1 E_0^{n_1}) \\ + \frac{(1+v)^2}{v E_0^2} m_L L^2 \varrho (1 + F_L E_0^{n_L})$$

als

$$\mathfrak{K}_p = (1+v)(1+F_0 E_0^{n_0})\, m_0 + (1+F_1 E_0^{n_1})\, m_1 + \frac{[(1+v)\, m_0 n_0 F_0 E_0^{n_0} + m_1 n_1 F_1 E_0^{n_1}]}{2-(n_L-2)\, F_L E_0^{n_L}}\,(1+F_L E_0^{n_L})$$

oder

$$\mathfrak{K}_p = (1+v)\, m_0 \left[1 + F_0 E_0^{n_0} + \frac{1+F_L E_0^{n_L}}{2-(n_L-2)\, F_L E_0^{n_L}}\, n_0 F_0 E_0^{n_0}\right] + m_1 \left[1 + F_1 E_0^{n_1} + \frac{1+F_L E_0^{n_L}}{2-(n_L-2)\, F_L E_0^{n_L}}\, n_1 F_1 E_0^{n_1}\right]. \quad (11\,b)$$

In Näherung vom zweiten Genauigkeitsgrade wird also

$$\mathfrak{K}_p = (1+v)\, m_0 \left[1 + F_0 E_0^{n_0} + \frac{n_0}{2} F_0 E_0^{n_0} \left(1 + \frac{n_L}{2} F_L E_0^{n_L}\right)\right] + m_1 \left[1 + F_1 E_0^{n_1} + \frac{n_1}{2} F_1 E_0^{n_1} \left(1 + \frac{n_L}{2} F_L E_0^{n_L}\right)\right]. \quad (11\,a)$$

und in geringster Näherung

$$\mathfrak{K}_p = \left(1 + v + F_0 E_0^{n_0} + \frac{n_0}{2} F_0 E_0^{n_0}\right) m_0 + \left(1 + F_1 E_0^{n_1} + \frac{n_1}{2} F_1 E_0^{n_1}\right) m_1.$$

Bei Einsetzung des Wertes von v nach (5) folgt

$$\mathfrak{K}_p = [1 + (n_0+1)\, F_0 E_0^{n_0}]\, m_0 + [1 + (n_1+1)\, F_1 E_0^{n_1}]\, m_1 \quad (11)$$

Selbstverständlich könnte auch in den genaueren Formeln noch die Substitution des Wertes von v vorgenommen werden. Indessen werden sie dann meist wenig übersichtlich. Brauchbar ist allenfalls noch die entsprechende Näherungsgleichung vom zweiten Genauigkeitsgrad für den Freileitungsfall. Sie wird

$$\mathfrak{K}_p = m_0 + m_1 + (1+n_0)\, F_0 E_0^{n_0} m_0 + (1+n_1)\, F_1 E_0^{n_1} m_1 + \frac{n_0}{2}\left(1+\frac{n_0}{2}\right)(F_0 E_0^{n_0})^2 m_0 + \frac{n_1}{2}\left(1+\frac{n_0}{2}\right) F_0 E_0^{n_0} F_1 E_0^{n_1} m_1 + \frac{n_0 n_L}{4} F_L E_0^{n_L} F_0 E_0^{n_0} m_0 + \frac{n_1 n_L}{4} F_L E_0^{n_L} F_1 E_0^{n_1} m_1, \quad (11\,a')$$

woraus für gleiche Verteurungsverhältnisse primär und sekundär folgt

$$\mathfrak{K}_p = m_0 + m_1 + 2(1+n_0) F_0 E_0^{n_0} m_0 + n_0 \left(1+\frac{n_0}{4}\right)(F_0 E_0^{n_0\,2} m_0 + \frac{n_0 n_L}{2} F_L E_0^{n_L} F_0 E_0^{n_0} m_0. \quad (11\,a\,G)$$

Ist diese Formel für Spezialfälle, z. B. den Fall der Kabelverwendung zu ungenau oder unbrauchbar, so stellen wir die entsprechende andere Näherungsformel her, oder wir rechnen v genau und begnügen uns mit der erst gerechneten genauen Formel (11b).

Überhaupt wird es nicht immer praktisch sein alle Gleichungen genau herzustellen. Sind sie zu verwickelt, so verlieren sie selbst den theoretischen Klärungswert. Auch ist es selbstverständlich nicht angängig in jedem einzelnen Kapitel alle Ausführungs- und Bestimmungsmöglichkeiten, welche sich in den übrigen ergaben, erschöpfend zu behandeln oder zu ergänzen.

Die gegebenen Hinweise dürften zur Behandlung aller Sonderfälle auf die verschiedenen Arten genügen.

Beispiel.

56. Spannungsbestimmung nach der Methode der resultierenden Potenzlinie. Normalkurve. Wir wollen nun eine numerische Anwendung geben und wählen dazu wieder einen Fall, der zwar praktisch nicht leicht eintritt, der aber die Methode klar beleuchtet.

Aufgabe: Das frühere zweite Beispiel des einfachen Freileitungsfalles soll dahin abgeändert werden, daß auch auf der Unterstation Motoren oder auch Umformer von gleicher Verteurung wie bei den Generatoren in der Zentrale berücksichtigt werden sollen. Auch der Wert der Maschinen und der Schalteinrichtung soll pro Effekteinheit ungefähr an beiden Stellen der gleiche sein und der sekundäre Effektverlust keine Rolle spielen. (Der Fall könnte am ehesten bei nicht zu schnell laufenden Dampfturbinen in der Zentrale und sekundären Motoren für Spezialzwecke vorkommen, da man dann wohl konstruktiv am leichtesten zu gleichen Größen für Generator und Motor gelangt.)

Es sollen die neuen Werte der Spannung und des Effektverlustes, jedoch zur Feststellung des Unterschiedes gegen früher nur für geeignete Einzelpunkte berechnet werden.

Der Wert m_1 sei etwa $m_1 = 0{,}3\, m_0$, also bei $m_0 = 1$, $m_1 = 0{,}3$ ℳ, wobei wieder von Werten abgesehen werden kann, die nicht dem Effekt proportional, sondern konstant sind. Wir brauchen ihn übrigens in Ansehung der Festsetzung über die Primär- und Sekundärverteurung nicht unbedingt.

Bei den früheren sonstigen Werten ist dann z. B. ohne weiteres nach (1 G) für

$$L_D = 200 \text{ km}$$

$$E_0 \cong 28800 \left(\frac{1}{2}\right)^{\frac{1}{3,32}} = 23300 \text{ Volt,}$$

da zu den früheren Spannungswerten jetzt einfach die doppelten Entfernungen gehören.

Hiernach rechnen sich auch die andern Punkte der früheren Kurven um, so daß wir die neue untere Linie in Fig. 28 erhalten.

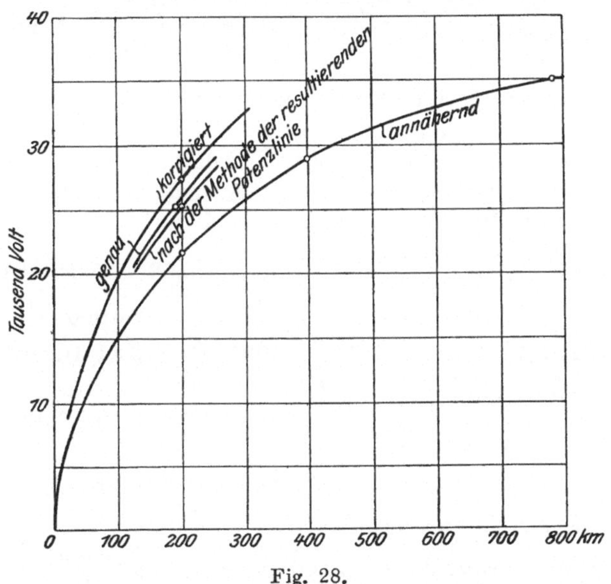

Fig. 28.
Spannung in Abhängigkeit von der Entfernung.

Sehen wir nun auch weiterhin, um die Rechnung nicht wieder allzu weit auszudehnen, von dem Einfluß der Leitungsverteurung ganz ab, und gehen wir nur zur Korrektur gemäß der wesentlicheren Maschinenverteurung über, so ergibt sich gemäß der weiter zu vereinfachenden Gleichung (1 a)

$$E_0 \cong 23300 \left[1 + \frac{1 + 3 \cdot 2,32}{2 \cdot 3,32} 0,2 \cdot 0,7\right] = 27400 \text{ Volt.}$$

Die entsprechende Linie in Fig. 28 ist aber hier schon nicht mehr viel genauer als die erste. Wir erkennen dies, wenn wir die ursprünglichen Wurzeln einführen, oder wenn wir z. B. aus (1 b) folgende Form

$$\left(1+\frac{2\,m_L^{\frac{1}{2}}L\varrho^{\frac{1}{2}}}{E_0\,m_0^{\frac{1}{2}}}\right)m_0^2n_0^2F_0^2E_0^{2(n_0+1)}+m_1^2n_1^2F_0^2E_0^{2(n_1+1)}$$

$$+\,2\,m_0m_1n_0n_1F_0F_1E_0^{(n_0+n_1+2)}\left(1+\frac{m_L^{\frac{1}{2}}L\varrho^{\frac{1}{2}}}{E_0\,m_0^{\frac{1}{2}}}\right)$$

$$=\left(1+F_0E_0^{n_0}+\frac{4\,m_L^{\frac{1}{2}}L\varrho^{\frac{1}{2}}}{E_0\,m_0^{\frac{1}{2}}}\right)4\,m_LL^2\varrho\,m_0$$

herstellen, die nur noch eine geringere Vernachlässigung enthält, und sie sogleich zur Bildung einer resultierenden Potenzlinie benutzen. Nehmen wir an, wir vermuteten ohne Kenntnis der bereits gefundenen Zahl den Wert von E_0 zwischen 15000 und 25000 Volt, so wird für 15000 Volt die Funktion links

$$15000^{6,64}\left[1.2{,}32^2.(1{,}031.1.10^{-11})^2\left(1+\frac{2.0{,}02^{\frac{1}{2}}400.10^3.0{,}0175^{\frac{1}{2}}}{15000.1^{\frac{1}{2}}}\right)\right.$$

$$+0{,}3^2.2{,}32^2(3{,}44.10^{-11})^2+2.1.0{,}3.1{,}031.10^{-11}.3{,}44.10^{-11}.2{,}32^2\times$$

$$\times\left.\left(1+\frac{0{,}02^{\frac{1}{2}}.400.10^3.0{,}0175^{\frac{1}{2}}}{15000.1^{\frac{1}{2}}}\right)\right]=15000^{6,64}[5{,}70.2{,}00.10^{-22}$$

$$+\,5{,}70.10^{-22}+11{,}4.1{,}50.10^{-22}]=15000^{6,64}\;34{,}2.10^{-22}.$$

Die Klammer rechts hat den Wert

$$1+1{,}031.10^{-11}.15000^{2,32}+4.0{,}50=1+5{,}1.10^{-2}+2{,}0^2=3{,}051;$$

also hat der entsprechende Punkt der „resultierenden Potenzlinie" den Wert

$$15000^{6,64}\frac{34{,}2.10^{-22}}{3{,}051}=15000^{6,64}.11{,}2.10^{-22}.$$

Entsprechend wird für $E_0=25000$ Volt die Funktion links

$$25000^{6,64}\;29{,}6.10^{-22}.$$

Die Klammer rechts hat den Wert 2,37. Der Punkt der resultierenden Linie hat also den Wert

$$25000^{6,64}\frac{29{,}6\;10^{-22}}{2{,}37}=25000^{6,64}.12{,}5.$$

Nun folgt für die Gleichung der resultierenden Potenzlinie[1])

$$F_r E_0^{n_r} = 4\, m_L L^2 \varrho\, m_0$$

der Exponent

$$n_r = \frac{\log \frac{2{,}5^{6,64}\ 12{,}5}{1{,}5^{0,64}\ 11{,}2}}{\log \frac{2{,}5}{1{,}5}} = 6{,}9$$

und der Faktor

$$F_r = 12{,}5 \,.\, 10^{-22} \,.\, \frac{25\,000^{6,64}}{25\,000^{6,9}} = 0{,}90 \,.\, 10^{-22} \,.$$

Demnach wird

$$9{,}0 \,.\, 10^{-23}\, E_0^{6,9} = 4 \,.\, 0{,}02 \,.\, 400^2 \,.\, 1000^2 \,.\, 0{,}0175 \,.\, 1$$

d. h.

$$E_0 = 25\,300 \text{ Volt.}$$

Entsprechend könnte nach der völlig exakten Formel (1b) oder (1bG) gerechnet werden, vielleicht unter gleichzeitiger engerer Eingrenzung.

Bequemer ist es aber meist, auch für die genaueste Bestimmung von selbst nur einem Wert von E_0 die Kurve der Werte von L für verschiedene E_0 zu rechnen und den gesuchten Wert abzugreifen.

Nun wird für unsern Fall nach (1bG) für die Spannung von 25 300 Volt bei Außerachtlassung des letzten Gliedes, wenn wir zugleich die Wurzel ziehen

$$2 \,.\, 1 \,.\, 2{,}32 \,.\, 1{,}8 \,.\, 10^{-1} \,.\, 25\,300 = 1{,}87 \,.\, 10^{-2} L \times$$
$$\times (4 \,.\, 1{,}18 + 12 \,.\, 2{,}32 \,.\, 0{,}18 - 3 \,.\, 2{,}32^2 \,.\, 0{,}18^2)^{\frac{1}{2}}$$

also

$$L = 375\,000 \text{ m}$$

oder

$$L_D = 187{,}5 \text{ km.}$$

Man sieht, das noch aufgenommene Korrekturglied spielt eine geringe Rolle. Es sollte gegenüber dem vorherigen Resultat eine Erhöhung von L geben, wenn die resultierende Potenzlinie schon genügend genau gewesen wäre. Statt dessen ist L noch um einige Prozente kleiner. Erwägt man aber die unsicheren Abgreifungen

---

1) Mit Rücksicht auf die noch vorhandenen Vernachlässigungen braucht die Genauigkeit, welche am Potenzierungsschieber durch passende Zerlegung größerer Zahlen verbessert werden kann, nicht zu sehr ausgedehnt zu werden.

an der Verteurungskurve in Fig. 13, und vergleicht man dann den geringen Unterschied der beiden zuletzt erhaltenen Kurven in Fig. 28 neben der Ungenauigkeit der vorletzten Rechnung, so muß das Resultat befriedigen.

57. Sonstige Werte des Beispiels. Die Berechnung von v braucht wohl nicht durchgeführt werden. Sie vollzieht sich mit der Relativformel (2b) genau so wie früher. Der numerische Wert der geringsten Näherung gemäß (5) ist übrigens sogleich gegeben, denn er ist für gleiche Spannungen doppelt so groß wie früher, so daß es sich also nur noch um die neuen Korrekturen handelt, deren Wesen wir jetzt genügend kennen gelernt haben.

Die erhaltenen Änderungen im Beispiel sind selbstverständlich so groß, wie sie sonst nicht leicht vorkommen. Schon durch die Einführung der Leitungskorrektionen werden sie des entgegengesetzten Einflusses halber erheblich geringer.

58. Bemerkung über den Transformatorfall. Der früher behandelte Transformatorfall erledigt sich für die jetzt in Rechnung zu ziehenden primären und sekundären Transformatoren in gleicher Weise. Die geringsten Näherungen sind gewissermaßen auch für ihn durch den früheren einfachsten Fall bei Einführung des Faktors 2 sofort gegeben. Die Korrekturrechnung bietet methodisch nichts Neues; sie verliert aber für sich genommen an Wert, da gerade hier der hohen Spannungen wegen am leichtesten noch andere Korrektionen in Frage kommen, die mit den Übergangsverlusten und gewissen Eigentümlichkeiten des Wechselstroms zusammenhängen und erst näher betrachtet werden müssen.

VI. Berücksichtigung von besonderen Verhältnissen bei der Wechselstromübertragung. Wattloser Scheineffekt an der Abgabestelle der Energie. Verkettungssysteme. Einfluß der Selbstinduktion und Kapazität der Leitung.

59. Die Gleichungen für Spannung und Effektverlust bei wattloser Belastung. Wir haben bisher zwischen Gleichstrom und Wechselstrom keine theoretischen Unterschiede gemacht, wenn wir auch in den Beispielen die Wechselstromübertragung angenommen haben. Es gibt nun zwar Bereiche oder Verhältnisse, wo unsere Resultate ohne weiteres Anwendung finden können. Indessen bestehen andererseits noch eine Reihe von Faktoren, welche auch für die im übrigen bisher vorausgesetzten einfachsten Fälle häufig nicht außer Betracht bleiben

dürfen, und zwar ist es möglich, daß sie entweder für Wechselstrom allein, oder daß sie für Wechselstrom in ähnlicher Weise wie für Gleichstrom für die Untersuchung in Frage kommen.

Wir werden nun in diesem Kapitel die Sonderheiten des Wechselstroms etwas näher ins Auge fassen. Die hauptsächliche Änderung gegen den Gleichstrom besteht darin, daß es sich nicht mehr um reinen Ohmschen Widerstand oder ein Äquivalent von einem solchen im Stromkreis handelt, sondern daß die Induktions- und Kapazitätsverhältnisse neue Beziehungen zwischen Spannung und Strom schaffen, die auch bei vorliegendem Problem von Einfluß sind.

Ist z. B. an der Abgabestelle der Energie etwa durch induktive Belastung eine Ursache zur Phasenverschiebung gegeben, derart, daß die primäre Verschiebung den Wert φ hat, so ist bei dem Leitungsstrom J

$$\mathfrak{E}_1 + \mathfrak{e} = E_0\ J \cos\varphi,$$

und man sieht bei Betrachtung der geänderten Ausgangsgleichung für die Kosten $\mathfrak{K}$, ohne daß dies erst hingeschrieben zu werden braucht, leicht, daß hier z. B. die Relativformel des Effektverlustes, wenn m_{ok} noch die Verteurung der Primäranlage durch den wattlosen Effekt mitberücksichtigt

$$\mathfrak{e} = \left[\frac{\mathfrak{E}_1{}^2 m_L L^2 \varrho (1 + F_L E_0{}^{n_L})}{E_0{}^2 m_{ok} (1 + F_0 E_0{}^{n_0}) \cos^2\varphi + m_L L^2 \varrho (1 + F_L E_0{}^{n_L})}\right]^{\frac{1}{2}} \quad . \text{(2b)}$$

oder in der Genauigkeit bis zum zweiten Grad für den einfachsten Freileitungsfall

$$v = \left(1 + \frac{1}{2} F_L E_0{}^{n_L} - \frac{1}{2} F_0 E_0{}^{n_0}\right) \frac{L}{E_0 \cos\varphi} \left(\frac{m_L \varrho}{m_{ok}}\right)^{\frac{1}{2}} \quad . \text{(2a)}$$

lauten wird.

Dazu gehört in gleicher Genauigkeit die Spannungsformel

$$E_0 = \left(1 + \frac{1}{2} F_0 E_0{}^{n_0} - \frac{n_L - 1}{2 n_0 + 2} F_L E_0{}^{n_L}\right) \left(4 \frac{m_L \varrho}{m_{ok}} \frac{L^2}{n_0{}^2 F_0{}^2 \cos^2\varphi}\right)^{\frac{1}{2 n_0 + 2}}, \quad . \text{(1a)}$$

wie ebenfalls leicht zu erkennen. Hiernach macht die Erweiterung für die anderen Beziehungen keine Schwierigkeit, und es sind auch die numerischen Resultate der Beispiele leicht umzurechnen.

60. Umformung der Beziehungen für Phasenverkettungssysteme. Drehstrom. Die nächste ins Auge zu

fassende Eigenschaft des Wechselstroms ist wohl die Verkettungsfähigkeit von verschiedenen Phasen. Auch in dieser Beziehung liefert überall die einfach abzuändernde Gleichung für die Gesamtkosten $\mathfrak{K}$ die Möglichkeit einer einfachen Modifikation. Wir können uns also beschränken und wollen von den verschiedenen Verkettungssystemen nur das wichtigste noch etwas näher betrachten.

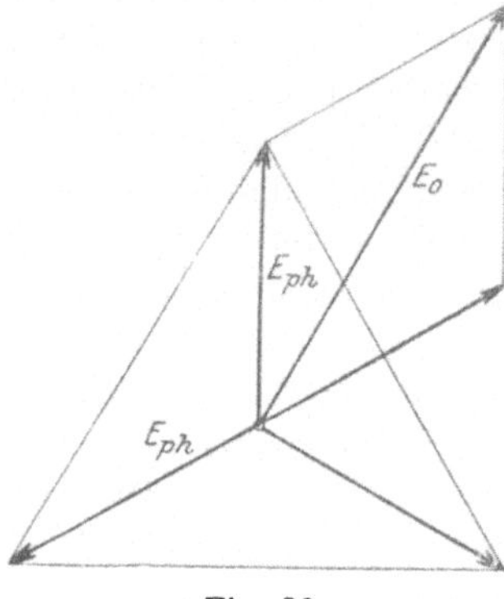

Fig. 29.
Phasen- und verkettete Spannung.

Für **Drehstrom** wäre nämlich zu setzen die Stromstärke

$$J = \frac{\mathfrak{E}_1 + \mathfrak{e}}{\sqrt{3}\, E_0 \cos\varphi},$$

wo E_0 nach Fig. 29 die verkettete oder Linienspannung ist; also wird der Verlust in der Leitung

$$\mathfrak{e} = \frac{3\,(\mathfrak{E}_1 + \mathfrak{e})^2}{3\, E_0^2 \cos^2\varphi} L_D \frac{\varrho}{q}$$

und

$$q = \frac{(\mathfrak{E}_1 + \mathfrak{e})^2 L_D \varrho}{\mathfrak{e}\, E_0^2 \cos^2\varphi}.$$

Somit wird unter gleicher Voraussetzung wie vorher

$$\mathfrak{K} = (\mathfrak{E}_1 + \mathfrak{e})\, m_{ok} (1 + F_0 E_0^{n_0}) + 3 \frac{(\mathfrak{E}_1 + \mathfrak{e})^2 m_L L_D^2 \varrho}{\mathfrak{e}\, E_0^2 \cos^2\varphi} (1 + F_L E_0^{n_L}).$$

Daraus folgt sogleich in Ansehung der früheren Beziehungen

$$\mathfrak{e} = \left[\frac{\mathfrak{E}_1^2\, 3\, m_L L_D^2 \varrho (1 + F_L E_0^{n_L})}{E_0^2 \cos^2\varphi\, m_{ok} (1 + F_0 E_0^{n_0}) + 3\, m_L L_D^2 \varrho (1 + F_L E_0^{n_L})}\right]^{\frac{1}{2}} \qquad (2\,b)$$

oder

$$v = \left(1 + \frac{1}{2} F_L F_0^{n_L} - \frac{1}{2} F_0 E_0^{n_0}\right) \frac{L_D}{E_0 \cos\varphi} \sqrt{3} \left(\frac{m_L \varrho}{m_{ok}}\right)^{\frac{1}{2}} . \quad (2a)$$

oder in geringster Genauigkeit

$$v = \frac{L_D}{E_0 \cos\varphi} \sqrt{3} \left(\frac{m_L \varrho}{m_{ok}}\right)^{\frac{1}{2}} \quad . \; . \; . \; . \; . \; . \; (2)$$

d. h.

$$\mathfrak{e} \cong 3 L_D \frac{\mathfrak{E}_1}{E_0 \sqrt{3} \cos\varphi} \left(\frac{m_L}{\varrho\, m_{ok}}\right)^{\frac{1}{2}} \varrho = 3 L_D J \mathfrak{d}_b \varrho$$

Die Stromdichte der Billigkeit ist also die frühere. Ist die Linienspannung etwa gegeben und gleich derjenigen des Zweileiterfalls, so heißt das, die Leitungskosten sind jetzt etwa $\frac{3}{2} \cdot \frac{1}{\sqrt{3}} = \sqrt{\frac{3}{4}} = 0{,}87$ mal so groß als früher; auch der Effektverlust ist das 0,87fache des früheren Wertes, und die frühere Beziehung zwischen dem auf den Effektverlust entfallenden Teil der Primärkosten und den Leitungskosten bleibt die gleiche.

Hingegen wird z. B. für den ins Auge gefaßten Freileitungsfall ohne Unterstation, wenn die Spannung nicht gegeben ist, diese zu rechnen sein aus der in früherer Weise herzustellenden Gleichung

$$m_{ok}\, n_0\, F_0\, E_0^{n_0+2} = \frac{(\mathfrak{E}_1 + \mathfrak{e})\, 3\, m_L\, L_D^2\, \varrho}{\mathfrak{e} \cos^2 \varphi} \left[2 - (n_L - 2) F_L E_0^{n_L}\right], \quad (3b)$$

und bei Einführung von $\mathfrak{e}$, falls wir uns sogleich mit der Genauigkeit zweiten Grades begnügen, also aus

$$m_{ok}\, n_0\, F_0\, E_0^{n_0+2} = \frac{3\, m_L\, L_D^2\, \varrho}{\frac{\mathfrak{E}_1}{E_0 \cos\varphi} \sqrt{3}\, L_D \left(\frac{m_L \varrho}{m_{ok}}\right)^{\frac{1}{2}} \cos^2\varphi} \left[2 - (n_L - 2) F_L E_0^{n_L}\right] \times$$

$$\times \left(1 - \frac{1}{2} F_L E_0^{n_L} + \frac{1}{2} F_0 E_0^{n_0}\right) \left[\mathfrak{E}_1 + \frac{\mathfrak{E}_1}{E_0 \cos\varphi} \sqrt{3}\, L_D \left(\frac{m_L \varrho}{m_{ok}}\right)^{\frac{1}{2}}\right]$$

d. h.

$$E_0 = \left\{1 + \frac{1}{2 n_0 + 2} \left[(n_0 + 1) F_0 E_0^{n_0} - (n_L - 1) E_L E_0^{n_L}\right]\right\} \times$$

$$\times \left(\frac{3\, m_L \varrho}{m_{ok}} \, \frac{4\, L_D^2}{n_0^2\, F_0^2 \cos\varphi}\right)^{\frac{1}{2 n_0 + 2}}, \quad . \; . \; . \; . \; . \; . \quad (1a)$$

was das $\left(\frac{3}{4}\right)^{\frac{1}{2 n_0 + 2}}$-fache des früheren Ausdrucks ist.

Der frühere einfache Satz über die Beziehung der geringsten Näherung zwischen Verteurung und Leitungskosten oder Effektverlust bleibt also, wie ohne weiteres ersichtlich, auch hier erhalten.

Da auch hier eine zahlenmäßige Umrechnung der früheren

Werte einfach zu vollführen ist, ist ein neues Beispiel wohl entbehrlich.

Für eine praktische Anwendung sind überall, im besprochenen wie in den anderen besonderen Fällen die abzugreifenden numerischen früheren Kurvenwerte nur mit den entsprechenden neuen Zahlenfaktoren zu multiplizieren. Nur ist streng genommen noch zu beachten, daß beim Vorhandensein einer Unterstation die Phasenverschiebung nicht sekundär und primär gleichzeitig konstant gedacht werden kann. Ist sie es, wie vorher angenommen, primär, so dürfen wir also sekundär nicht wie primär einen konstanten Kostenbetrag pro Effekteinheit einführen, der die Verteurung durch den wattlosen Effekt berücksichtigt; dieser Kostenbetrag ist vielmehr jetzt eine Funktion des Leitungsverlustes $\mathfrak{e}$, wodurch eine besondere Änderung der Bedingungen herbeigeführt wird. Es ist jedoch nicht schwer zu überlegen, daß dieser leicht rechnungsmäßig zu verfolgende Einfluß in den Bedingungen nur von der dritten Größenordnung sein wird.

61. **Selbstinduktion und Kapazität der Leitung. Die Differentialgleichungen der Leitung. Reihenentwicklung. Die Abänderung der Ausgangsgleichung für die Gesamtkosten.** Sehr schwierig scheint sich das Problem zu gestalten, wenn die Leitung selbst Kapazität und Induktion von erheblicher Größe besitzt. Nennen wir jetzt $2R$ den Widerstand der hintereinander geschalteten Stränge der Doppelleitung pro lfd. m der Entfernung L_D, $2C$ die entsprechende Kapazität und $2L_s$ den Selbstinduktionskoeffizienten, so sind bekanntlich die partiellen Differentialgleichungen für Strom und Spannung

$$\frac{d^2E}{dl_D^2} = 4RC\frac{dE}{dt} + 4CL_s\frac{d^2E}{dt^2}$$

und

$$\frac{d^2J}{dl_D^2} = 4RC\frac{dJ}{dt} + 4CL_s\frac{d^2J}{dt^2}$$

für irgend eine z. B. von der Sekundärstation auszurechnende einfache Teilstrecke l_D der Gesamtentfernung L_D zu irgend einer Zeit t.

Setzen wir nun der Einfachheit halber

$$R_w = 2(R + jL\omega)\,l_D$$
$$C_w = 2jC\omega\,l_D,$$

wo j entsprechend der zweckmäßig verwendeten symbolischen Methode, welche durch die mannigfachen Steinmetzschen Arbeiten in der Elektrotechnik heimisch geworden ist, den Wert $j = \sqrt{-1}$ darstellt, und ω die mit 2π multiplizierte Periodenzahl bedeutet, so können wir[1]) bei

$$w = \sqrt{R_w C_w}$$

und

$$u = \sqrt{\frac{R_w}{C_w}},$$

wobei an manchen Stellen der Benutzung besonders beachtet werden muß, daß C im Gegensatz zu L_s als negativ zu betrachten ist, setzen

$$E = E_1 \frac{1}{2}(e^w + e^{-w}) + J_1 u \frac{1}{2}(e^w - e^{-w})$$

und analog

$$J = J_1 \frac{1}{2}(e^w + e^{-w}) + E_1 \frac{1}{u}\frac{1}{2}(e^w - e^{-w}),$$

wo J_1 der zu E_1 gehörige Strom und e die Basis der natürlichen Logarithmen ist, oder bei Verzichtleistung auf die gekürzten Ausdrücke u und w

$$E = E_1 \frac{1}{2}\left(e^{\sqrt{R_w C_w}} + e^{-\sqrt{R_w C_w}}\right) + J_1 \sqrt{\frac{R_w}{C_w}}\frac{1}{2}\left(e^{\sqrt{R_w C_w}} - e^{-\sqrt{R_w C_w}}\right)$$

$$J = J_1 \frac{1}{2}\left(e^{\sqrt{R_w C_w}} + e^{-\sqrt{R_w C_w}}\right) + E_1 \sqrt{\frac{R_w}{C_w}}\frac{1}{2}\left(e^{\sqrt{R_w C_w}} - e^{-\sqrt{R_w C_w}}\right)$$

Hierfür können wir nach O. Heaviside[2]) auch schreiben

$$E = E_1 \frac{1}{2}\cos\text{hyp.}\sqrt{R_w C_w} + J_1 \sqrt{\frac{R_w}{C_w}}\sin\text{hyp.}\sqrt{R_w C_w}$$

und

$$J = J_1 \frac{1}{2}\cos\text{hyp.}\sqrt{R_w C_w} + E_1 \sqrt{\frac{C_w}{R^w}}\sin\text{hyp.}\sqrt{R_w C_w},$$

wo

$$\sin\text{hyp.}\sqrt{R_w C_w} = \sin j\sqrt{R_w C_w} \text{ und } \cos\text{hyp.}\sqrt{R_w C_w} = \cos j\sqrt{R_w C_w}$$

ist.

---

1) Vergl. die Behandlung des Problems in: O. Lodge, The el. transmission of power. Eng. 1883. S. 59. Ad. Franke, Die el. Vorgänge in Fernsprechleitungen. Inaug.-Dissert. ETZ. 1891. S. 447. A. E. Kennelly, On the fall of pressure in long distance alt. curr. conductors, El. World 1894, S. 17. M. Leblanc, Détermination de la force él. en chaque point d'une transmission à courant alternatif. Ecl. él. 1902. S. 284. Herzog und Feldmann, El. Leitungen. I. Berlin 1903. S. 310. G. Roeßler, Die Fernleitung von Wechselströmen. Berlin 1905.

2) Vergl. u. a. in A. E. Kennelly nach Anm. 1.

Letztere Werte können aus irgend einer Tabelle der Hyperbelfunkionen entnommen werden, oder man kann eine Reihenentwicklung vornehmen gemäß

$$E = E_1 \left(1 + \frac{R_w C_w}{2!} + \frac{R_w^2 C_w^2}{4!} + \ldots\right)$$
$$+ J_1 R_w \left(1 + \frac{R_w C_w}{3!} + \frac{R_w^2 C_w^2}{5!} + \ldots\right)$$

und

$$J = J_1 \left(1 + \frac{R_w C_w}{2!} + \frac{R_w^2 C_w^2}{4!} + \ldots\right) +$$
$$+ E_1 C_w \left(1 + \frac{R_w C_w}{3!} + \frac{R_w^2 C_w^2}{5!}\right)$$

Wir erhalten dann also hier von vornherein eine Anzahl von Korrekturgliedern.

Endlich [1]) könnte man die Korrekturglieder auch zusammenziehen gemäß

$$E = (E_1 + J R_k) \sqrt{\frac{R_L}{R_L + R_k}}$$

und

$$J = \left(J_1 + \frac{E_1}{R_L}\right) \sqrt{\frac{R_L}{R_L + R_k}},$$

wo R_L und R_k der Leerlauf- bezw. Kurzschlußwiderstand der Leitung und durch die Leitungsdaten vollkommen gegeben sind. Zur Bestimmung kann man entsprechende Tabellen benutzen [2]). Sämtliche Gleichungen sind im Wesen natürlich „geometrische" d. h. bei Zusammensetzung der Einzelwerte ist wohl zu beachten, daß der Wert $\sqrt{-1}$ die Richtung um 90^0 verändert.

Erwägt man nun, daß wir bei unsern Konvergenzmethoden stets korrigierend vorgingen, und daß durch die numerischen Rechnungen die Fehlereinflüsse bei passender Wahl des Hauptgliedes meist als nicht zu stark festgestellt waren, so kommen wir leicht zum Schluß, daß für unsere Zwecke auch hier meist nur wenig Glieder des Reihenausdrucks zur genügenden Genauigkeit führen.

---

[1]) Vergl. A. Franke, ETZ. 1891, S. 447 und G. Roeßler, Die Fernleitung der Wechselströme. S. 173.

[2]) Z. B. bei dem vorigen für eine Reihe von Annahmen. Natürlich dürfen die numerischen Werte der Differentiation wegen nicht unmittelbar in die Kostenausgangsgleichung eingeführt werden; in den Bedingungsgleichungen wären sie zum Teil erst nach Umrechnung brauchbar.

Wir setzen also im einfachsten Fall zur Erzielung der Genauigkeit vom zweiten Grade z. B.

$$E = E_1 + J_1 R_w$$
$$J = J_1 + E_1 C_w,$$

und falls E_0 die höchste Spannung des Stromkreises bleibt, für die Gesamtkosten

$$\mathfrak{K} = (\mathfrak{E}_1 + \mathfrak{e})\, m_0 (1 + F_0 E_0^{n_0}) + (\mathfrak{E}_{1i} + \mathfrak{e}_i) m_i (1 + F_i E_0^{n_i}) + q m_L L (1 + F_L E_0^{n_L})$$

wo $\mathfrak{E}_{1i}$ der sekundär abgegebene und $\mathfrak{e}_i$ der von der Leitung aufgenommene wattlose Scheineffekt ist, ferner m_i den Wert der Anlagskosten pro Einheit des wattlosen Scheineffektes darstellt, und der Exponent n_i mit dem Faktor F_i von E_0 eine neue Verteurungsfunktion berücksichtigen soll. Wir müssen nämlich bedenken, daß wir jetzt einen mittleren Wert der Anlagekosten pro Einheit des gesamten Scheineffektes nicht mehr einführen dürfen, weil das Verhältnis des Leitungsscheineffektes zum übrigen Effekt ja nicht konstant, sondern erst Resultat der Rechnung ist. Im erstbesprochenen einfachsten Generatorfall würde übrigens der Wert m_i wohl ziemlich mit dem Wert m_a, welcher durch die Spannung verteuert wird, übereinstimmen, d. h. er ist ungefähr gleich demjenigen Wert, welcher sich im elektrischen Teil der Anlage pro Einheit des Watteffektes ergibt, wie denn auch die Maschinenkosten meist auf Kilovoltampere bezogen werden. Die übrigen Teile der Anlage also z. B. die Dampfmaschinen, Kessel, Gebäude, Turbinen, Wasserkanäle usf. sind in bezug auf ihre Kosten nur dem wirklichen Effekt proportional; doch vergrößert sich streng genommen das Gebäude auch mit zunehmendem Scheineffekt, insofern die Dynamos und Transformatoren entsprechend größeren Raum benötigen. Wir können auch schreiben

$$\mathfrak{K} = (\mathfrak{E}_1 + \mathfrak{e})\, m_0 + (\mathfrak{E}_{1i} + \mathfrak{e}_i) m_i + (\mathfrak{E}_1 + \mathfrak{E}_{1i} + \mathfrak{e} + \mathfrak{e}_i)\, m_0 F_0 E_0^{n_0} + q m_L L (1 + F_L E_0^{n_L}),$$

da es natürlich für die Verteurung durchaus gleichgültig ist, ob sie sich auf den ideellen wattführenden oder wattlosen Teil der elektrischen Maschinen oder Transformatoren bezieht.

Nun müssen wir zunächst $\mathfrak{e}$ und $\mathfrak{e}_i$ aus den früher gerechneten Strom- und Spannungswerten und den Leitungsdimensionen bestimmen. Für die meist verwendeten Freileitungen werden wir, wenn wir zunächst eine einfache Schleife ins Auge fassen, für 1 km der einfachen Hin- oder Rückleitung setzen können[1]) für die Selbstinduktion

$$L_s' = 2 \cdot 10^{-4}\left(\log \text{nat.} \frac{2D}{d} + 0{,}25\right) \text{ Henry}$$

und für die Kapazität

$$C' = \frac{1}{9 \cdot 8 \log \text{nat.} \frac{2D}{d}} \text{ Mikrofarad,}$$

wo d die Drahtstärke des Einzeldrahtes und D der Abstand des Hin- vom Rückleiter in gleichem Maß sind.

Der gesamte Ohmsche Verlust im Leiter wird sich unter Benutzung dieser Werte leicht ergeben aus

$$e_d = \int_0^{L_D} J^2\, 2\, R\, d l_D = \int_0^{L_D} (J_1 + j\omega 2 C E l_D)^2\, 2\, R\, d l_D$$

$$\cong J_1^2 R L + J_1 j \omega C E_0 R L^2.$$

Nehmen wir nun z. B. der Einfachheit weiter an, sekundär bestehe keine Phasenverschiebung, oder sie werde etwa durch Phasenregler erzwungen, ohne uns hier auf eine Erörterung einzulassen, ob dies im Sinne der Billigkeit liegt, da es in jedem Falle leicht geprüft werden kann, so wird

$$J_1 = \frac{\mathfrak{E}_1}{E_1} \cong \frac{\mathfrak{E}_1}{E_0}\left[1 + \frac{\mathfrak{E}_1}{E_0^2}(R L + j \omega L_s L)\right]$$

und somit

$$e_d \cong \left\{\left(\frac{\mathfrak{E}_1}{E_0}\right)^2 \left[1 + \frac{2\,\mathfrak{E}_1}{E_0^2}(R L + j\omega L_s L)\right] + \mathfrak{E}_1 j \omega C L\right\} R L$$

$$= \frac{\mathfrak{E}_1^2}{E_0^2} R L + 2 \frac{\mathfrak{E}_1^3}{E_0^4} R^2 L^2 + 2 \frac{\mathfrak{E}_1^3}{E_0^4} j \omega L_s R L^2 + \mathfrak{E}_1 j \omega C R L^2.$$

Ebenso ergibt sich der wattlose Leitungsscheineffekt mit

$$e_{di} = \frac{\mathfrak{E}_1^2}{E_0^2} j\omega L_s L + 2 \frac{\mathfrak{E}_1^3}{E_0^4} R j \omega L_s L^2 + 2 \frac{\mathfrak{E}_1^3}{E_0^4} (j \omega L_s L)^2$$

$$+ \mathfrak{E}_1 j^2 \omega^2 C L_s L^2 + E_0^2 j \omega C L - \mathfrak{E}_1 (R + j \omega L_s) j \omega C L^2.$$

Wir wollen nun der Einfachheit halber ferner annehmen, der gesamte wahre Effektverlust wie der wattlose Scheineffekt könne proportional der Zahl der in Wirklichkeit im einfachsten Fall wie

[1]) Vergl. z. B. Ferraris, Wiss. Grundl. der Elektrotechnik, Leipzig 1901, S. 79 und 238. Herzog und Feldmann, El. Leit. I. S. 331 u. 353 und II. S. 349. Arnold und La Cour, Wechselstromtechnik. S. 365. Roeßler, Fernleitung der Wechselströme. S. 60.

immer vorauszusetzenden vielen Drähte gesetzt werden, was bei einigen Verlegungsarten mehr oder weniger zutrifft. Ist dann n die Zahl der Drähte der einfachen Hin- oder Rückleitung, so ist der Gesamtquerschnitt für eine solche

$$q = n\, q_d,$$

und es kann bei unveränderlich zu denkenden Einzelleitern gesetzt werden

$$\begin{aligned}\mathfrak{K} \cong & \left\{\mathfrak{E}_1 + \frac{\mathfrak{E}_1^2}{E_0^2} R L \frac{q_d}{q}\left[1 + 2\frac{\mathfrak{E}_1}{E_0^2} L \frac{q_d}{q}(R + j\omega L_s)\right] + \mathfrak{E}_1 j\omega C R L^2\right\} m_0 \\ & + \left\{\frac{\mathfrak{E}_1^2}{E_0^2} j\omega L_s L \frac{q_d}{q}\left[1 + 2\frac{\mathfrak{E}_1}{E_0^2} L \frac{q_d}{q}(R + j\omega L_s)\right]\right. \\ & \qquad\qquad \left. + E_0^2 j\omega C L \frac{q}{q_d} - \mathfrak{E}_1 j\omega C R L^2\right\} m_i \\ & + \left\{\mathfrak{E}_1 + \frac{\mathfrak{E}_1^2}{E_0^2}(R + j\omega L_s) L \frac{q_d}{q}\left[1 + 2\frac{\mathfrak{E}_1}{E_0^2} L \frac{q_d}{q}(R + j\omega L_s)^2\right]\right. \\ & \qquad\qquad \left. + E_0^2 j\omega C L \frac{q}{q_d}\right\} m_0 F_0 E_0^{n_0} + q\, m_L L (1 + F_L E_0^{n_L}).\end{aligned}$$

62. Querschnitts- und Spannungsgleichungen. Zur Berechnung der Relativgleichungen wird für die Differentiation der symbolische Ausdruck für den primären Kostenwert in eine gewöhnliche Wurzel verwandelt. Wegen der letzteren erhalten wir bei der Differentiation viele Glieder. In dem Bereich des größeren Einflusses überwiegt aber häufig stark die Kapazität. Dann kann nach einfacher Überlegung gesetzt werden als Querschnittsrelativgleichung

$$\begin{aligned}& \frac{\mathfrak{E}_1^2}{E_0^2} R \frac{q_d}{q}\left(1 + 4\frac{\mathfrak{E}_1}{E_0^2} L \frac{q_d}{q} R\right) m_0 + \frac{\mathfrak{E}_1^2}{E_0^2} R \frac{q_d}{q} m_0 F_0 E_0^{n_0} \\ & = q\, m_L (1 + F_L E_0^{n_L}) + \frac{E_0^4 \omega^2 C^2 L}{\mathfrak{E}_1 m_0}\left(\frac{q}{q_d}\right)^2 (m_i^2 + 2 m_i m_0 F_0 E_0^{n_0}) \qquad (8\,a)\end{aligned}$$

und als Spannungsrelativgleichung

$$\begin{aligned}& 2\frac{\mathfrak{E}_1^2}{E_0^2} R L \frac{q_d}{q}\left(1 + 4\frac{\mathfrak{E}_1}{E_0^2} L \frac{q_d}{q} R\right) m_0 = n_0 \mathfrak{E}_1 m_0 F_0 E_0^{n_0} \\ & \qquad + (n_0 - 2)\frac{\mathfrak{E}_1^2}{E_0^2} R L \frac{q_d}{q} m_0 F_0 E_0^{n_0} + \frac{E_0^4 \omega^2 C^2 L^2}{\mathfrak{E}_1 m_0}\left(\frac{q}{q_d}\right)^2 \times \\ & \times [2 m_i^2 + (4 + n_0) F_0 E_0^{n_0} m_i m_0] + n_L q\, m_L L F_L E_0^{n_L} \quad . \; . \; . \qquad (9\,a)\end{aligned}$$

Eine Kombination zur Erzielung der absoluten Gleichungen empfiehlt sich hier weniger. Man wird vielmehr unter Weglassung sämtlicher Korrekturwerte, wozu meistens auch die sämtlichen „wattlosen“ Glieder zu zählen sind, so daß die früheren einfachen Gleichungen entstehen, die Näherungswerte bestimmen, und sodann nach den gefundenen Gleichungen korrigieren. Dabei wird man zweckmäßig aus (8a) den Effekt pro Einzelleiter bei verschiedenen Spannungen und die Entfernungen für diese Spannungen aus Gleichung (9a) bestimmen.

Es kann nun aber unter Umständen vorkommen, daß die „wattlosen“ Glieder beträchtlich größer sind als die sonstigen Korrekturglieder. Dann haben wir zweckmäßig schon in geringster Näherung zu setzen

$$\mathfrak{K} = \left(\mathfrak{E}_1 + \frac{\mathfrak{E}_1^2}{E_0^2} R L \frac{q_d}{q} + \mathfrak{E} j \omega C R L^2\right) m_0$$
$$+ \left(\frac{\mathfrak{E}_1^2}{E_0^2} j \omega L_s L \frac{q_d}{q} + E_0^2 j \omega C L \frac{q}{q_d}\right) m_i + \mathfrak{E}_1 m_0 F_0 E_0^{n_0} + q m_L L$$

und erhalten nach einfacher Umwandlung zur Erzielung der Werte geringster Näherung als Querschnittsrelativgleichung z. B. für den erwähnten Sonderfall

$$\frac{\mathfrak{E}_1^2}{E_0^2} R \frac{q_d}{q} m_0 = q m_L + \frac{E_0^4 \omega^2 C^2 n_0 F_0 E_0^{n_0}}{2 q m_L} \left(\frac{q}{q_d}\right)^2 m_i^2 \quad . \quad . \quad (8)$$

und als Spannungsrelativgleichung

$$2 \frac{\mathfrak{E}_1^2}{E_0^2} R L \frac{q_d}{q} m_0 = n_0 \mathfrak{E}_1 m_0 F_0 E_0^{n_0} + 2 \frac{E_0^4 \omega^2 C^2 n_0 F_0 E_0^{n_0}}{2 q m_L} \left(\frac{q}{q_d}\right)^2 m_i^2 L \quad (9)$$

so daß wir zur Berechnung von Reihen von $\mathfrak{E}_1$ und L in geringster Näherung zur Verbesserung der Konvergenz setzen werden

$$\mathfrak{E}_1 = E_0 \left[\frac{q m_L + \frac{E_0^4 \omega^2 C^2 n_0 F_0 E_0^{n_0}}{2 q m_L} \left(\frac{q}{q_d}\right)^2 m_i^2}{\frac{q_d}{q} m_0 R}\right]^{\frac{1}{2}} \quad . \quad . \quad (8')$$

und

$$L = \frac{n_0 \mathfrak{E}_1 m_0 F_0 E_0^{n_0}}{2 \left[\frac{\mathfrak{E}_1^2}{E_0^2} R \frac{q_d}{q} m_0 - \frac{E_0^4 \omega^2 C^2 n_0 F_0 E_0^{n_0}}{2 q m_L} \left(\frac{q}{q_d}\right)^2 m_i^2\right]} \quad . \quad (9')$$

Übrigens kann man statt der Gleichung (9) auch folgende etwas bequemere und aus den früheren leicht herzustellende Gleichung benutzen

$$2 m_L q L = n_0 \mathfrak{E}_1 F_0 E_0^{n_0} m_0 \quad , \quad . \quad . \quad . \quad . \quad (12)$$

deren genauerer Ausdruck ebenfalls nicht schwer zu finden ist.

63. *Kontrollsatz.* Aus Gleichung (12) erhalten wir etwa in Verbindung mit Gleichung (8) folgendes Ergebnis:

Satz: Soll die Anlage am billigsten sein, so muß der Kostenbetrag der Zentrale, welcher auf den wahren Leitungseffektverlust entfällt, etwa gleich sein dem ideell auf den doppelten Kapazitätsscheineffekt entfallenden, vermehrt um die Kosten der Leitung, und die Leitungskosten müssen etwa gleich sein der Verteurung der Zentrale durch die Betriebsspannung.

Die Betriebsspannung der Billigkeit wird also, und das ist wohl zu beachten, für eine gegebene Leitung gegen früher nur insofern verändert, als sie durch den veränderten gesamten Übertragungseffekt beeinflußt wird.

64. *Ergänzung der Bedingungsgleichungen.* Der zuletzt betrachtete Fall, daß die noch aufgenommenen Glieder größer seien als die sonstigen Korrekturglieder führt über zu dem Fall, daß sie in den Bedingungsgleichungen ganz und gar von der ersten Größenordnung werden. Dann müssen bei exakter Differentiation der Wurzel der Primärkosten natürlich neben den sonstigen Korrekturgliedern auch diejenigen weiter aufgenommen werden, die unmittelbar aus den früheren Strom- und Spannungsgleichungen in der Konvergenzreihe folgen. Über die Art der Ergänzung kann wohl kein Zweifel sein.

Unter Umständen ist für ein einzelnes Projekt doch die Herleitung von Kurven lästig. Dann könnte vielleicht noch die absolute Spannungsgleichung in der geringsten Näherung einige Dienste tun. Sie lautet in dem Fall, für welchen die letzten Näherungsgleichungen aufgestellt wurden

$$n_0 F_0 E_0^{n_0} + \frac{E_0^4 \omega^2 C^2 n_0 F_0 E_0^{n_0}}{m_L q_d^2} m_i^2 L \left(\frac{\dfrac{R q_d}{m_0}}{m_L + \dfrac{E_0^4 \omega^2 C^2 n_0 F_0 E_0^{n_0}}{2 m_L q_d^2} m_i^2} \right)^{\frac{1}{2}}$$

$$= 2 R^{\frac{1}{2}} \frac{L}{E_0} \left(\frac{q_d}{m_0}\right)^{\frac{1}{2}} \left(m_L + \frac{E_0 \omega^2 C^2 n_0 F_0 E_0^{n_0}}{2 m_L q_d^2} m_i^2 \right)^{\frac{1}{2}} \quad \ldots \ldots \quad (1)$$

Beispiel.

65. *Normalkurven für Effekte und Entfernungen.* Aufgabe: Für eine Leitung, deren einzelne Drähte 8 mm Durchmesser bei 75 cm Drahtabstand besitzen, ist bei 100 Perioden für einen Draht

und 1 km Entfernung d. h. Doppelleitung die induktive Reaktanz der beiden parallelen Leiter

$$2\omega L_s' = 2.2.3,14.100.2.10^{-4}\left(\frac{2,271}{0,434}+0,25\right) = 1,38$$

und die Kapazitanz

$$2\omega C' = 2.2.3,14.100.\frac{0,0605}{2,271} = 3,34.10^{-6},$$

ferner der Widerstand

$$2R' = \frac{2.0,0175}{\frac{3,14}{4}.64}10^3 = 0,695 \text{ Ohm}.$$

Wie groß ist der mit der Leitung zu übertragende günstigste Effekt pro Draht bei hohen Spannungen z. B. bei 50 000 und 100 000 Volt, und welches sind die zugehörigen Entfernungen, wenn primär Hochspannungstransformatoren berücksichtigt werden sollen?

Wir sehen leicht, daß hier schon der Einfluß der Selbstinduktion zu vernachlässigen ist und erhalten nach (8') für die Spannung von 50 000 Volt bei Bezugnahme auf 1 km des einfachen Leiters etwa

$$\mathfrak{E}_1 = 50000\left(\frac{50,27.20+5^4.10^{16}.1,67^2.10^{-12}.0,04.0,26^2.4,97.10^{-4}}{1,06.0,347}\right)^{\frac{1}{2}}$$
$$= 2640 \text{ KW}.$$

und für die Spannung von 100 000 Volt

$$\mathfrak{E}_1 = 100000\left(\frac{50,27.20+10^{20}.1,67^2.10^{-12}.0,12.0,26^2.4,97.10^{-4}}{1,06.0,347}\right)^{\frac{1}{2}}$$
$$= 7580 \text{ KW}.$$

Im ersten Fall ist ohne Berücksichtigung von Kapazität und Selbstinduktion $\mathfrak{E}_1 = 2620$ KW und im zweiten $\mathfrak{E}_1 = 5240$. Die Stromdichte ist also hier nichts weniger als konstant.

Die beiden zugehörigen Linien in Fig. 30 kennzeichnen den Unterschied. In gleicher Figur sind auch die zugehörigen nach (12) einfach zu rechnenden Entfernungen aufgetragen. Der Unterschied gegen früher ist bei 50 000 Volt durch den Faktor $\frac{2640}{2620} = 1,01$ und bei 100 000 Volt durch den Faktor $\frac{7580}{5240} = 1,44$ gegeben.

In der Praxis werden allerdings schon aus noch andern zu besprechenden Gründen größere Drahtabstände ausgeführt und viel geringere

Periodenzahlen gewählt, als wir sie der Deutlichkeit wegen annahmen. Letztere ergeben allerdings höhere Maschinenkosten. Die günstigste Zahl ist am besten durch nachträgliche Proben zu ermitteln[1]), da eine Erweiterung der allgemeinen Theorie sich nach dieser wie nach so manchen anderen Seite nicht empfiehlt.

Die Betrachtung der genauen Kurven in Fig. 22 belehrt uns übrigens, daß, wenn es sich um wirkliche Ausführungen handelt und nicht bloß um Aufzeigung des Einflusses der untersuchten

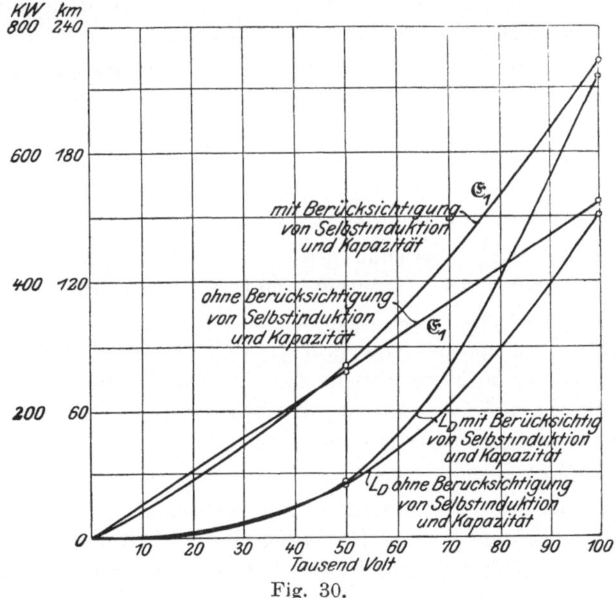

Fig. 30.

Effekte und Entfernungen in Abhängigkeit von der Spannung.

Wechselstromeigenschaften, man jedenfalls meist auch auf die gewöhnlichen Korrekturen nicht verzichten kann, denn diese nähern sich mindestens den hier besprochenen Differenzen.

Zu beachten ist besonders, daß die Spannung in jedem Genauigkeitsgrade unabhängig von der Größe des zu übertragenden Effektes bleibt; nur das für verschiedene Effekte konstante Verhältnis von $\frac{\mathfrak{E}_1}{q}$, welches von der Selbstinduktion und der Kapazität Leitung abhängig ist, beeinflußt die Spannung.

[1]) Vergl. P. M. Lincoln, Choice of frequency for very long lines, Transact. of the Am. Inst. of El. Eng. 1903. S. 1231.

66. Weiterführung der Theorie. Verwendung von Kabeln. Obige Gleichungen erlauben auch wie früher die Aufstellung einer Gleichung der gesamten Kosten als Funktion von E_0. Indessen verliert diese in den genaueren Formen bei den vielen Korrekturgliedern hier sehr an Übersichtlichkeit. Dazu kommt, daß noch andere Faktoren eine Rolle spielen können z. B. die Strahlungsverluste, und es ist fraglich, wieweit vorläufig bei noch nicht genügend bestimmten, zum Teil zeitlich dauernd schwankenden und schwer zu verfolgenden Verhältnissen, die uns noch später beschäftigen werden, die weitergehenden Korrekturen Werte besitzen.

Es ist sogar die Frage, ob z. B. unsere Annahme einer konstanten Kapazität berechtigt ist. Versuche, die von der Snowqualmie Falls Power Company an einer 250 km langen Linie gemacht worden sind[1]) zeigen z. B. ein Ansteigen des scheinbaren Effektes weit stärker als es der Spannungszunahme theoretisch entspricht.

Daß die Rechnung leicht auf die anderen Fälle namentlich auch auf den Kabelverwendungsfall ausgedehnt werden kann, ist selbstverständlich. Die Resultate sind so leicht zu überblicken, daß eine Wiedergabe wohl nicht zu erfolgen braucht. Wenn auch bei Kabeln die Kapazität eine größere Rolle spielt als bei den Freileitungen, so ist doch andererseits bei ihnen praktisch eine geringere Übertragungslänge zu erwarten, und wir erkennen leicht, daß wir mit den Konvergenzmethoden auskommen.

Jedenfalls sehen wir und im Gegensatz zu Roeßler[2]), welcher beim Entwurf von Fernleitungen nur wirtschaftliche Nachprüfung vorschlägt, daß eine genaue Rechnung der Verhältnisse der Leitung nicht eher einen praktischen Zweck hat, als bis man durch Wirtschaftlichkeitsrechnungen dieselbe wenigstens einigermaßen festgelegt hat. Die von diesem Verfasser gerechneten maximalen Wirkungsgrade für Kabel haben kaum irgend einen Verwendungswert[3]). Es wird wie bei der Billigkeit, so auch später bei den andern Wirtschaftsprinzipien stets eine höhere Belastung der Leitungen gefordert werden müssen, als der maximale Wirkungsgrad verlangt, und Roeßlers „schlimme Alternative“ entweder einen hohen Wirkungsgrad zu verlangen oder Energie in den Kabeln zu vergeuden, verwandelt sich unter unsern Händen eben in das Problem den jeweils günstigen Kompromiß

---

1) Vergl. ETZ. 1901. S. 260.

2) Vergl. Roeßler, Fernleitung von Wechselströmen. S. 240.

3) Vergl. auch La Cour, in Arnold-La Cour, Wechselstromtechnik I. S. 417.

zu ermitteln. Die von Roeßler durchgerechneten Verhältnisse der Leitungen sind bei den schwachen Belastungen zwar sehr interessant, für eine praktische Ausführung haben sie aber nur mehr klärenden Vergleichswert.

67. Selbstinduktion und Kapazität bei Drehstromleitungen. Eine kurze Bemerkung wäre vielleicht noch nötig über Drehstromleitungen. Für diese zeigt eine einfache Überlegung, daß die für den einfachen Leitungsstrang also z. B. nur die Hinleitung gehörigen Widerstands- und Induktionswerte auch hier gültig bleiben. Für die Selbstinduktion des Stranges von der Länge L_D in km wird also z. B.

$$L_s' L_D = 2.10^{-4} L_D \left(\log \text{nat.} \frac{2\,D}{d} + 0{,}25\right) \text{Henry.}$$

wo D der symmetrische Drahtabstand ist.

Die Kapazität, welche jetzt praktisch absolut auf den Einzelleiter und die Phasenspannung bezogen wird[1]), wird also für die gleiche Strecke der einfachen Leitung doppelt so groß wie vorher die Gesamtkapazität d. h. die durch Hin- und Rückleitung zusammen gegebene nämlich

$$C' L_D = \frac{L_D}{9\,.\,2\,.\log \text{nat.} \dfrac{2\,D}{d}} \text{Mikrofarad.}$$

Die Einführung in die Drehstromformeln nach dem Muster der Zweileitergleichungen braucht wohl nicht besonders gezeigt zu werden.

Für verseilte Kabel ist wegen der verschiedenen Leiteranordnungen die Umrechnung aus den Werten für Zweileiterkabel übrigens etwas schwieriger[2]).

68. Besondere Spannungsverhältnisse. Es möge am Schlusse dieses Kapitels von den zahlreichen das Problem beeinflussenden Faktoren nur noch kurz einige derselben gestreift werden. Streng genommen ist nämlich nicht der Scheitelwert der Betriebswechselspannung für die Beanspruchnng der Isolationen maßgebend, sondern derjenige der größten Resonanzspannungswelle und derjenige der bei Veränderungen im Stromkreis möglichen freien Schwingungen[3]). Es leuchtet jedoch ein, daß eine umfassende analytische Untersuchung für unsere Zwecke umgangen werden kann, indem man überall für

---

1) Vergl. Arnold-La Cour, Die Wechselstromtechnik I. S. 386 und Roeßler, Fernleitung von Wechselströmen. S. 61.

2) Vergl. S. Lichtenstein, ETZ. 1904. S. 126.

3) Vergl. Herzog und Feldmann, El. Leitungen I. S. 365.

genügende Sicherheitszuschläge sorgt und im übrigen die nötigen Vorsichtsmaßregeln für den Betrieb trifft.

69. Pupinspulen. Wesentliche und gewollte Änderungen hinsichtlich der Vorgänge in den Leitungen gegenüber unsern ersten Annahmen sind ebenfalls vorhanden und unter Umständen zu untersuchen. Hier möge nur noch auf die Verwendung von sogenannten Pupinspulen in gewissen Abständen in der Leitung hingewiesen werden, wie sie in der Anlage der Bay-County-Gesellschaft[1]) vorkommen. Hierdurch wird dem Einfluß der Kapazität der Leitung praktisch begegnet, aber andererseits entstehen wieder andere Kosten, welche ein neues Verteurungsglied als Funktion der Spannung bedingen.

Die Durchführung der entsprechenden Rechnung setzt aber die noch fehlende Kenntnis praktischen Materials über die genannten Kosten bewährter Anlagen voraus.

VII. Die Kosten der Leitung als allgemeine Funktion des Querschnitts. Der Kabelspezialfall. Beispiele.

70. Die neuen Gleichungen für den Freileitungsfall. Wir hatten unter anderem bisher angenommen, daß die Leitungskosten, soweit sie in die Rechnung eingeführt zu werden brauchen, dem Querschnitt proportional seien. Es gibt nun aber Fälle, in denen auch die früher als unveränderlich oder als dem Querschnitt proportional betrachteten Teile der Leitung nach Potenzfunktionen mit etwas veränderlichem Exponenten variabel werden. Für eine Reihe von Fällen können wir, falls wir sogleich eine Unterstation mit berücksichtigen wollen für die Gesamtkosten, soweit sie zu untersuchen sind, genau genug setzen

$$\mathfrak{K} = \left(\mathfrak{E}_1 + \frac{\mathfrak{E}_1^{\,2}}{E_0^{\,2}} \frac{\varrho}{q} L\right) m_0 (1 + F_0 E_0^{\,n_0}) + \mathfrak{E}_1 m_1 (1 + F_1 E_0^{\,n_1})$$
$$+ q m_L L + (C_L + F_{Lq} q^{n_{Lq}})(1 + F_L E_0^{\,n_L}) L,$$

wo C_L eine Anfangskonstante des Isoliermaterials und sonstigen Leitungszubehörs ist, und F_{Lq} und n_{Lq} nach früheren Methoden die Abhängigkeit vom Querschnitt zum Ausdruck bringen sollen. Die sonstigen etwa vorhandenen, völlig konstanten oder nur von L abhängige Kosten sind wieder in $\mathfrak{K}$ nicht enthalten.

Für Freileitungen z. B. wird man die genannte Ausgangsgleichung benutzen können, wenn nur je ein Draht von veränder-

---

[1]) Vergl. W. Blank, 60000-Voltanlagen an der Küste des stillen Ozeans ETZ. 1902. S. 860.

lich zu denkendem Querschnitt für Hin- und Rückleitung in Frage kommt. Wir können dann aber für die erste Rechnung oft, unbeschadet des gegen früher inhaltlich veränderten m_L unsere früheren Formeln benutzen und uns die Korrektionsglieder entsprechend erweitern. Die Änderung und Ergänzung ist so einfach auszuführen, daß wir nicht näher darauf einzugehen brauchen.

Kommt es indessen in einigen Fällen vor, daß das letzte Glied der genannten neuen **Ausgangsgleichung** der Kosten in die erste praktische Größenordnung rückt, so wird man für die erste Näherung oft angenähert setzen können

$$m_L q^2 + n_{Lq} F_{Lq}{}^{n_{Lq}+1}(1 + F_L E_0{}^{n_L}) = \frac{\mathfrak{E}_1{}^2}{E_0{}^2} \varrho m_0 \quad . (8)$$

als erste Relativgleichung und

$$\mathfrak{E}_1 m_0 n_0 F_0 E_0{}^{n_0+2} + \mathfrak{E}_1 m_1 n_1 F_1 E_0{}^{n_1+2} + n_L (C_L + F_{Lq} q^{n_{Lq}}) F_L E_0{}^{n_L+2} L = 2\,\mathfrak{E}_1{}^2 \frac{\varrho}{q} L m_0 \quad . (9)$$

als zweite. Die Lösung wäre möglich nach einer „Methode der resultierenden Potenzfläche" analog unserer früheren Methode der resultierenden Potenzlinie. Man wird aber gerade hier wohl immer von verschiedenen Werten von q und E_0 ausgehend eine Tabelle der zugehörigen $\mathfrak{E}_1$ aufstellen, dann mit der zweiten Formel die zugehörigen Entfernungen rechnen und bei bestimmten Anwendungen die gewünschten Werte herausgreifen.

Für manche Fälle vereinfacht sich dabei die Ausgangsgleichung noch etwas, für andere ist noch eine Modifikation erforderlich; hierzu gehört der weiter unten noch zu streifende wichtige Fall der **Kabelverwendung**.

Übrigens ist die Änderung des allgemeinen Kontrollsatzes aus den neuen Formeln unmittelbar zu ersehen. Sie, beruht im wesentlichen eben darauf, daß auch hinsichtlich der Leitungskosten in Abhängigkeit vom Querschnitt statt der ursprünglichen Geraden Tangenten der Potenzkurven eingeführt werden, deren Abschnitte an Stelle der Ordinaten treten. Es fragt sich aber, ob jetzt noch die Satzform der nicht mehr so einfachen Resultate großen Nutzen hat.

Als ein etwas einfacherer Fall kommt z. B. derjenige in Frage, bei dem $F_{Lq} q^{n_{Lq}}$ ausfällt, ferner derjenige, bei dem eine Verteurung der Isolatoren mit der Spannung zu gering ist, um berücksichtigt zu werden, während die festen und die nur vom Querschnitt abhängigen Kosten des Isoliermaterials an sich infolge irgendwelcher örtlicher oder sonstiger Bedingungen eine Rolle spielen. Es kann in letzterem Falle in (8) eine resultierende Funktion von q eingeführt werden, und es folgt

$$q = \left(\frac{\mathfrak{E}_1^2 \varrho m_0}{E_0^2 n_{rq} F_{rq}} \right)^{\frac{1}{n_{rq}+1}} \quad . \quad . \quad . \quad . \quad . \quad (8')$$

und für die Spannung absolut

$$m_0 n_0 F_0 E_0^{\frac{n_0 n_{rq} + n_0 + 2 n_{rq}}{n_{rq}+1}} + m_1 n_1 F_1 E_0^{\frac{n_1 n_{rq} + n_1 + 2 n_{rq}}{n_{rq}+1}}$$
$$= 2 \mathfrak{E}_1^{\frac{n_{rq}-1}{n_{rq}+1}} (\varrho m_0)^{\frac{n_{rq}}{n_{rq}+1}} (F_{rq} n_{rq})^{\frac{1}{n_{rq}+1}} L \quad . \ (1)$$

71. **Berücksichtigung der Selbstinduktion und Kapazität der Freileitung.** Ist wesentliche Kapazität und Selbstinduktion der Leitung zu berücksichtigen, so wird oft in Ansehung der Ausführungen im vorigen Kapitel die Relativgleichung für den Querschnitt etwa

$$m_L + n_{Lq} F_{Lq} q^{n_{Lq}-1} + \frac{\partial}{\partial q} \left[\frac{\mathfrak{E}_1}{L} m_0 + \left(E_0^2 j \omega C + j \frac{\mathfrak{E}_1^2}{E_0^2} \omega L_s \right) m_i \right]$$
$$= \frac{\mathfrak{E}_1^2}{E_0^2} \frac{\varrho}{q^2} m_0$$

und die Spannungsrelativgleichung

$$\mathfrak{E}_1 n_0 F_0 E_0^{n_0-1} m_0 + \mathfrak{E}_1 n_1 m_1 F_1 E_0^{n_1-1}$$
$$+ \frac{\partial}{\partial E_0} \left[\mathfrak{E}_1 m_0 + \left(E_0^2 j \omega C + j \frac{\mathfrak{E}_1^2}{E_0^2} \omega L_s \right) m_i L \right]$$
$$+ n_L (C_L + F_{Lq}) F_L E_0^{n_L - 1} L = 2 \frac{\mathfrak{E}_1^2}{E_0^3} \frac{\varrho}{q} L m_0$$

Erwägt man nun, daß der Differentialquotient einer Funktion von $\log\text{nat.} \frac{2D}{d}$ im Freileitungsfall wenig ausmachen wird, so wird man zur Berücksichtigung der neuen Glieder in dem gebrauchten Bereich von q und damit von $\frac{D}{d}$ am einfachsten die logarithmischen Linien für die Kapazität und Selbstinduktion, wie in Fig. 31 für die Kapazität angedeutet, aufzeichnen und dann unter Einführung neuer ideeller Potenzlinien von den Faktoren F_{cq} und F_{sq} und den Exponenten n_{cq} und n_{sq} aus den neuen leicht zu folgernden Gleichungen Bestimmung vornehmen.

Für den wichtigen Fall überwiegender Kapazität folgt z. B. in weiterer Annäherung daß man aus,

$$m_L q + n_{Lq} F_{Lq} q^{n_{Lq}} + n_{cq} \frac{E_0{}^4 \omega^2 F_{cq}{}^2 q^{2n_{cq}} m_i{}^2 L}{\mathfrak{E}_1 m_0} = \frac{\mathfrak{E}_1{}^2}{E_0{}^2} \frac{\varrho}{q} m_0 \quad (8)$$

Werte von $\mathfrak{E}_1$ und aus

$$\mathfrak{E}_1 n_0 F_0 E_0{}^{n_0} m_0 + \mathfrak{E}_1 n_1 F_1 E_0{}^{n_1} m_1 + 2 \frac{E_0{}^4 \omega^2 F_{cq}{}^2 q^{2n_{cq}} m_i{}^2 L^2}{\mathfrak{E}_1 m_0}$$
$$+ n_L (C_L + F_{Lq} q^{n_{Lq}}) F_L E_0{}^{n_L} L = 2 \frac{\mathfrak{E}_1{}^2}{E_0{}^2} \frac{\varrho}{q} L m_0 \quad (9)$$

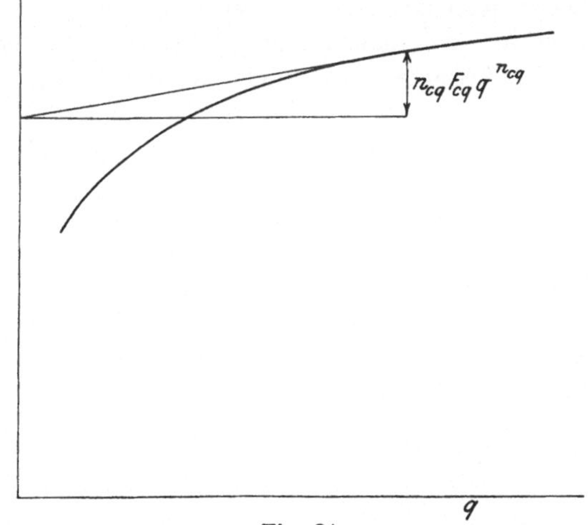

Fig. 31.
Zur Berücksichtigung der Kapazität im Einzelleiterfall.

Werte von L in Abhängigkeit von E_0 rechnen kann, und zwar fast stets konvergierend. Ein Beispiel braucht wohl nicht gegeben zu werden. Wir werden den Einzelleiterfall übrigens bei Besprechung der Übergangsverluste wiedertreffen.

72. **Praktische Kostenfunktionen für den Kabelfall. Die neuen Gleichungen für den Querschnitt und die Spannung.** Der erwähnte und schon zum Teil d. h. für die einfachste Voraussetzung behandelte Fall der Kabelverwendung[1]) erheischt in seiner Allgemeinheit, d. h. wenn beliebige Querschnitte verwendet werden dürfen, besondere Modifikationen, einmal wieder wegen der bedeutenden Vergrößerung von $F_L E_0{}^{n_L}$, sodann aber hier auch wegen des Verhaltens der Anfangswerte der Kosten für verschiedene Spannungen bei verschwindendem Querschnitt[2]).

1) Vergl. Kap. IV und Fig. 25.

2) Vergl. auch die Annahmen von Boucherot und Albaret, in Kap. IX der Wirtschaftlichkeit.

Wir hätten infolgedessen, wenn wir für eine Vorausberechnung von q und E_0 möglichst konstante Exponenten anstreben, etwa zu setzen

$$\mathfrak{K} \cong \left(\mathfrak{E}_1 + \frac{\mathfrak{E}_1{}^2 \varrho L}{E_0{}^2 q}\right) m_0 (1 + F_0 E_0{}^{n_0}) + \mathfrak{E}_1 m_1 (1 + F_1 E_0{}^{n_1}) + q m_L L$$
$$+ F_{Lq} q^{n_{Lq}} (1 + F_L E_0{}^{n_L}) L + F_u E_0{}^{n_u} L.$$

Es müssen dabei natürlich wie immer Faktoren und Exponenten für die einzelnen Kabelkostenglieder so bestimmt werden, daß sie den Variationen in dem zunächst zu schätzenden richtigen Bereich entsprechen. Die Veränderungen sind, wie sich zeigen wird, nicht so stark, als daß dadurch die Erreichung der richtigen Bedingungen verzögert würde, und eine weitere Ergänzung des Verfahrens stattfinden müßte.

In geringster Genauigkeit, die aber hier trotz starker Veränderung einiger Größen bei vorkommenden Entfernungen meist genügt, dürfen wir, indem unter anderm der durch das Glied $q m_L L$ gegebene ganze Kupferkostenbetrag entweder der Korrektionsrechnung überwiesen oder besser in die andere Querschnittsfunktion mit übernommen gedacht wird, meist schreiben

$$q = \left[\frac{\mathfrak{E}_1{}^2}{E_0{}^2} \frac{\varrho m_0}{n_{Lq} F_{Lq} (1 + F_L E_0{}^{n_L})}\right]^{\frac{1}{n_{Lq}+1}} , \quad . \quad . \quad . \quad . \quad (8)$$

wofür man manchmal sogar setzen kann

$$q = \left(\frac{\mathfrak{E}_1{}^2}{E_0{}^{2+n_L}} \frac{\varrho m_0}{n_{Lq} F_{Lq} F_L}\right)^{\frac{1}{n_{Lq}+1}}$$

Für die Spannung erhalten wir

$$\mathfrak{E}_1 n_0 F_0 E_0{}^{n_0} m_0 + \mathfrak{E}_1 n_1 F_1 E_0{}^{n_1} m_1 + n_u F_u E_0{}^{n_u} L + n_L F_{Lq} q^{n_{Lq}} F_L E_0{}^{n_L} L$$
$$= \frac{2 \mathfrak{E}_1{}^2 \varrho L}{E_0{}^2 q} m_0 \quad . \quad (9)$$

und absolut

$$m_0 n_0 F_0 E_0{}^{\frac{(n_0+2) n_{Lq} + n_0}{n_{Lq}+1}} + m_1 n_1 F_1 E_0{}^{\frac{(n_1+2) n_{Lq} + n_1}{n_{Lq}+1}} + \frac{n_u F_u E_0{}^{\frac{(n_u+2) n_{Lq} + n_u}{n_{Lq}+1}}}{\mathfrak{E}_1} L$$

$$= \frac{2 - \left(\frac{n_L}{n_{Lq}} - 2\right) F_L E_0{}^{n_L}}{(1 + F_L E_0{}^{n_L})^{\frac{n_{Lq}}{n_{Lq}+1}}} \mathfrak{E}_1{}^{\frac{n_{Lq}-1}{Lq+1}} L (\varrho m_0)^{\frac{n_{Lq}}{n_{Lq}+1}} (n_{Lq} F_{Lq})^{\frac{1}{n_{Lq}+1}} \quad (1)$$

wie sich aus den Relativgleichungen durch eine nicht wieder gegebene Rechnung leicht herausstellt.

Die Lösung erfolgt dann einfach nach der resultierenden Potenzlinie, welche unter Vermeidung negativer Glieder wie früher gebildet wird. Häufig kann Vereinfachung erfolgen zu

$$m_0 n_0 F_0 E_0^{\frac{(n_0+2)n_{Lq}+n_0}{n_{Lq}+1}} + m_1 n_1 F_1 E_0^{\frac{(n_1+2)n_{Lq}+n_1}{n_{lq}+1}} + \frac{n_u F_u E_0}{\mathfrak{E}_1}^{\frac{(n_u+2)n_{Lq}+n_u}{n_{Lq}+1}} L$$

$$= \mathfrak{E}_1^{\frac{n_{Lq}-1}{n_{Lq}+1}} L(\varrho m_0)^{\frac{n_{Lq}}{n_{Lq}+1}} (n_{Lq} F_{cq})^{\frac{1}{n_{Lq}+1}} \left(2 - \frac{n_L}{n_{Lq}}\right)(F_L E_0^{n_L})^{\frac{1}{n_{Lq}+1}}.$$

Will man nicht einzelne E_0 rechnen, sondern Scharen von L in Abhängigkeit von verschiedenen E_0 und q, so kann man wie immer beide Relativgleichungen benutzen, die dann auch genau sein können und sich trotzdem der Form nach noch vereinfachen lassen, da die Bedingung der möglichst geringen Änderung der Exponenten wegfallen kann. So könnte man dann unter Umständen praktisch die Leitungsglieder von vornherein zu einem einzigen zusammenziehen. Aus der ersten wird für gegebene E_0 und q wie sonst der Wert $\mathfrak{E}_1$ gerechnet und dann aus der zweiten der zugehörige Wert von L.

73. Die Spannungsrelativgleichung für gegebene Stromdichte. Es kann wieder vorkommen, daß $\mathfrak{d}$ nach der besprochenen Rechnung einen zu großen Wert erreicht. Dann ist analog wie früher in Näherung zu setzen

$$\mathfrak{K} = \left(\mathfrak{E}_1 + \frac{\mathfrak{E}_1}{E_0}\varrho\,\mathfrak{d}L\right) m_0 (1 + F_0 E_0^{n_0}) + \mathfrak{E}_1 m_1 (1 + F_1 E_0^{n_1})$$
$$+ F_{Lq}\left(\frac{\mathfrak{E}_1}{E_0\mathfrak{d}}\right)^{n_{Lq}} (1 + F_L E_0^{n_L}) L + F_u E_0^{n_u} L$$

und daraus folgt für konstantes maximales $\mathfrak{d}$

$$\mathfrak{E}_1 m_0 n_0 F_0 E_0^{n_0+1} + \mathfrak{E}_1 m_1 n_1 F_1 E_0^{n_1+1} + n_u F_u E_0^{n_u+1} L$$
$$+ (n_L - n_{Lq})\left(\frac{\mathfrak{E}_1}{\mathfrak{d}}\right)^{n_{Lq}} E_0^{n_L - n_{Lq}+1} L = n_{Lq}\left(\frac{\mathfrak{E}_1}{\mathfrak{d}}\right)^{n_{Lq}} F_{Lq} E_0^{(1-n_{Lq})} L$$
$$+ \mathfrak{E}_1 \varrho\,\mathfrak{d} L m_0 \quad . \; . \; . \; (7)$$

der entsprechende Wert von E_0 oder L.

Die Kontrollsätze sind auch hier leicht abzuändern, aber der Länge halber von geringerer Bedeutung.

74. Praktische Benutzung der Methoden. Ob und inwieweit die Anwendung der Beziehungen entsprechend den vorgenommenen einfachen Annahmen wirklich gerechtfertigt ist, wird man

bei der Durchrechnung eines Beispiels sogleich finden. Hier mehr als anderswo ist es notwendig, mit Überlegung von den Gleichungen Gebrauch zu machen. Man kann nicht verlangen, daß die eine oder andere vereinfachte Form unter den verschiedenen Verhältnissen brauchbare Resultate ergibt. Eine vorherige überschlägige Kontrolle ist jedenfalls, wenn L gegeben ist, äußerst angebracht. Allerdings ist es auch stets möglich, mittelst einfacher Proben mit dem erhaltenen Resultate sich von der Richtigkeit der Rechnung, sowohl als auch von der Brauchbarkeit der Methode an sich zu überzeugen. Die nunmehr durchzurechnenden Beispiele werden übrigens nicht nur zur Erläuterung der Methode dienen, sondern sie werden auch eine weitere Würdigung der in letzter Zeit auf den Markt gebrachten Hochspannungskabel erlauben.

Beispiel I.

75. Verteurungsexponenten und Faktoren. Aufgabe: Eine Fabrik bietet Kabel nach der Preiszusammenstellung auf Seite 79 und der auch für Niederspannungskabel vervollständigten graphischen Darstellung in Fig. 25 an. Die Werte sollen wie früher für Zweileiterkabel oder Einleiterkabel umgerechnet werden. Wieviel Effekt kann man nach den Grundsätzen der Billigkeit mit den letzteren übertragen und auf welche Entfernung?

Um die Behandlung nicht zu verwickelt zu gestalten, wollen wir die Verlegungskosten der Kabel zunächst als konstant ansehen und deren genaue Berücksichtigung der Korrekturrechnung überlassen [1]).

Wir bestimmen zunächst die Exponenten n_{Lq}, n_L, n_u und die Faktoren F_{Lq}, F_L, F_u, obwohl wir sie in diesem ersten Beispiel nicht unbedingt alle brauchen, hauptsächlich um zu prüfen, ob sie wirklich wie vorausgesetzt einigermaßen konstant sind.

Für n_{Lq} folgt nun aus der Kurve für 10000 Volt, wenn wir eine Anzahl von Tangenten ziehen oder zwei Punkte zur Bestimmung benutzen, ohne große Abweichung etwa durchschnittlich

$$n_{Lq} = 0{,}59$$

und für 50000 Volt analog etwa

$$n_{Lq} = 0{,}57.$$

---

[1]) Vergl. auch L. M. Cohn, Beitrag zur Kostenberechnung elektr. Leitungen. ETZ. 1902. S. 260. Der Verfasser will allerdings immer nur dem Querschnitt proportionale und konstante Glieder verwenden. Seine Tabellen gelten auch nur für Kabel bis 10000 Volt.

Im Mittel ist also

$$n_{Lq} = 0{,}58.$$

Der Wert F_{Lq} wird etwa bei der Spannung von 10000 Volt sogleich nach dem Mittelwert von q und sodann ebenso etwa bei der Spannung von 50000 Volt berechnet und die Mitte benutzt, oder es wird überhaupt nur der Mittelwert der Fläche genommen. Vorausgesetzt für die Bestimmung ist aber, daß man vorher den Exponenten und den Faktor von E_0 kennt. Diese Werte kann man

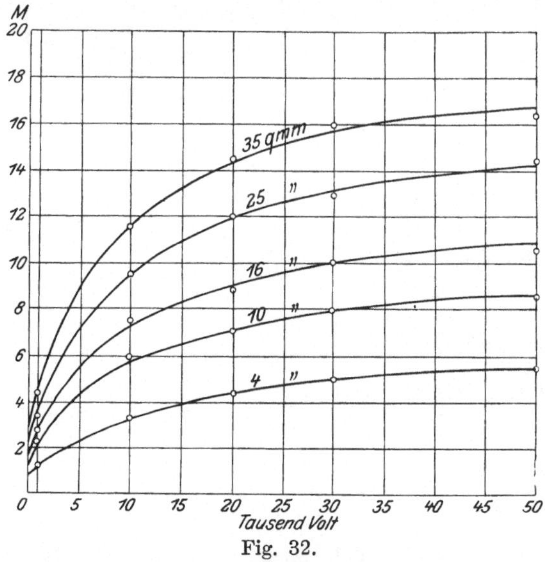

Fig. 32.

Vom Querschnitt und der Spannung abhängiger Teil der Kabelkosten bei Dreileiterkabeln.

wiederum gewinnen aus einem Mittelwert der Kurven in Fig. 32 für die verschiedenen Querschnitte.

Erwägt man aber, daß die Ungenauigkeit von n_{Lq} einen größeren Fehler im Gefolge haben wird als eine Abweichung der Faktoren vom richtigen Werte, so kann für die erste Rechnung F_{Lq} aus den Anfangswerten in Fig. 32 d. h. für die ideelle Spannung Null berechnet werden. Für den Querschnitt 35 qmm ist demnach

$$F_{Lq} = \frac{3}{3 \cdot 35^{0{,}58}},$$

wobei die Division durch 3 uns nach Früherem eine einfache Kostenumrechnung aus dem Dreileiterkabel für das einfache Kabel oder das halbe Zweileiterkabel ermöglichen soll, d. h.

$$F_{Lq} = \frac{1}{7,9} = 1,27 \,.\, 10^{-1}.$$

Für andere Querschnitte ergibt sich Ähnliches; im Mittel wird etwa

$$F_{Lq} = 1,3 \,.\, 10^{-1}.$$

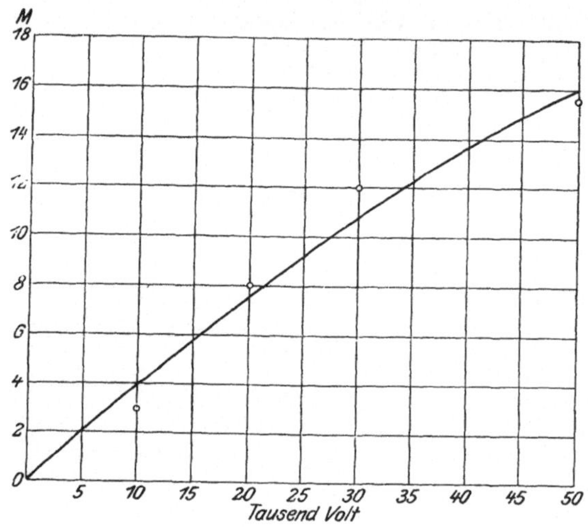

Fig. 33.

Vom Querschnitt unabhängiger Teil der Kabelkosten bei Dreileiterkabeln.

Der Wert n_L findet sich gemäß der Fig. 32 dann für den Querschnitt 35 qmm durchschnittlich etwa als

$$n_L = 0,37$$

und für die übrigen Querschnitte etwa von gleicher Größe; im Mittel dürfte vielleicht sein

$$n_L = 0,36.$$

Der Wert ist allerdings für die verschiedenen Punkte der Einzelkurven verhältnismäßig stark variabel.

Der Wert F_L wird

$$F_L = \frac{14,5}{3\,(5\,.\,10^4)^{0,36}} = 9,6 \,.\, 10^{-2}$$

bei dem Kostengrundwert des Querschnitts 35 qmm von der Größe 3, welcher also für die ideelle Spannung Null gilt und der Bezugsspannung von 50000 Volt.

Wir können diesen Wert wie denjenigen von F_{Lq} ohne weiteres benutzen.

Endlich wird nach Fig. 33 etwa

$$n_u = 0{,}95$$

und

$$F_u = \frac{16}{3 \,.\, (5 \,.\, 10^4)^{0{,}95}} = 1{,}84 \,.\, 10^{-4}.$$

76. **Effekte und Entfernungen im Beispiel. Grenzwerte.** Wir wollen nun zunächst für einzelne Querschnitte z. B. bei einer Spannung von 10000 Volt die Werte von $\mathfrak{E}_1$ und L_D rechnen. Für den Querschnitt $q = 35$ qmm folgt gemäß

$$n_{Lq} F_{Lq} q^{n_{Lq}} (1 + F_L E_0^{n_L}) = \frac{\mathfrak{E}_1^2}{E_0^2 q} \varrho m_0 \quad . \quad . \quad . \quad . \quad (8')$$

die Beziehung

$$0{,}58 \,.\, \frac{11{,}5}{3} = \frac{\mathfrak{E}_1^2}{(10^4)^2 35} \,.\, 0{,}0175 \,.\, 1{,}06,$$

wenn wir den Wert links bis auf n_{Lq} aus Fig. 25 abgreifen.

Also wird

$$\mathfrak{E}_1 = \left[\frac{(10^4)^2 35}{1{,}75 \,.\, 10^{-2} \,.\, 1{,}06} \,.\, 0{,}58 \,.\, \frac{11{,}5}{3}\right]^{\frac{1}{2}} = 658 \text{ KW}.$$

Nunmehr folgt gemäß

$$\mathfrak{E}_1 m_0 n_0 F_0 E_0^{n_0} + \mathfrak{E}_1 m_0 n_1 F_1 E_0^{n_1} + n_u F_u E_0^{n_u} L$$
$$+ n_L F_{Lq} F_L q^{n_{Lq}} E_0^{n_L} L = 2 \frac{\mathfrak{E}_1^2 \varrho L m_0}{E_0^2 q}, \quad . \quad . \quad . \quad (9)$$

wenn wir der Einfachheit halber die beiden ersten Glieder als gleich annehmen und wie bei der früheren Kabelbetrachtung einen Transformatorenfall voraussetzen, welcher für die hohen Spannungen praktische Entfernungen gibt,

$$6{,}58 \,.\, 10^5 \,.\, 2 \,.\, 1{,}64 \,.\, 4{,}52 \,.\, 0{,}02 \,.\, 10^{-2} \,. + 0{,}95 \,.\, \frac{3}{3} L + 0{,}36 \frac{8{,}5}{3} L$$
$$= 2 \,.\, \left(\frac{6{,}58\ 10^5}{10^4}\right)^2 \frac{1{,}75 \,.\, 10^{-2} \,.\, 1{,}06}{35} L$$

oder

$$1960 + 0{,}95\,L + 1{,}02\,L = 4{,}54\,L$$

d. h.

$$L = 762\ \mathrm{m}$$

oder

$$L_D = 0{,}381\ \mathrm{km}.$$

Für den Querschnitt $q = 25$ qmm erhält man, wie man leicht sieht

$$\mathfrak{E}_1 = 6{,}58 \cdot 10^5 \cdot \left(\frac{9{,}5}{11{,}5}\right)^{\frac{1}{2}} \left(\frac{25}{35}\right)^{\frac{1}{2}} = 509\ \mathrm{KW}.$$

und gemäß

$$1{,}96 \cdot 10^3 \cdot \frac{5{,}09}{6{,}58} + 0{,}95\,L + 1{,}02\,L\,\frac{7}{8{,}5} = 4{,}54 \cdot \frac{35}{25}\left(\frac{5{,}09}{6{,}58}\right)^2 L$$

$$L_D = 0{,}3875\ \mathrm{km}.$$

Für $q = 10$ qmm wird analog

$$\mathfrak{E}_1 = 6{,}58 \cdot 10^5 \cdot \left(\frac{6}{11{,}5}\right)^{\frac{1}{2}} \left(\frac{10}{35}\right)^{\frac{1}{2}} = 255\ \mathrm{KW}.$$

und gemäß

$$2{,}0 \cdot 10^3\,\frac{2{,}55}{6{,}58} + 0{,}95\,L + 1{,}02\,\frac{4{,}2}{8{,}5}\,L = 4{,}54\,\frac{35}{10}\left(\frac{2{,}55}{6{,}58}\right)^2 L$$

$$L_D = 0{,}406\ \mathrm{km}.$$

Der Wert steigt also an. Dies ist auch ganz natürlich, denn es ist die Folge des allmählich den Haupteinfluß gewinnenden, vom Querschnitte unabhängigen Gliedes der Kabelkosten. Wir erhalten übrigens für den Wert ∞ der Entfernung aus (9) die Beziehung

$$n_u F_u E_0^{n_u} + n_L F_{Lq} F_L q^{n_{Lq}} E_0^{n_L} = 2\,\frac{\mathfrak{E}_1^2 \varrho m^0}{E_0^2 q}$$

oder da nach (8)

$$\mathfrak{E}_1^2 = \frac{n_{Lq} F_{Lq} (1 + F_L E_0^{n_L})}{\varrho m_0}\, q^{n_{Lq}+1} E_0^2$$

ist

$$n_u F_u E_0^{n_u} = [2\,n_{Lq} F_{Lq} (1 + F_L E_0^{n_L}) - n_L F_{Lq} F_L E_0^{n_L}]\, q^{n_{Lq}}.$$

Demnach wird im Beispiel

$$0{,}95 \cdot 1 = (2 \cdot 0{,}58 \cdot 0{,}13 \cdot 4{,}2 - 0{,}36 \cdot 0{,}13 \cdot 3{,}2)\, q^{0{,}58}$$

d. h.

$$q = 3{,}14\ \mathrm{qmm}.$$

Wir erhalten die zugehörige Kurve in Fig. 34. Zum praktischen Gebrauch haben wir entsprechende Kurven für alle Kabel anzugeben und dann für den Fall, daß Werte von $\mathfrak{E}_1$ und L gegeben sind, die Werte L für gleiche $\mathfrak{E}_1$ in Abhängigkeit von E_0 aufzutragen, so daß wir zuerst E_0 abgreifen können und dann auf der Längenkurve nach Art der eben erhaltenen für das zugehörige E_0 den Wert von q finden, wenn wir nicht die umständlichere Einzelrechnung vornehmen wollen.

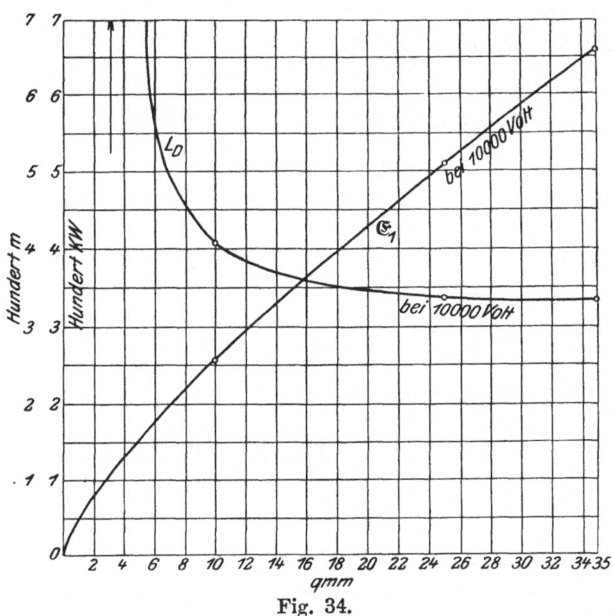

Fig. 34.
Effekt und Entfernung in Abhängigkeit vom Kabelquerschnitt.

77. Folgerung. Wir erkennen, daß für einfache Übertragungen die hohen Spannungen nur für große Querschnitte also sehr hohe Effekte in Frage kommen, hingegen die kleinen Querschnitte bei hohen Spannungen aus Gründen der Billigkeit nie gewählt werden können. Bei mehrfachen Übertragungen und Verzweigungen kann aber der Fall, wie leicht zu folgern, anders liegen.

Zu einer Korrektur in bezug auf die Stromdichte liegt hier weniger Anlaß vor.

Beispiel II.

78. Querschnitt und Spannungsberechnung bei sehr großer Entfernung. Aufgabe: Ein Effekt von 500 KW soll mittelst Transformatoren auf sehr große Entfernung übertragen

werden. Welche Spannung ist diejenige der Billigkeit und welcher Querschnitt wird zur Verwendung kommen?

Wenn die Entfernung groß genug ist, werden die nicht von L abhängigen Glieder zu vernachlässigen sein, und wir erhalten, da sich L dann weghebt, in brauchbarer geringster Näherung nach (1)

$$E_0^{(n_u+2)n_{Lq}+n_u-n_L}$$

$$= \mathfrak{E}_1^{2n_{Lq}} (\varrho\, m_0)^{n_{Lq}} n_{Lq} F_{Lq} \left(2 - \frac{n_L}{n_{Lq}}\right)^{n_{Lq}+1} F_L \left(\frac{1}{n_u F_u}\right)^{n_{Lq}+1}$$

d. h.

$$E_0^{(0,45+2)\,0,58+0,95-0,36}$$

$$= (500 \,.\, 10^3)^{2\,.\,0,58} (1,75 \,.\, 10^{-2} \,.\, 1,06)^{0,58}\, 0,58 \,.\, 0,13 \left(2 - \frac{0,36}{0,58}\right)^{1,58} \times$$

$$\times\, 9,6 \,.\, 10^{-2} \,.\, \left(\frac{1}{0,95 \,.\, 1,84 \,.\, 10^{-4}}\right)^{1,58}$$

d. h.

$$E_0 = 15\,700 \cong 16\,000 \text{ Volt.}$$

Den Querschnitt können wir sogleich nach der Formel

$$q = \left[\frac{\mathfrak{E}_1^2}{E_0^2} \frac{\varrho\, m_0}{F_{Lq}\, n_{Lq} (1 + F_L E_0^{n_L})}\right]^{\frac{1}{n_{lq}+1}} \quad . \; . \; . \; . \; (8)$$

rechnen.

Es folgt

$$q = \left\{\left(\frac{5 \,.\, 10^5}{1,6 \,.\, 10^4}\right)^2 \frac{1,75 \,.\, 10^{-2} \,.\, 1,06}{1,3 \,.\, 10^{-1} \,.\, 0,58 [1 + 9,6 \,.\, 10^{-2} (1,6\; 10^4)^{0,36}]}\right\}^{\frac{1}{1,58}}$$

$$q = 13,8 \cong 14 \text{ qmm.}$$

Die Werte sind eigentlich für den Transformatorenfall gerechnet; da aber für primäre Generatoren sich nur m_0 um einige Prozente ändert, können sie auch für diesen Fall verwendet werden.

Die Spannung 16000 Volt ist also diejenige, welche bei sehr großen Entfernungen und $\mathfrak{E}_1 = 500$ KW asymptotisch erreicht wird. Der Querschnitt bleibt schließlich fast konstant, somit auch die Stromdichte.

Die Probe nach den Relativgleichungen d. h. den Kontrollsätzen ist leicht angestellt. Es zeigen sich dabei allerdings noch Differenzen von etwa 10 %, die aber schon durch die in Wirklichkeit schwankenden Grundwerte, ganz abgesehen von dem durch die Näherungsrechnung bedingten Fehler erklärt sind.

Eine Korrektur würde hier um so notwendiger sein, je geringer die Entfernung ist. Sie erfolgt nach Früherem bei schrittweiser Berichtigung der Exponenten usw. etwa nach genaueren Formeln durch die resultierende Potenzlinie oder auch, indem man für verschiedene E_0 die zugehörigen L bis zur Grenze verfolgt.

Hingegen ist auch im zuletzt durchgerechneten Fall die Abweichung des richtigen $\mathfrak{d}$ vom üblichen Normalwert nicht so stark, um wesentliche Abweichungen der entsprechenden neuen Resultate von den erhaltenen zu ergeben.

79. Selbstinduktion und Kapazität in vorliegendem Kabelfall. Andererseits wird meist für die Wechselstromübertragung mit diesen Kabeln noch die Korrekturrechnung zur Berücksichtigung der Selbstinduktion und Kapazität analog wie für den Freileitungsfall vorgenommen werden müssen. Daß aber auch hier keine große Änderung der Resultate eintreten kann, ist um so leichter einzusehen, als mit vergrößertem Querschnitte der Einzelleiter sich auch die Abstände der Mittellinien notwendig vergrößern, und demzufolge die entsprechenden Variationen, die für uns in Betracht kommen, noch verkleinert werden. Der Weg der Berücksichtigung würde natürlich demjenigen bei der Freileitung entsprechen.

VIII. Berücksichtigung der Übergangsverluste der Linie. Beispiele.

80. Art der Übergangsverluste. Neue Ausgangsgleichung für die Gesamtkosten. Bei den Höchstspannungsanlagen ist, wie schon gelegentlich erwähnt, ein weiterer Faktor vorhanden, der einen unter Umständen bedeutenden Einfluß auf die Bedingungen der Billigkeit ausüben kann. Es ist dies der bei einer gewissen Spannung stark steigende Übergangsverlust zwischen den Leitungen. Derselbe besteht z. B. bei Wechselstromfreileitungen streng genommen aus Isolations- oder Ableitungsverlusten, Verlusten infolge dielektrischer Hysterisis und den sogenannten Strahlungsverlusten. Handelte es sich im wesentlichen um die ersteren, so wäre der Fall rasch zu erledigen. Es würde einfach an die Stelle von $C_w = j\omega C L$ in Kap. VI der Wert $C_w = \left(A_L + j\omega C \frac{m_i}{m_0}\right) L$ zu

treten haben, wo A_L die „Ableitung“ eines entsprechenden Stückes der Leitung also einen reziproken Widerstand darstellt. Dies ist nun aber nicht zulässig. Die Übergangsverluste wachsen in den höheren Spannungsbereichen mit viel höheren Potenzen der Spannung als der zweiten.

Wertvoll für die Rechnung sind in erster Linie die Ergebnisse der Versuche von *Scott* und *Mershon* sowie die Theorie und die Versuche von *Ryan*, welche weiter unten näher besprochen sind. Sie liefern allerdings nicht das ganze zur Behandlung des Problems nötige Material, namentlich liegen keine Versuche vor über den hier nach *Scott* besonders wichtigen Fall der umkleideten Leitungen, der u. a. das Zustandekommen leuchtender Entladungen erschwert.

Wir wollen nun zunächst ohne Rücksicht auf Sonderheiten für den im übrigen *einfachsten Freileitungsfall*, etwa bei vielen Drähten, für den Übergangsverlust für Gleichstrom wie für Wechselstrom pro Element der Entfernung

$$d\mathfrak{e}_v = q F_v E^{n_v} dl_D$$

setzen, wo F_v den Faktor und n_v den Exponenten einer substituierten Potenzlinie des Verlustes darstellen.

Bei Wechselstrom wird also vorerst wieder von den Erweiterungen in bezug auf Selbstinduktion und Kapazität abgesehen. In geringster Näherung wird dann sein

$$\mathfrak{e}_v = q F_v E_0^{n_v} L_D.$$

Wir setzen nun und zwar sogleich für den Fall mit *Unterstation*, wie meist gegeben, einfach an

$$\mathfrak{K} \cong (\mathfrak{E}_1 + \mathfrak{e} + \mathfrak{e}_v)\, m_0 (1 + F_0 E_0^{n_0}) + \mathfrak{E}_1 m_1 (1 + F_1 E_0^{n_1}) + \frac{(\mathfrak{E}_1 + \mathfrak{e})^2 m_L L^2 \varrho}{\mathfrak{e} E_0^2} (1 + F_L E_0^{n_L}).$$

Es wird dann sogar oft genau genug zu schreiben sein

$$\mathfrak{K} = \left(\mathfrak{E}_1 + \mathfrak{e} + F_v E_0^{n_v} \frac{L}{2} \frac{\mathfrak{E}_1^2}{E_0^2} \frac{\varrho L}{\mathfrak{e}}\right) m_0 (1 + F_0 E_0^{n_0}) + \mathfrak{E}_1 m_1 (1 + F_1 E_0^{n_1}) + \frac{\mathfrak{E}_1^2 m_L L^2 \varrho}{\mathfrak{e} E_0^2}.$$

81. *Die Relativgleichung für den Effektverlust. Die zugehörige Spannungsrelativgleichung. Die absolute Spannungsgleichung. Kontrollsatz.* Wir erhalten jetzt sogleich durch die partielle Differentiation nach $\mathfrak{e}$ in geringster

Näherung die eine Bedingung

$$\mathfrak{e} = \frac{\mathfrak{C}_1}{E_0} L \varrho^{\frac{1}{2}} \left(\frac{m_L}{m_0} + \frac{F_v}{2} E_0^{n_v}\right)^{\frac{1}{2}} \quad . \quad . \quad . \quad . \quad . \quad (2)$$

Die zugehörige andere Partialbedingung wird

$$m_0 n_0 F_0 E_0^{n_0} + m_1 n_1 F_1 E_0^{n_1} = \frac{\mathfrak{C}_1}{\mathfrak{e}} L^2 \varrho \left(\frac{2 m_L}{E_0^2} + \frac{2 - n_v}{2} F_v E_0^{n_v - 2} m_0\right) \quad . \ (3)$$

Nun wird n_v wie bemerkt, bei hohen Spannungen meist größer als 2 sein. Bringen wir den zweiten Wert rechts nach links, indem wir gleichzeitig den Wert von $\mathfrak{e}$ einsetzen, so folgt als absolute Spannungsgleichung

$$(m_0 n_0 F_0 E_0^{n_0+1} + m_1 n_1 F_1 E_0^{n_1+1}) \left(m_L + \frac{F_v}{2} E_0^{n_v} m_0\right)^{\frac{1}{2}} + \frac{n_v - 2}{2} F_v E_0^{n_v} \varrho^{\frac{1}{2}} m_0^{\frac{3}{2}} L = 2 m_L L \varrho^{\frac{1}{2}} m_0^{\frac{1}{2}}, \quad (1)$$

woraus durch Bildung der resultierenden Potenzlinie links der Wert E_0 zu finden ist, wenn n_v nicht zu stark variiert. Ist dies der Fall, so verzichtet man natürlich am besten wieder auf Einzelrechnungen und benutzt lediglich das Verfahren der Bestimmung von Reihen von L in Abhängigkeit von E_0.

Der eine Kontrollsatz wird übrigens nach (2) jetzt lauten:

Satz: Der Effektverlust ist bei gegebener Spannung dann derjenige der größten Billigkeit, wenn der auf ihn entfallende Teil der Kosten der Primärstation gleich ist demjenigen des Übergangsverlustes, vermehrt um die gesamten Leitungskosten.

82. Die Querschnittsrelativgleichung. Die zugehörige Spannungsrelativgleichung. Ergänzung zum Kontrollsatz. Die notwendige Ergänzung des Satzes erhalten wir entweder aus der Relativgleichung (3) oder in übersichtlicherer Form, wenn wir uns der Darstellung der Kosten durch Funktionen von q zuwenden.

Es entsteht dann nämlich aus

$$\mathfrak{K} = (\mathfrak{C}_1 + \mathfrak{e} + \mathfrak{e}_v) m_0 (1 + F_0 E_0^{n_0}) + \mathfrak{C}_1 m_1 (1 + F_1 E_0^{n_1}) + q m_L L (1 + F_L E_0^{n_L})$$

der Ausdruck

$$\mathfrak{K} \cong \left(\mathfrak{E}_1 + \frac{\mathfrak{E}_1^2}{E_0^2}\frac{\varrho}{q}L + F_v E_0^{n_v} q \frac{L}{2}\right) m_0 (1 + F_0 E_0^{n_0}) + \mathfrak{E}_1 m_1 (1 + F_1 E_0^{n_1}) + q m_L L$$

und weiter die eine Relativgleichung

$$q = \frac{\mathfrak{E}_1}{E_0} \frac{\varrho^{\frac{1}{2}} m_0^{\frac{1}{2}}}{\left(\frac{F_v E_0^{n_v}}{2} m_0 + m_L\right)^{\frac{1}{2}}} \quad \ldots \ldots \ldots (8)$$

und die andere

$$n_0 F_0 E_0^{n_0} + n_1 F_1 E_0^{n_1} \frac{m_1}{m_0} + n_v F_v \frac{q}{\mathfrak{E}_1} E_0^{n_0} \frac{L}{2} = \frac{2\mathfrak{E}_1}{E_0^2} \frac{\varrho}{q} L \quad . (9)$$

Für letztere kann man auch setzen

$$n_0 F_0 E_0^{n_0} + n_1 F_1 E_0^{n_1} \frac{m_1}{m_0} + n_v F_v \frac{q}{\mathfrak{E}_1} E_0^{n_v} \frac{L}{2} = 2 v \quad . . (5)$$

Wir erhalten somit die gesuchte Ergänzung zum Kontrollsatz. In Worten heißt nämlich das letzte Ergebnis:

Satz: Die Spannung ist bei gegebenem Querschnitt die richtige, wenn die n_0-fache Einheitsverteurung der Zentrale samt der n_1-fachen reduzierten Einheitsverteurung der Unterstation und dem n_v-fachen Übergangsverlust pro Effekteinheit gleich dem doppelten Einheitsverlust im Leitungskupfer ist.

Der vollständige Kontrollsatz lautet also:

Satz: Die richtigen Bedingungen der Billigkeit sind vorhanden, wenn der auf den Effektverlust im Leitungsmetall entfallende Kostenbetrag der Zentrale gleich der Summe des auf den Übergangsverlust entfallenden Betrages und der Leitungskosten und ferner gleich der Summe des auf die $\frac{n_0}{2}$-fache Verteurung der Zentrale, der $\frac{n_1}{2}$-fachen Verteurung der Unterstation und des auf den $\frac{n_v}{2}$-fachen Übergangsverlust entfallenden Kostenbetrages der Zentrale ist.

83. Die Gleichung der Stromdichte. Natürlich können wir auch mit der Stromdichte

$$\mathfrak{d} = \frac{\left(m_L + \frac{F_v E_0^{n_v} m_0}{2}\right)^{\frac{1}{2}}}{\varrho^{\frac{1}{2}} m_0^{\frac{1}{2}}} \quad \ldots \ldots \ldots (6)$$

zur Bestimmung des Querschnittes und des Leitungseffektverlustes operieren, da wir ja eine größere Genauigkeit, als es der letzten Formel entspricht, nicht vorausgesetzt haben. Es kann aber beim Anwachsen der Übergangsverluste die Bestimmung von $\mathfrak{d}$ nicht mehr, und zwar häufig nicht einmal in Annäherung der Bestimmung von E_0 vorangehen, weil $\mathfrak{d}$ eine Funktion von E_0 ist.

84. Genauere Gleichungen. Wollen wir nun genauere Formeln, so haben wir natürlich zunächst wieder die Möglichkeit die entsprechenden Differentialgleichungen zu benutzen. In Anbetracht aber der möglichen Größenordnung des Einflusses der Übergangsverluste schlagen wir von vornherein auch hier einen Konvergenzweg ein.

Wir setzen

$$E \cong E_0 - \int_0^{l_D} \frac{2\varrho}{q} \frac{\mathfrak{E}_1}{E_0} d l_D = E_0 - \frac{2\varrho}{q} \frac{\mathfrak{E}_1}{E_0} l_D$$

für die Spannung in irgend einen Punkt. Es wird somit genauer

$$\mathfrak{e}_v = \int_0^{L_D} F_v E^{n_v} q\, d l_D = \int_0^{L_D} q F_v \left(E_0 - 2 \frac{\mathfrak{E}_1}{E_0} \frac{\varrho}{q} l_D\right)^{n_v} d l_D$$

$$\cong F_v \left(q E_0^{n_v} \frac{L}{2} - n_v E_0^{n_v - 2} \varrho \mathfrak{E}_1 \frac{L^2}{4}\right)$$

während

$$\mathfrak{e} = 2 \int_0^{L_D} \left[\frac{\mathfrak{E}_1^2}{E_0^2} + 2 \frac{\mathfrak{E}_1}{E_0} \left(\frac{\mathfrak{e} + \mathfrak{e}_v}{E_0} - q F_v E_0^{n_v} l_D\right)\right] \frac{\varrho}{q} d l_D$$

$$= \frac{\mathfrak{E}_1^2}{E_0^2} \frac{\varrho}{q} L + 2 \frac{\mathfrak{E}_1}{E_0} \frac{\varrho}{q} \left[(\mathfrak{e} + \mathfrak{e}_v) \frac{L}{E_0} - q F_v E_0^{n_v - 1} \frac{L}{4}\right]$$

ist.

In die letzte Formel die Werte von $\mathfrak{e}$ und $\mathfrak{e}_v$ gemäß geringster Näherung eingesetzt, ergibt

$$\mathfrak{e} = \frac{\mathfrak{E}_1^2}{E_0^2} \frac{\varrho}{q} L + 2 \frac{\mathfrak{E}_1}{E_0} \frac{\varrho}{q} \left(\frac{\mathfrak{E}_1^2}{E_0^3} \frac{\varrho}{q} L^2 + q F_v E_0^{n_v - 1} \frac{L^2}{2} - q F_v E_0^{n_v - 1} \frac{L^2}{4}\right)$$

d. h.

$$\mathfrak{e} = \frac{\mathfrak{E}_1}{E_0^2} \frac{\varrho}{q} L \left(\mathfrak{E}_1 + 2 \frac{\mathfrak{E}_1^2}{E_0^2} \frac{\varrho}{q} L + q F_v E_0^{n v} \frac{L}{2}\right)$$

Der Wert, in die Gleichung der Kosten

$$\mathfrak{K} = (\mathfrak{S}_1 + \mathfrak{e} + \mathfrak{e}_v)\, m_0 (1 + F_0 E_0^{n_0}) + \mathfrak{S}_1 m_1 (1 + F_1 E_0^{n_1}) + q\, m_L L (1 + F_L E_0^{n_L})$$

eingeführt, ergibt den Ausdruck

$$\mathfrak{K} = \left[\mathfrak{S}_1 + \frac{\mathfrak{S}_1}{E_0^2}\frac{\varrho}{q} L \left(\mathfrak{S}_1 + 2\frac{\mathfrak{S}_1^2}{E_0^2}\frac{\varrho}{q} L + q F_v E_0^{n_v}\frac{L}{2}\right) + F_v E_0^{n_v} L \left(\frac{q}{2} - \frac{n_v}{4}\frac{\mathfrak{S}_1}{E_0^2} L \varrho\right)\right] m_0 (1 + F_0 E_0^{n_0}) + \mathfrak{S}_1 m_1 (1 + F_1 E_0^{n_1}) + q m_L L (1 + F_L E_0^{n_L}).$$

Die Differentiation liefert also

$$q^2 = \frac{\mathfrak{S}_1^2 \varrho m_0 (1 + F_0 E_0^{n_0}) \left(1 + \frac{4\,\mathfrak{S}_1 \varrho L}{E_0^2 q}\right)}{E_0^2 \left[m_L (1 + F_L E_0^{n_L}) + \frac{F_v E_0^{n_v} m_0}{2}(1 + F_0 E_0^{n_0})\right]}. \quad (8\,a)$$

In das Korrektionsglied, welches q enthält, wird am besten nach vorgenommener numerischer Rechnung der Näherungswert vom dritten Genauigkeitsgrade unmittelbar angesetzt.

Die partielle Differentiation nach E_0 liefert in Näherung vom zweiten Grade das Resultat

$$\left[\mathfrak{S}_1 n_0 F_0 E_0^{n_0+2} - 2\mathfrak{S}_1^2 \frac{\varrho}{q} L - 8\frac{\mathfrak{S}_1^3 \varrho^2}{E_0^2 q^2} L^2 - \frac{(n_v - 2)^2}{4}\mathfrak{S}_1 \frac{\varrho}{q} F_v E_0^{n_v} q L^2 + \frac{n_v}{2} F_v E_0^{n_v+2} q L + (n_0 - 2)\mathfrak{S}_1^2 \frac{\varrho}{q} L F_0 E_0^{n_0} + \frac{n_v + n_0}{2} F_0 F_v E_0^{n_v+n_0+2} q L\right] m_0 + \mathfrak{S}_1 n_1 F_1 E_0^{n_1+2} m_1 + q m_L L n_L F_L E_0^{n_L+2} = 0 \quad . \; . \; . \; . \; . \; . \; (9a)$$

Es steht nun der Möglichkeit wieder nichts entgegen, den Relativwert (8 a) von q in die letzte Gleichung einzuführen und E_0 aus der entstehenden absoluten Gleichung durch Konvergenzrechnung oder auch mittelst der resultierenden Potenzlinie zu bestimmen. Die Form der Endgleichung wird dann unsern Formen von früher analog. Sie soll indessen samt ihrer Ableitung nicht wiedergegeben werden, da bei dem schwankenden Exponenten der Übergangsverlustfunktion und dem geringen Bereich, für den die absolute Formel besonders in ihrer genauen Form für die Vorausberechnung von E_0 in Anwendung kommen kann, man meist den Weg der Annahme verschiedener E_0 und der Ermittlung der zugehörigen q und L gehen wird. Der größeren Anschaulichkeit wegen können dabei vielleicht auch, namentlich für Gleichung (9 a), wieder Formen hergestellt werden, wie sie bei der Besprechung der Selbstinduktion und Kapazität gegeben wurden. Demzufolge ist es auch nicht schwer, für eine Wechselstromübertragung jetzt überall noch die Erweiterungen anzubringen, welche sich für die letztgenannten Einflüsse früher ergaben.

85. **Numerische Grundlagen. Versuche von Mershon.** Wir müssen uns nunmehr zunächst den Zahlenwerten zuwenden, denn die nutzbringende Anwendung der Beziehungen setzt, wie bemerkt, für die verschiedenen technischen Fälle ein umfangreiches Erfahrungsmaterial voraus.

Von Bedeutung werden die Übergangsverluste natürlich erst, wo sie eine ansehnliche Größe erreichen; demnach kann der Hauptteil derselben nur aus den sogenannten Strahlungsverlusten bestehen d. h. solchen, welche bei Spannungen bestehen, die eine Entladung und zwar schließlich eine leuchtende Entladung (nach Steinmetz die sogenannte Corona) erzeugen. Hierfür liegen nun zunächst die Versuche vor, welche C. F. Scott hauptsächlich im Laboratorium und R. D. Mershon an Freileitungen gemacht haben. Sie beziehen sich zum größten Teil auf nicht umkleidete Wechselstromleitungen. Die Verluste sind natürlich höher als sie bei Gleichstrom sein werden[1]), für den sie aber schätzungsweise umgerechnet werden können.

Der Bericht von Scott[2]) gibt u. a. Versuche von Mershon in Telluride. Sie wurden gemacht an einer 3 1/2 km langen Fernleitung. Das Resultat für einige Annahmen ist das folgende:

Versuchsspannung	Verlust in Watt pro km			
	Abstand der Drähte 38 cm		Abstand der Drähte 132 cm	
	absolut	Zunahme pro 1000 Volt	absolut	Zunahme pro 1000 Volt
40 000	94		52,5	
		41		1,57
44 000	258		58,8	
		152		5,21
47 300	760		76,0	
		—		4,26
50 000	—		87,5	
		—		11,5
54 600	—		140,5	
		—		147,5
58 800	—		760,0	
		—		250,0
59 300	—		885,0	

1) Vergl. ETZ 1904. S. 841. Gleichstrom versus Wechselstrom von Ptz.

2) Vergl. C. F. Scott, High-voltage power transmission. Transactions of the Am. Inst. of El. Eng. 1898. S. 531.

Der Durchmesser der beiden Kupferdrähte war 4,1 mm und die Periodenzahl 60. Die graphische Darstellung findet sich in Fig. 35.

86. Versuche von Ryan. Das Ryansche Gesetz. Versuche von Scott. Man sieht, daß die Verluste von einer gewissen kritischen Spannung ab ungeheuer schnell steigen. Es wird sich für nackte Leitungen[1]) wohl häufig sogar nur darum handeln, dieser kritischen Spannung überhaupt aus dem Wege zu gehen. Zu diesem Zwecke müssen wir die Bedingungen für den Eintritt

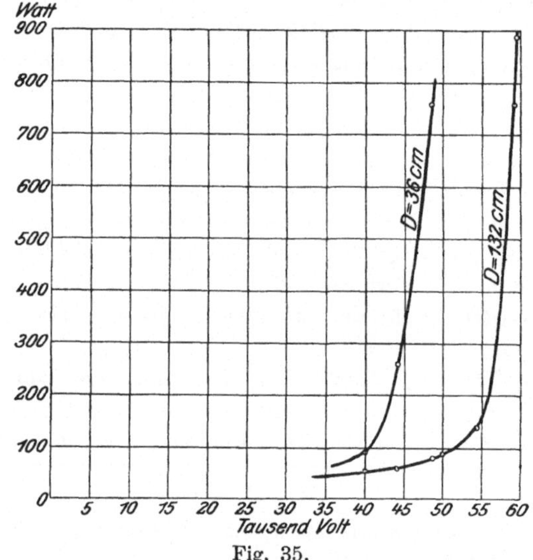

Fig. 35.
Übergangsverluste.

derselben kennen. Sie lassen sich bestimmen auf Grund der umfangreichen Studien über die Leitfähigkeit von Gasen, welche von Paschen, J. J. Thomson, Hittorf, Crooks, O. Lehmann und anderen gemacht worden sind. H. J. Ryan[2]) hat nun diese Bedingungen für unsern Fall näher theoretisch verfolgt und im Laboratorium erprobt. Das Ergebnis war die völlige Übereinstimmung mit den Resultaten von Mershon. Ryan geht aus von der Annahme einer gewissen kritischen Dichte des elektrischen Fluxes an

[1]) Ob und wo solche zulässig sind, ist eine Frage für sich.

[2]) Vergl. H. J. Ryan, The conductivity of the atmosphere at high voltages, Transact. of the Am. Inst. of El. Eng. 1904. S. 101.

den Leitungen und gibt für den Scheitelwert der Spannung, bei welcher eine Entladung beginnt folgende Original-Formel

$$E_{max} = \frac{17{,}94\,B}{459 + t}\,350000\,\lg_{10}\left(\frac{s}{r}\right) \times (r + 0{,}7),$$

wo r der Radius des Leiters in Zoll
s der Abstand der Leiter in Zoll,
B der Barometerstand,
t die Temperatur nach Fahrenheit ist.

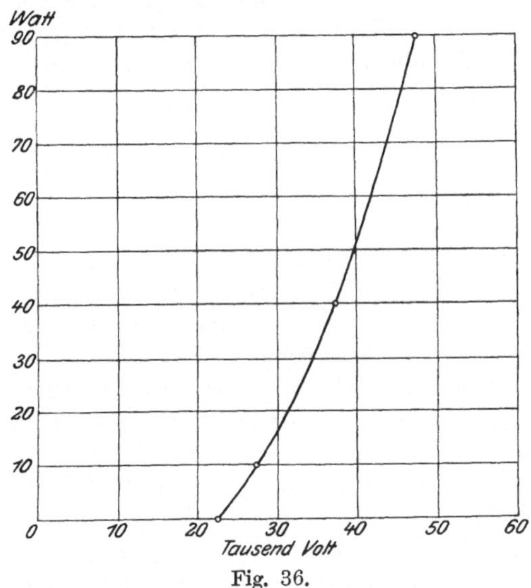

Fig. 36.
Entladungsverluste nach Ryan.

Es wird also bei Sinusstrom für einen Barometerstand von 750 mm, eine Temperatur von 21° C z. B. für eine Entfernung der Drähte von 1,22 m und einen Durchmesser von

Durchmesser	1,5	2,7	4,9	11	18	25 mm
E_{eff}	55	83,3	111	166	222	278 Kilovolt

Berücksichtigt man namentlich den niedrigen Barometerstand in Telluride zur Zeit der Versuche, welcher bis 503 mm herunterging, so kann man sich hiernach in der Tat leicht von der Übereinstimmung mit den Mershonschen Ergebnissen überzeugen. Als kritische Spannungswerte wären bei den letzteren etwa die Durchschnittspunkte der oberen Äste der Kurven in Fig. 35 mit der Abszissenachse aufzufassen, wenn man sich diese mit gleichbleibendem Charakter nach unten fortgesetzt denkt. Auch der Charakter der Verlustkurve wird durch die Ryanschen Versuche gemäß Fig. 36 bestätigt, welche sich zwar auf eine etwas veränderte, für Versuchszwecke geeignete Leiteranordnung bezieht, die aber doch demselben Gesetz gehorchen muß wie die im gewöhnlichen Ausführungsfalle.

Andererseits folgt auch aus den Scottschen Versuchen eine Bestätigung z. B. des Einflusses der Leiterdurchmesser auf die kritische Spannung. Ferner ist wichtig, daß übereinstimmend ein nennenswerter Einfluß der Periodenzahl auf die Verluste nicht besteht. Das Gleiche gilt vom Feuchtigkeitsgehalt der Luft.

Die Änderungen der kritischen Spannungen bei umkleideten Leitern und der Verluste, welche dann bedeutend heruntergehen, sind aus den Resultaten allerdings nicht zu folgern.

Beispiel.

87. Entfernung und Effektverlust in Abhängigkeit von der Spannung. Vergleich mit früheren Werten. Wollen wir nun unsere letzten Beziehungen zahlenmäßig beleuchten, so ist uns also bislang hauptsächlich nur Material für den Fall der nackten Freileiter gegeben, obwohl er bei dem Charakter der Verlustkurven, wie oben bemerkt, praktisch häufig eine Behandlung verlangt, welche bei der Bestimmung der Werte der Billigkeit die völlige Vermeidung der kritischen Spannungen zur Grundlage hat; später werden wir auch hierauf noch eingehen.

Wir wollen also vorerst die Mershonschen Versuche als Anhaltspunkt benutzen und annehmen, der Drahtabstand nach der zweiten Versuchsreihe in der ersten Tabelle sei möglicherweise mit Rücksicht auf die Gestängeverteuerung mit wachsendem Abstand vorteilhaft. Man verschafft sich hierüber am besten durch einige Schlußproben Gewißheit. Der Durchmesser, der für den einfachsten Fall vorausgesetzten größeren Zahl von Drähten sei ebenfalls derjenige von Mershon, obwohl man in der Regel wohl kaum gezwungen sein wird, ihn so klein beizubehalten. Auch Barometerstand und Temperatur sei die dortige. Es war nun vorausgesetzt, daß beim Vorhandensein vieler Drähte Proportionalität zwischen der Zahl derselben und dem Übergangsverluste besteht. Daß dies bei gewissen Anordnungen in der Tat meist genügend genau angenommen werden kann, geht u. a. auch aus den Scottschen Versuchen hervor.

Wir wollen nun z. B. feststellen, wie sich für eine Spannung von 50 000 Volt die Verhältnisse gestalten, müssen dabei übrigens im Auge behalten, daß es auf große Genauigkeit der Natur der Sache nach nicht ankommen kann.

Der Exponent werde deshalb aus der Verlustkurve nach Fig. 35 sogleich graphisch zu

$$n_v = 5$$

bestimmt.

Da nun der Verlust an der Stelle $E_0 = 50000$ Volt 90 Watt pro km beträgt, so ist er pro m der Entfernung und Querschnittseinheit

$$F_v E_0^{n_v} = \frac{90}{1000 \,.\, 13{,}2} = 6{,}8 \,.\, 10^{-3} = \cong 7 \,.\, 10^{-3} \text{ Watt.}$$

Nun ist nach (1)

$$(m_0 n_0 F_0 E_0^{n_0} + m_1 n_1 E_0^{n_1})\left(m_L + \frac{F_v}{2} E_0^{n_v} m_0\right)^{\frac{1}{2}}$$

$$= \frac{L \varrho^{\frac{1}{2}} m_0^{\frac{1}{2}}}{E_0}\left(2\, m_L - \frac{n_v - 2}{2} F_v E_0^{n_v} m_0\right)$$

Wir greifen die Werte, soweit wie möglich direkt aus den Kurven ab.

In gewisser Näherung auch in bezug auf die Verteurung der Unterstation[1]) folgt alsdann für den Fall gleicher primärer und sekundärer Transformatoren, wenn wir die Verteurungskurve in Fig. 23 der Rechnung zugrunde legen.

$$2 \,.\, 1{,}64 \,.\, 4{,}52 \,.\, 10^{-2} \,.\, 0{,}50\,(0{,}02 + 0{,}5 \,.\, 7 \,.\, 10^{-3} \,.\, 1{,}06)^{\frac{1}{2}}$$

$$= L \frac{0{,}0175^{\frac{1}{2}} \,.\, 1{,}06^{\frac{1}{2}}}{5{,}0 \,.\, 10^4 \,.\, 1{,}06}\,(2 \,.\, 0{,}02 - 1{,}5 \,.\, 7 \,.\, 10^{-3} \,.\, 1{,}06)$$

also

$$L_D = 76 \text{ km.}$$

Ohne Berücksichtigung der Strahlungsverluste würde sein

$$L_D \cong 51 \text{ km,}$$

wie auch durch Verdopplung der Ordinate in der früheren Fig. 22 zu finden ist.

Der Querschnitt pro Effekteinheit wird nun nach (8)

$$q_{pb} = \frac{\varrho^{\frac{1}{2}} m_0^{\frac{1}{2}}}{E_0\left(\frac{F_v E_0^{n_v}}{2} m_0 + m_L\right)^{\frac{1}{2}}} = \frac{0{,}133 \,.\, 1{,}03}{5{,}0 \,.\, 10^4 \,.\, 0{,}154}$$

$$= 1{,}78 \,.\, 10^{-5} \text{ qmm.}$$

---

1) Vergl. Kap. V.

Somit ist der Einheitsübergangsverlust

$$v_v = \frac{q}{\mathfrak{E}_1} F_v E_0^{n_v} L_D = 1{,}78 \,.\, 10^{-5} \,.\, 7 \,.\, 10^{-3} \,.\, 7{,}6\; 10^4 = 0{,}95\,\%$$

und also nach (5)

$$v_b = \frac{1}{2}\left(n_0 F_0 E_0^{n_0} + n_1 F_1 E_0^{n_1} \frac{m_1}{m_0} + \frac{q}{\mathfrak{E}_1} n_v F_v E_0^{n_0} L_D\right)$$

$$= \frac{1}{2}(7{,}45 \,.\, 10^{-2} + 5 \,.\, 0{,}95) = 6{,}09\,\%.$$

In Bestätigung findet man nach (2)

$$v_b = \frac{L\varrho^{\frac{1}{2}}}{E_0}\left(\frac{m_L}{m_0} + \frac{F_v}{2} E_0^{n_v}\right)^{\frac{1}{2}} = \frac{1{,}52 \,.\, 10^5 \,.\, 0{,}133}{5 \,.\, 10^4}\, 0{,}149 \cong 6{,}05\,\%.$$

Die Beeinflussung von v_b durch die Übergangsverluste geschieht hauptsächlich durch das veränderte E_0, denn die Änderung von $\mathfrak{d}$ gegen früher gemäß dem nach (6) zu findenden neuen Werte

$$\mathfrak{d}_b = \frac{\left(m_L + \frac{F_v}{2} E_0^{\,n_v} m_0\right)^{\frac{1}{2}}}{\varrho^{\frac{1}{2}} m_0^{\frac{1}{2}}} = \frac{0{,}154}{0{,}137} = 1{,}12$$

kommt kaum in Betracht.

Auf die Korrekturen wollen wir nicht eingehen, ebensowenig die eigentlich noch zum Wechselstrom gehörigen Erweiterungen nochmals zahlenmäßig einführen. Es mag in dieser Beziehung auf Kap. VI rückverwiesen werden.

88. Der Einzelleiterfall. Ist nun der zu übertragende Effekt nicht von solcher Größe, daß unter allen Umständen eine Reihe von Drähten zur Verwendung kommen werden, sondern genügt z. B. im Draht für Hin- und Rückleitung, dessen Durchmesser wir also jetzt als veränderlich betrachten müssen, so werden sich die gesamten Übergangsverluste mit wachsendem Querschnitte nicht mehr proportional vergrößern, sondern in geringerem Maße und zwar immer geringer werdend mit erhöhter Spannung. Schließlich wird der entsprechende neu einzuführende Exponent n_{vq} Null und er ist nach den besprochenen Theorien und Versuchen von Scott und Ryan im Bereich der Entladungen negativ, d. h. mit wachsendem Querschnitt bei sehr hoher Spannung fällt der Übergangsverlust.

Der neue Exponent n_{vq} ist also eine Funktion der Spannung. Nun fehlt es zwar nicht an Anhaltspunkten zur Bestimmung desselben, aber das praktische Material ist im ganzen doch recht unzureichend. Es bezieht sich wieder bislang fast nur auf nackte Leiter. Gleichwohl wollen wir einmal betrachten, wie sich die Beziehungen für den vorliegenden Einzeldrahtfall bei Berücksichtigung der Übergangsverluste ändern werden. Wir erhalten gemäß Kap. VII S. 112 also jetzt die erweiterte Kostenformel

$$\mathfrak{K} = (\mathfrak{E}_1 + \mathfrak{e} + \mathfrak{e}_v)\, m_0 (1 + F_0 E_0^{n_0}) + \mathfrak{E}_1 m_1 (1 + F_1 E_0^{n_1}) + m_L q L + (C_L + F_{Lq} q^{n_{Lq}})(1 + F_L E_0^{n_L})$$

oder für die Näherungsrechnung

$$\mathfrak{K} = \left(\mathfrak{E}_1 + \frac{\mathfrak{E}_1^2}{E_0^2}\frac{\varrho}{q} L + F_v F_{vq} q^{n_{vq}} E_0^{n_v} \frac{L}{2}\right) m_0 (1 + F_0 E_0^{n_0}) + \mathfrak{E}_1 m_1 (1 + F_1 E_0^{n_1}) + m_L q L + (C_L + F_{Lq} q^{n_{Lq}})(1 + F_L E_0^{n_L}).$$

In erster Annäherung wird man also in manchen Fällen benutzen können die den beiden Partialbedingungen entsprechenden Relativgleichungen

$$m_L q^2 + n_{vq} \frac{F_v}{2} F_{vq} q^{n_{vq}+1} E_0^{n_v} m_0 = \frac{\mathfrak{E}_1^2}{E_0^2} \varrho m_0 \quad . \; . \; (8)$$

und

$$\mathfrak{E}_1 m_0 n_0 F_0 E_0^{n_0+2} + \mathfrak{E}_1 m_1 n_1 F_1 E_0^{n_1+2} + n_v F_v F_{vq} q^{n_{vq}} E^{n_v+2} m_0 \frac{L}{2} = 2\,\mathfrak{E}_1^2 \frac{\varrho}{q} L m_0 \quad . \; . \; . \; (9)$$

Ziehen wir wieder die Methode der Bestimmung von $\mathfrak{E}_1$ und L bei angenommenen E_0 und q anderen vor, so können wir das Gleichungssystem direkt anwenden. Häufig wird man aber auch noch die von der Leitungsverteuerung herrührenden Glieder berücksichtigen müssen.

Auch sind wieder die verschiedenen Korrekturen möglich, indessen ist hier zu beachten, daß bei gegebener Entfernung die Konvergenz infolge des inkonstanten Wertes von n_{vq} verringert sein kann. Letzterer Umstand kann sogar der Grund sein, daß eine Vorausberechnung von E_0 völlig unbrauchbar wird. Da indessen die auf bekanntem Wege aufgestellten Normalkurven für Einzelbestimmungen benützt werden können, und zudem für nackte Leiter das schon erwähnte unten zu besprechende andere Verfahren der Ausschaltung kritischer Spannungen den Hauptwert haben dürfte, so wollen wir von einer Ausgestaltung absehen.

Beispiel.

89. **Effekt und Entfernung in Abhängigkeit vom Querschnitt und der Spannung. Vergleich mit früheren Resultaten.** Rechnen wir des Vergleichs wegen noch ein Beispiel, so erhalten wir ein sehr einfaches, wenn z. B. $n_{vq} = 0$ angenommen wird. Dieser Spezialfall kommt wirklich zur Geltung, da es in der Tat einen Bereich geben wird, in welchem die Übergangsverluste, so gut wie unabhängig vom Querschnitt sind. Wir wollen den Fall des näheren untersuchen.

Aufgabe: Der vorher untersuchte Fall soll dahin abgeändert werden, daß der übertragene Effekt ein relativ geringer sei derart, daß er an einen der dort angenommenen Einzelquerschnitte geleitet werden kann. Wie groß werden jetzt die verschiedenen Größen?

Nehmen wir also mangels genügender Unterlagen z. B. an, der frühere Spannungsbereich sei zufällig ungefähr derjenige, für welchen $n_{vq} = 0$ ist, und ferner, für die erste Rechnung könne die Leitungsverteurung außer Acht bleiben, und es sei demzufolge nach (8) zu setzen

$$m_L q^2 = \frac{\mathfrak{E}_1^{\,2}}{E_0^{\,2}} \varrho\, m_0,$$

so wird, wenn wir den früheren Zahlenwert von m_L beibehalten, trotzdem er sich natürlich gegen früher oft praktisch nicht unerheblich ändert, da er ja einige konstant werdende Beträge nicht mehr enthalten darf

$$\mathfrak{E}_1 = \frac{13{,}2 \,.\, 5{,}0\ 10^4 \,.\, 0{,}142}{1{,}33 \,.\, 10^{-1} \,.\, 1{,}03} = 6{,}85 \,.\, 10^5 \text{ Watt}$$

oder

$$\mathfrak{E}_1 = 6{,}85 \text{ KW}.$$

Somit folgt gemäß der unveränderten Gleichung (9)

$$\left(6{,}85\ 10^5\ 7{,}45 \,.\, 10^{-2} + 5 \,.\, 13{,}2 \,.\, 7 \,.\, 10^{-3} \frac{L}{2}\right) 1{,}06 = 2\, \frac{6{,}85^2 \,.\, 10^{10}}{5^2 \,.\, 10^8}\, \frac{0{,}0175}{13{,}2}\, L\, 1{,}06$$

der Wert

$$L = 1{,}88 \,.\, 10^5$$

oder

$$L_D = 94 \text{ km}.$$

Der Einfluß der Übergangsverluste ist also hier ein stärkerer als vorher berechnet wurde. Das rührt im Grunde davon her, daß jetzt $\mathfrak{E}_1$ von den Übergangsverlusten nicht mehr beeinflußt wird, also in der Spannungsgleichung eine relativ größeres q auftritt als früher.

Wie bemerkt kann gerade hier die Leitungsverteurung eine wesentliche Korrektur ergeben, was noch eine bedeutende Ergänzung der Rechnung bedeuten würde. Auch die noch verbleibenden Proben für verschiedene Leiterabstände usw. lehren uns gerade hier deutlich, daß eine exakte Berechnung einer solchen Anlage nicht ein Werk ist, das sich mit einigen kurzen Überschlägen abtun läßt. Die Wege sind aber jedenfalls gewiesen.

Aus allen bisherigen Beispielen erkennen wir, wie stark bei gegebenem Querschnitt und Drahtentfernung der neue Einfluß der Spannung in den Funktionen der Übergangsverluste auf die Resultate ist. Gehen wir mit der Spannung bei konstantem Querschnitt noch höher, so sehen wir unter den übrigen bisherigen Voraussetzungen, daß nicht nur aus rein physikalischen sondern auch aus wirtschaftstheoretischen, d. h. in diesem Falle Billigkeitsgründen die Übertragung bald ein Ende hat, da schließlich kein deutungsfähiger, d. h. positiver Wert von L mehr entsteht.

90. Grenzfall auf Grund des Ryanschen Gesetzes. Die absolute Spannungs- oder Querschnittsgleichung. Wir können statt der bisherigen auch die Forderung aufstellen, daß die kritischen Spannungen (vielleicht mit einem Sicherheitsabzug) überhaupt nicht oder nur in der Grenze erreicht werden sollen. Dies würde z. B. Bedeutung haben, wenn der Barometerstand nur zeitweise sehr tief ist, so daß es sich mehr darum handelt, innerhalb der physikalisch möglichen Betriebsgrenzen zu bleiben, während die gesamten Verluste an sich gering sein können. In Ansehung der Ryanschen Resultate heißt das, es darf bei gegebenen und etwa durch Proben auf Gesamtbilligkeit nachzukontrollierenden Drahtabständen der Querschnitt eine bestimmte minimale Größe als Funktion der Spannung unter keinen Umständen unterschreiten.

Diese in Fig. 37 z. B. für D = 1,22 m dargestellte Funktion, welche aus der Ryanschen Gleichung direkt folgt, setzen wir für die von uns untersuchten Punkte derart an, daß für je einen kleinen Bereich

$$q = F_h E_0^h$$

wird. Wir wollen dann von den verbleibenden häufig geringen Übergangsverlusten einmal ganz absehen und setzen

$$\mathfrak{K} = (\mathfrak{E}_1 + \mathfrak{e})\, m_0 (1 + F_0 E_0^{n_0}) + \mathfrak{E}_1 m_1 (1 + F_1 E_0^{n_1}) + m_L q L$$
$$+ (C_L + F_{Lq} q^{n_{Lq}})(1 + F_L E_0^{n_L})$$

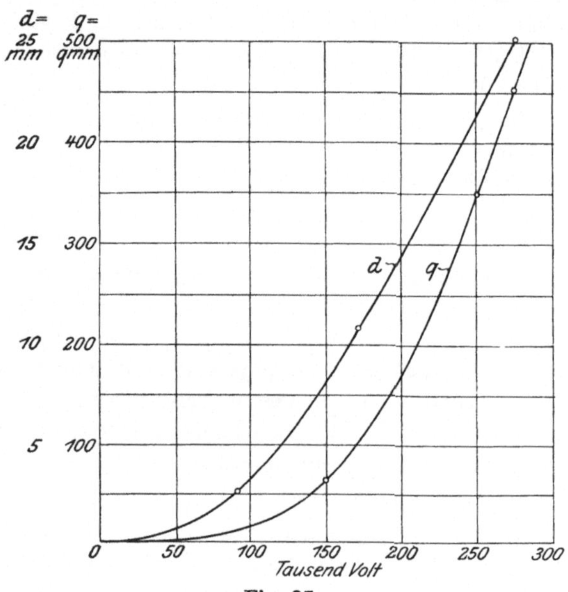

Fig. 37.
Kritische Entladungsverhältnisse nach Ryan.

oder mit noch größerer Vernachlässigung

$$\mathfrak{K} = \left[\mathfrak{E}_1 (1 + F_0 E_0^{n_0}) + \frac{\mathfrak{E}_1^2 \varrho}{F_h E_0^{2+h}} L\right] m_0 + \mathfrak{E}_1 m_1 (1 + F_1 E_0^{n_1})$$
$$+ F_h E_0^h m_L L + [C_L + F_{Lq} (F_h E_0^h)^{n_{Lq}}] (1 + F_L E_0^{n_L}) L.$$

Hieraus folgt dann die neue einzige Bedingung für E_0 durch absolute Differentiation. Wäre das letzte Leitungsglied in der eckigen Klammer noch aufgebbar, so würde z. B. sein

$$\mathfrak{E}_1 n_0 F_0 E_0^{n_0} m_0 + \mathfrak{E}_1 n_1 F_1 E_0^{n_1} m_1 + n_L C_L F_L E_0^{n_L} L + h F_h E_0^h m_L L$$
$$= (2 + h) \frac{\mathfrak{E}_1^2 \varrho}{F_h E_0^{2+h}} L m_0 \qquad (13)$$

Das heißt:

Satz: Im Falle größter Billigkeit ist die Summe aus n_0-facher Verteurung der Primär- n_1-facher Verteurung der Sekundärstation, n_L-facher Verteurung der vom Querschnitt unabhängigen Leitungskosten und den h-fachen, dem Querschnitt proportionalen Leitungskosten gleich dem $(2+h)$-fachem Betrage des auf den Leitungsverlust entfallenden Anteils der Kosten der Primärstation.

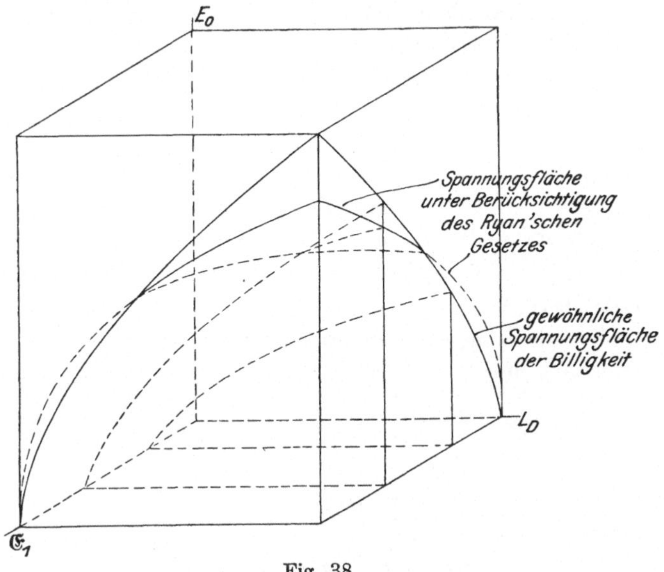

Fig. 38.
Der Einfluß des Ryanschen Gesetzes.

Aus der genannten Gleichung bestimmt man praktisch für verschiedene $\mathfrak{E}_1$ und E_0 die zugehörigen Werte von L. Ist dann nach den früheren Gleichungen für kleine Effekte ein im Verhältnis zur gerechneten Spannung genügender Querschnitt nicht mehr zu erzielen, so müssen die entsprechenden neuen Kurven die zu benutzenden Werte von E_0 und q für ein bestimmtes $\mathfrak{E}$ und L_1 liefern. Die axonometrische Darstellung in Fig. 38 zeigt die Art der Änderung von E_0 für die neuen Bedingungen.

Beispiel.

91. Effekte und Entfernungen im „Ryanschen Fall“. Grenzspannung der Einwirkung. Wäre z. B. die Leitungsverteurung ganz zu vernachlässigen, so würde für die Entfernung ∞ der zu einer Spannung von 150 000 Volt gehörende Effekt

$$\mathfrak{E} = \left[\frac{h(F_h E_0^h)^2 m_L E_0^2}{(2+h)\varrho m_0}\right]^{\frac{1}{2}} = \left(\frac{4{,}5 \,.\, 63{,}5^2 \,.\, 0{,}02 \,.\, 1{,}5^2 \,.\, 10^{10}}{6{,}5 \,.\, 0{,}0175 \,.\, 1{,}06}\right)^{\frac{1}{2}}$$

$$= 8200 \text{ KW}.$$

Die zugehörige Stromdichte ist

$$\mathfrak{d} = \frac{8200 \,.\, 10^3}{1500 \,.\, 63{,}5} = 0{,}86 \text{ Amp. pro qmm.}$$

Dies ist jedoch ein mehr theoretischer Fall, obwohl z. B. bei der Vervollkommnung der Porzellantechnik die Verteurung der festen Leitungskosten vielleicht im Laufe der Zeit sehr gering werden mag. Um nun sicherer in der Beurteilung der Verhältnisse zu gehen, wollen wir die Verteurung der festen Kosten noch durch Annahme von

$$C_L F_L E_0^{n_L} = 2 \text{ bei } n_L = 2$$

angemessen berücksichtigen, wie es in der Größenordnung den Annahmen für die früheren Verteurungskurven, welche sich auf viele Drähte bezogen, entspricht. Wir erhalten dann für $L = \infty$ nach (13)

$$2 \,.\, 2 + 4{,}5 \,.\, 63{,}5 \,.\, 0{,}02 = 6{,}5 \,.\, \frac{\mathfrak{E}_1^2 \, 0{,}0175}{1{,}5^2 \,.\, 10^{10} \,.\, 63{,}5} \,.\, 1{,}06$$

also

$$\mathfrak{E} = 10\,750 \text{ KW}.$$

Hierbei ist aber schon

$$\mathfrak{d} = 1{,}12 \text{ Amp. pro qmm}$$

während die Stromdichte der uneingeschränkten Billigkeit, wenn wir von den Korrekturen absehen nur

$$\mathfrak{d}_b = \left(\frac{0{,}02}{1{,}06 \,.\, 0{,}0175}\right)^{\frac{1}{2}} = 1{,}037 \text{ Amp. pro qmm}$$

beträgt. Wir befinden uns also schon in einem Bereich, in welchem die ersten Resultate der Billigkeit keine Änderung mehr erfahren.

Die Grenzspannung für die Entfernung ∞ mit zugehörigem kleinstem Effekt finden wir, wenn wir in die Gleichung (13) für $L = \infty$ noch die Bedingung

$$\mathfrak{E}_1 \cong \mathfrak{d}_b' q E_0 = \mathfrak{d}_b F_h E_0^{h+1} = \left(\frac{m_L}{m_0 \varrho}\right)^{\frac{1}{2}} F_h E_0^{h+1}$$

einführen. Wir finden

$$n_L C_L F_L E_0^{n_L} + h F_h E_0^h m_L = (2+h) \frac{m_L}{m_0 \varrho} \frac{F_h^2 E_0^{2(h+1)}}{F_h E_0^{2+h}} \varrho m_0$$

d. h.

$$E_0 = \left(\frac{n_L}{2} \frac{C_L F_L}{m_L F_h}\right)^{\frac{1}{h-n_L}}$$

Im Beispiel erhalten wir

$$E_0 = \left(\frac{2}{2} \frac{2 \cdot 150000^{4,5}}{150000^2 \cdot 0{,}02 \cdot 63{,}5}\right)^{\frac{1}{2,5}} = 150000 \left(\frac{1}{0{,}635}\right)^{0,4}$$
$$= 180000 \text{ Volt.}$$

Der zugehörige Querschnitt wird

$$q = 63{,}5 \left(\frac{1{,}8}{1{,}5}\right)^{4,5} = 145 \text{ qmm.}$$

Rechnen wir jetzt den Effekt, so erhalten wir

$$\left(\frac{1{,}80}{1{,}50}\right)^2 4 + 4{,}5 \cdot 145 \cdot 0{,}02 = \frac{6{,}5 \mathfrak{E}_1^2 0{,}0175 \cdot 1{,}06}{1{,}8^2 \cdot 10^{10}\, 145}$$

d. h.

$$\mathfrak{E}_1 = 27000 \text{ KW.}$$

Die Kontrolle der Stromdichte ergibt

$$\mathfrak{d} = \frac{27000 \cdot 10^3}{180000 \cdot 145} = 1{,}036 \text{ Amp. pro qmm}$$

nach Erwartung etwa wie vorher. Rechnen wir nun den Effekt für $E_0 = 200000$ Volt, was innerhalb des Bereichs liegt, für den das Ryansche Gesetz Anwendung finden muß, so erhalten wir für den Querschnitt

$$q = 63{,}5 \left(\frac{2}{1{,}5}\right)^{4,5} = 228 \text{ qmm}$$

also

$$\left(\frac{2}{1{,}5}\right)^2 4 + 4{,}5 \cdot 228 \cdot 0{,}02 = \frac{6{,}5 \mathfrak{E}_1^2 0{,}0175 \cdot 1{,}06}{2^2 \cdot 10^{10}\, 228}$$

und

$$\mathfrak{E}_1 = 45600 \text{ KW,}$$

wobei $\mathfrak{d} = 1{,}0$ wird.

Setzen wir nun einen größeren Effekt z. B. $\mathfrak{E}_1 = 50000$ KW an, so bekommen wir schon eine endliche Entfernung; es wird nämlich nach (13)

$$5 \cdot 10^7 \cdot 2 \cdot 1{,}64 \cdot 0{,}141 \left(\frac{2}{1{,}5}\right)^{1{,}64} \cdot 1{,}06$$

$$= \left[\frac{6{,}5 \cdot 5^2 \cdot 10^{14} \cdot 0{,}0175\; 1{,}06}{2 \cdot 10^{10} \cdot 228} - 4{,}5 \cdot 228 \cdot 0{,}02 - 4\left(\frac{2}{1{,}5}\right)^2\right] L$$

also

$$L_D = 502 \text{ km}.$$

Hierbei ist aber

$$\mathfrak{d} = \frac{50000}{200000 \cdot 228} = 1{,}095;$$

der letzte Effekt war also schon zu groß, und der Einwirkungsbereich ist abermals überschritten. Er ist aber hiernach genau genug zu beurteilen.

Es ist ganz selbstverständlich, daß die früher besprochenen Erweiterungen für Wechselstrom sowie die Korrekturen das Bild noch stark ändern. Es muß aber in dieser Beziehung auf die früheren Kapitel verwiesen werden, da unsere Rechnungen sonst zu umfangreich werden.

92. Allgemeine Folgerung zum Ryanschen Fall. In jedem Falle wollen wir als wichtiges Ergebnis folgendes festhalten: Dem Nachweis Ryans, daß es eine physikalische Spannungsgrenze für die Energieübertragung nicht gibt, ist der Satz zur Seite zu stellen: Auch aus Gründen der Billigkeit ist eine absolute Spannungsgrenze nicht gegeben. Wir werden sehen, daß für die Wirtschaftlichkeit etwas Analoges gibt. Daraus darf aber nicht gefolgert werden (was besonders betont werden möge), daß aus Gründen der Rentabilität[1]) jede Spannung praktisch vorkommen könne. Im Gegenteil werden wir die Frage der Rentabilitätsspannungsgrenzen noch eingehend zu behandeln haben.

93. Der Kabelspezialfall. Schwierig ist die numerische Behandlung des Übergangsverlustes bei den Hochspannungskabeln. Sie erfolgt zwar nach denselben Prinzipien wie im Freileitungsfall, indessen ist gerade bei den früher besprochenen Höchstspannungskabeln ein umfangreicheres Material nötig, als es selbst durch die zahlreichen Arbeiten[2]) über die Verluste und damit zusammenhängend die Erwärmung derselben geboten wird.

Erleichtert wird die Behandlung für einen großen Bereich durch den Umstand, daß die Verluste proportional dem Quadrate der

---

1) Vergl. S. 148 u. S. 231.

2) Vergl. Teichmüller, Erwärmung der Leitungen. 1905. S. 124.

Spannung gesetzt werden können[1]), also durch die erwähnte Erweiterung der Ansätze in Kap. V um die Ableitung A, die aber jetzt zum größten Teil von der Periodenzahl abhängt, gefaßt werden können.

Doch kommen unter dem Einflusse der Temperaturerhöhung auch derartige Erhöhungen der Verluste, die übrigens im wesentlichen Isolationsstromverluste und solche infolge dielektrischer Hysteresis[2]) sind, vor, daß der Exponent eine Erhöhung erfährt und demzufolge die Erweiterungsbetrachtungen des vorliegenden Kapitels auch für Kabel Platz greifen müssen.

Streng genommen müßten übrigens auch die magnetischen Verluste bei Eisenbandarmierungen und die Induktionsverluste im Bleimantel, ganz abgesehen von der Erhöhung der Verluste infolge des Skineffektes, in Rücksicht gezogen werden. Der Einfluß kann jedoch nicht bedeutend sein.

IX. Ausblick auf besondere technische Ausgestaltungen der wirtschaftlichen Forderung der Billigkeit der Anlage. Mehrfache Übertragung. Die Betriebsbedingungen des Ausgleichs und der Elastizität. Anpassung der Maschinen und Apparate.

94. Mehrfache Übertragung. Wir haben bisher den Fall der Übertragung der Energie auf einer Linie behandelt. Häufig, wenn auch meist bei verhältnismäßig geringeren Entfernungen und Spannungen, kommt es nun vor, daß zwei oder eine Anzahl Linien vorhanden sind, und daß auf ihnen außerdem Effekte von verschiedener Größe übertragen sollen. Manchmal handelt es sich auch um Sicherheitsreserven, wobei dann unter Umständen allerdings die eine Linie die ganze Versorgung übernehmen muß. Ist die Forderung gleicher Sekundärspannung gegeben, so erkennt man leicht, daß im wesentlichen in den neuen Bedingungen für v und E_0 einfache Mittelwerte für die verschiedenen Effekte und quadratische Mittelwerte für die Entfernungen sowie entsprechende Kombinationswerte auftreten.

95. Vorgeschriebener Ausgleich. Dienen die verschiedenen Übertragungen zum Speisen eines Netzes und ist bei schwankender Energieabnahme und Regulierung auf mittlere Netzspannung die Bedingung einer gewissen minimalen Spannungs-

1) Vergl. z. B. die Kurven von R. Apt und K. Mauritius in: Arbeitsverluste in Hochspannungskabeln. ETZ 1903. S. 879.

2) Wohl trtoz des Widerspruchs Apts. ETZ 1905. S. 419.

schwankung an den einzelnen Speisepunkten oder eines gewissen „Ausgleichs" gegeben, so ergibt sich eine neue Erweiterung.

Teichmüller, welcher die Ausgleichfrage eingehend behandelt hat gibt nun z. B. die Vorschrift[1]): Es soll, wenn q_a der Querschnitt der Ausgleichleitung ist, L_a deren Länge, $\frac{p_s}{100}$ der Einheitsverlust in derselben, ferner R_1 und R_2 für die Widerstände der Speiseleitungen gesetzt werden,

$$q_a = \left(a \frac{p_s}{100} - 1\right) \frac{L_a}{R_1 + R_2} \varrho$$

sein, wo a ein Maß für die Güte des Ausgleichs bildet. Die Gesamtkosten der Übertragung samt der Ausgleichleitung sind dann bei Einführung unserer Bezeichnung $\frac{p_s}{100} = v$.

$$\begin{aligned} \mathfrak{K} = {} & (\mathfrak{E}_1 + \mathfrak{E}_2)(1 + v)\, m_0 (1 + F_0 E_0^{n_0}) \\ & + \frac{(1+v)^2}{v E_0^2} m_L \varrho (\mathfrak{E}_1 L_1^2 + \mathfrak{E}_2 L_2^2)(1 + F_L E_0^{n_L}) \\ & + (a v - 1) \frac{(1+v)^2}{v E_0^2} m_L \varrho (\mathfrak{E}_1 + \mathfrak{E}_2) L_a^2 (1 + F_L E_0^{n_L}), \end{aligned}$$

wie man durch Ausrechnung der Werte von R_1 und R_2 findet.

Für den hier allerdings selteneren Freileitungsfall ergibt sich dann z. B. in geringster Näherung

$$v = \frac{1}{E_0} \left(\frac{m_L \varrho}{m_0}\right)^{\frac{1}{2}} \left(\frac{\mathfrak{E}_1 L_1^2 + \mathfrak{E}_2 L_2^2}{\mathfrak{E}_1 + \mathfrak{E}_2} - L_a^2\right)^{\frac{1}{2}} \quad . \quad . \quad . \quad . \; (2)$$

und

$$n_0 F_0 E_0^{n_0+2} = 2 \frac{m_L \varrho}{v m_0} \left(\frac{\mathfrak{E}_1 L_1^2 + \mathfrak{E}_2 L_2^2}{\mathfrak{E}_1 + \mathfrak{E}_2} - L_a^2\right) . \quad . \quad . \; (3)$$

und der für die Vorausberechnung von E_0 hier besonders nötige absolute Wert von

$$n_0 F_0 E_0^{n_0+1} = 2 \left(\frac{m_L \varrho}{m_0}\right)^{\frac{1}{2}} \left(\frac{\mathfrak{E}_1 L_1^2 + \mathfrak{E}_2 L_2^2}{\mathfrak{E}_1 + \mathfrak{E}_2} - L_a^2\right)^{\frac{1}{2}} . \quad . \; (1)$$

Die Forderung

$$n_0 F_0 E_0^{n_0} = 2 v \quad . \quad . \quad . \quad . \quad . \quad . \quad . \quad . \quad . \; (5)$$

welche nach erlangtem E_0 wieder zweckmäßig zur Bestimmung von v dient, bleibt hier übrigens erhalten.

---

[1]) Vergl. J. Teichmüller, Ausgleichleitungen. ETZ 1901. S. 229.

Bezüglich der Erweiterungen namentlich für den Kabelfall, muß auf die Grundlagen in den früheren Kapiteln verwiesen werden.

96. Die Bedingung der Elastizität im allgemeinen. Die gleichfalls vorkommende Forderung eines gewissen minimalen Spannungsabfalls in einer Leitung überhaupt oder einer gewissen Elastizität, welcher Ausdruck allerdings meist auf geschlossene Leitungen bezogen wird, war schon in den früheren Kapiteln gestreift. Sie ergibt einfach die Relativgleichungen bei konstantem v. Bei Wechselstrom ist allerdings zu beachten, daß prozentualer Effekt- und Spannungsverlust nicht allgemein identisch sind [1]).

97. Anpassung von Maschinen und Apparaten. Eine andere schon erwähnte Erweiterung des Problems betrifft die Anpassung der Maschinen und Apparate an das Wirtschaftsprinzip der Billigkeit. Wir hatten bisher angenommen, dieselben seien entweder marktgängig normal oder schlechthin „billig", d. h. z. B. nach dem Prinzip der zulässigen maximalen Erwärmung konstruiert. Nähere Betrachtungen z. B. für etwa vorhandene Transformatoren bei Einführung variabler Kupferverluste $\mathfrak{e}_t$ und ebensolcher Eisenverluste $\mathfrak{e}_{te}$ in die Rechnung zeigen aber nun, daß nicht nur für den Transformator an sich neue Bedingungen entstehen, sondern daß auch streng genommen die Leitungsbedingungen in die entstehenden Gesamtresultate eingehen [2]). Es wird also je nach Anwendung verschiedene Transformatoren geben müssen, z. B. im Freileitungsfall andere als im Kabelfall usf. Sind auch die Unterschiede im allgemeinen nicht sehr groß, so sind doch Fälle denkbar, in denen auf entsprechende genauere Untersuchungen nicht verzichtet werden kann. Auf die Rechnungen wollen wir indessen nicht näher eingehen. Sie sind natürlich nicht einfach, und wir sehen hier überdies leicht, daß, wenn es sich nicht um eine Fülle von Projekten handelt, einige Proben zur Feststellung der günstigsten Verhältnisse den Vorzug verdienen.

---

1) Vergl. Kap. VI. S. 100.

2) Die Beziehungen von La Cour in Arnold-La Cour, Die Wechselstromtechnik I. S. 355 u. ff. ergeben dabei zum Teil von vornherein benutzbare Hilfsgleichungen; zum Teil muß aber bei allgemeiner Betrachtung des Problems von ihnen abgesehen werden.

X. Zusammenhang des Wirtschaftsprinzips der Billigkeit mit denjenigen der Wirtschaftlichkeit und Rentabilität. Der Fall der übereinstimmenden Resultate. Vergleich der Rechnungsresultate mit praktischen Ausführungen.

98. Die Billigkeit als Spezialfall der Wirtschaftlichkeit und Rentabilität. Erweiterte Bedeutung der bisherigen numerischen Resultate. Wir haben wiederholt betont, daß überall da, wo ein merkbarer Gegensatz zwischen einer billigen Anlage und einer nach dem Prinzip der Wirtschaftlichkeit oder der Rentabilität berechneten besteht, die billige Anlage nur unter gewissen Umständen ausgeführt werden wird. Es kann indessen vorkommen, daß ein solcher Unterschied theoretisch und häufig auch praktisch überhaupt entfällt. Dies tritt ein, wenn es sich um verschwindende Betriebskosten handelt und hinreichend genau gleichmäßige Amortisation angenommen werden kann, wie sich in den späteren Kapiteln besonders deutlich zeigen wird. Die Tatsache beruht darauf, daß sich dann bei der Wirtschaftlichkeit die minimalen Gesamtjahresausgaben nach dem Minimum der Anlagekosten direkt richten, d. h. ihnen proportional sind, und bei der Rentabilität auch die „Dividende-Quotienten" diesen folgen müssen. Die absolute Höhe der Amortisationssätzen spielt dann nicht in den bisherigen Bedingungsgleichungen, sondern nur in den erweiternden Untersuchungen bezüglich der Ausführung der einzelnen Teile eine Rolle. Demzufolge müssen sich aus den Relationen für die genannten beiden anderen Wirtschaftsprinzipien diejenigen der Billigkeit leicht ableiten lassen. Bei unsern später zu gebenden Gleichungen und bedingungsweise auch aus der benutzten Beringerschen Beziehung für den Effektverlust sowie bei einer vom Verfasser früher gegebenen Näherungsbeziehung für die Spannung [1]) ist dies auch in der Tat möglich.

99. Diskussion der Resultate anderer Autoren. Dieselbe Herleitung müßte auch aus den Formeln anderer Autoren, welche sich allerdings mit der Billigkeit nicht beschäftigt haben, möglich sein. Wir werden nun an entsprechender Stelle [2]) Gelegenheit haben uns mit der früher erschienenen Arbeit von Boucherot und den jüngst veröffentlichten Aufsätzen von Albaret, Swyngedauw, Sarrat, Wallace und Mershon zu befassen. Überall wird nur ein spezieller Fall herausgegriffen und dieser dann mit weiteren Vernachlässigungen behandelt. Wir werden sehen, daß

[1]) Vergl. S. 163.
[2]) Vergl. S. 196 u. S. 244.

sich aber auch in den Näherungsformeln keineswegs immer Übereinstimmung zeigt. Der Grund liegt hier einmal in den verschiedenen Voraussetzungen für die Kostenfunktionen, dann aber in theoretischen, namentlich auch wirtschaftstheoretischen Irrtümern, wenn nicht überhaupt nur eine Methode mit schwacher Konvergenz ohne genügende Ausrechnung gegeben ist. Welche Verwirrung in wirtschaftstheoretischer Beziehung herrscht, geht z. B. daraus hervor, daß Mershon zwar die Ausgangsbedingung der von ihm gewollten Rentabilität richtig erkennt, er in Wirklichkeit aber doch bald in reine Wirtschaftlichkeitsrechnungen einlenkt, abgesehen davon, daß er seine eigenen Voraussetzungen auch sonst nicht genügend beachtet, ferner daraus, daß z. B. Swyngedauw allgemein „ökonomische" Formeln gibt, die ein Wirtschaftsprinzip betreffen, das wir erst im zweiten Teil[1]) unter der schon in der Einleitung definierten Bezeichnung „Exploitation" behandelnd treffen. Wir werden uns darum genötigt sehen, an verschiedenen Stellen auf diese Differenzen zurückzukommen.

100. Der Fall der Wasserkraftanlagen. Der genannte Fall der verschwindenden Betriebskosten tritt am ehesten ein bei Wasserkraftanlagen, bei welchen aber nach unsern Voraussetzungen mehr Energie zur Verfügung stehen muß als ausgenutzt werden kann. Fragen wir uns nun, welche elektrischen Verhältnisse diese Wasserkraftanlagen im Vergleich mit unseren Rechnungen zeigen, so mögen einige Beispiele, in denen allerdings die Angaben meist nur mangelhaft vorliegen, die Antwort geben.

101. Beispiele praktischer Ausführungen. Die historische Drehstrom-Kraftübertragung der Frankfurter Ausstellung im Jahre 1891 hatte bekanntlich bei einer Entfernung von 175 km von Lauffen bis Frankfurt eine Spannung von 30000 Volt bei etwa 10 % Spannungsverlust in der Leitung.

Neuere meist für Drehstrom eingerichtete Anlagen für praktischen Betrieb sind z. B. von Ayrton zusammengestellt[2]). Wir entnehmen dem Verzeichnis folgende Wasserkraftanlagen:

Ort	L_D km	PS	E_0 Volt
Gromo-Nembro, Italien	35	3300	40000
Bangalore, Indien	148	1300	35000
Logan-Salt Lake City, Am.	241	2600	40000
Canon Ferry-Butte (Missouri)	113	5700	50000

1) Vergl. S. 269.
2) Vergl. The Electrician, London 1905. S. 947.

Ort	L_D km	PS	E_0 Volt
Shawingan-Montreal	145	15000	50000
Moutiers-Lyon	180	—	57600
Spokane-Washington	161	3000	60000
Guanajuato (Mexiko)	167	4000	60000
Electra-San Franzisko	263	10000	60000
Colgate-Stockton	351	5000	60000

Unlängst vollendet ist eine Anlage der Kern River Power Co. in Kalifornien, welche 4000 PS auf 179 km bei 67500 Volt überträgt.

Nach anderer Mitteilung[1]) ist die Anlage zu Gromo-Nembro inzwischen für 40000 PS ausgebaut bei 5 % Spannungsverlust. Die Linien Electra-San Franzisko und Colgate-Stockton haben nach W. Blank[2]), wie gelegentlich erwähnt, an geeigneten Stellen Spannungsinduktionsspulen mit Wasserkühlung und zwar bei einer Drahtentfernung des Dreiphasensystems von ca. 4 m, so daß der Leistungsfaktor praktisch gleich 1 ist. Zu erwähnen wäre ferner z. B. die Übertragung von 12000 PS von Niagara nach Toronto auf eine Entfernung von 120 km bei 60000 Volt. Der Spannungsverlust in der 6 × 125 qmm starken Leitung beträgt 10 %.

Bei Los Angelos[3]) wurde kürzlich eine Linie mit 80000 Volt erprobt. Es zeigten sich keine Schwierigkeiten. A. D. Adams berichtet ferner[4]) von Versuchen mit einer 100000 Voltlinie, bei welcher namentlich die starke Begünstigung der Übergangsverluste durch Staubablagerung auf den Drähten festgestellt wurde.

102. Eine „praktische Faustregel“ für die Spannung. Eine „praktische Faustregel“ empfehlen in Versammlungen neuerdings Lincoln, Ayrton und andere für die Spannung. Sie schlagen vor, bis zu gewissen Grenzen pro englischer Meile (= 1,609 km) der Übertragung ein Kilovolt anzunehmen. Der Vorschlag ist namentlich für die Amerikaner der Einfachheit halber zweifellos sehr bestechend. Er dürfte vielfach Geltung gewinnen, aber in bezug auf seine wirtschaftlichen Folgen recht bedenklich sein.

103. Vergleich der Werte ausgeführter Anlagen mit den früher berechneten. Vergleicht man nun solche An-

---

1) Vergl. Schweiz. Zeitschrift. 1904. S. 69.

2) Vergl. W. Blank, 60000 Volt-Anlagen an der Küste des stillen Ozeans. ETZ 1902. S. 863.

3) Vergl. Z. f. El. Wien 1904. S. 629.

4) Vergl. ETZ 1902. S. 1067.

gaben mit unsern Resultaten, so findet man, daß selbst unter den ungünstigsten Verhältnissen nach unseren Rechnungen Spannungen entstehen, welche im allgemeinen bedeutend höher sind als die ausgeführten, ebenso sind unsere Verluste wesentlich kleiner, doch zeigt sich gelegentlich, wenn auch selten, fast Übereinstimmung.

Berücksichtigt man nun, daß doch offenbar vielfach die Ausführungen einigermaßen günstige Verhältnisse nach Proberechnungen besitzen werden, und Interessengegensätze zwischen den Vertretern der verschiedenen Wirtschaftsprinzipien hier nur in bezug auf den theoretischen Einfluß verschiedener Amortisationssätze für verschiedene Teile der Anlage einige Bedeutung erlangen können, so ist der Hauptgrund für die Abweichung wohl in den früheren schwierigen und teuren Herstellungen einzelner Einrichtungen z. B. der Transformatoren und ferner auch in dem früheren Vorurteil, daß Spannungen über gewisse Grenzen allgemein ein technisches Unding seien, zu suchen. Es mag auch sein, daß wir in den Beispielen einzelne Kosten gegenüber den meisten früheren Ausführungen unterschätzt haben. In dieser Hinsicht ist im Auge zu behalten, daß unsere numerischen Rechnungen weniger direkt praktische Folgerungen zulassen, als vielmehr die Anwendung der Methode beleuchten sollten. Übrigens sind auch andere Autoren zu wesentlich höheren Spannungen gelangt; indessen ist zur Diskussion ihrer Ergebnisse die Betrachtung der späteren Wirtschaftsprinzipien notwendig.

104. Der Gleichstromspezialfall. Für Gleichstrom hatten wir keine besonderen Beispiele gerechnet. Hier kommt z. B. beim System Thury, bei welchem die Maschinen hintereinander geschaltet werden, hauptsächlich die schwierige und kostspielige Isolation gegen Erde in Betracht. Das nötige Material und die praktische Illustration werden hier die nach genanntem System ausgeführten Anlagen, welche z. Z. Spannungen bis 80000 Volt und mehr aufweisen, geben. Wahrscheinlich werden künftig auch die Gleichstromanlagen mit azyklischen Maschinen nach den Patenten J. C. Noeggerath mit Dampfturbinenantrieb eine Rolle spielen. Werden diese auch wegen der zahlreichen erforderlichen Segmente (deren jedes eine maximale Spannung erzeugen kann) teuer, so werden doch die auch bei erstgenanntem System stets betonten wegfallenden konstanten Eisenverluste in den Transformatoren und der günstigere Leistungsfaktor, ferner aber auch die geringeren Übergangsverluste[1]) bedeutsam sein.

---

[1]) Vergl. Kap. VII. S. 131.

Daß man übrigens, wenn auch zögernd, die Spannungen bei neueren Anlagen beträchtlich höher zu nehmen gedenkt[1]), ist auch bei aufmerksamer Verfolgung gelegentlicher Nachrichten in den Zeitschriften leicht festzustellen.

B.

Die Wirtschaftlichkeit der Anlage im allgemeinen.

I. Das Wesen der Wirtschaftlichkeit.

105. Der Grundgedanke der Wirtschaftlichkeit. Diejenige Eigenschaft einer Anlage, nach welcher sehr häufig der Grad ihrer Vollkommenheit beurteilt wird, ist die Wirtschaftlichkeit derselben. Der Grundgedanke besteht, wie schon in der Einleitung kurz angedeutet ist, darin, daß in erster Linie die Absicht herrscht eine notwendige wirtschaftliche Aufgabe zu erfüllen, und in zweiter Linie diese Erfüllung unter den jeweilig möglichen günstigsten Ausgabeverhältnissen angestrebt wird. Die elektrische Anlage als Beispiel ist im Falle der Wirtschaftlichkeit also unbedingt und im Gegensatz zu dem späteren Fall der Rentabilität Selbstzweck. Die „günstigsten Ausgabeverhältnisse", unter denen dieser angestrebt wird, sind vorhanden, wenn die fortlaufende Aufwendung sämtlicher wirtschaftlichen Wertfaktoren ein Minimum ist. Man spricht auch wohl im Falle diese letzte Bedingung nicht vollständig erfüllt ist, sondern nur bis zu einem gewissen Grade, von Wirtschaftlichkeit und nennt dann den Minimumfall denjenigen der „höchsten Wirtschaftlichkeit". Wir wollen aber in Analogie zu den anderen Fällen festhalten an der bereits gegebenen Definition, die im Wesentlichen besagt:

Wirtschaftlichkeit ist vorhanden, wenn die Aufwendung der fortlaufenden wirtschaftlichen Werte einer als notwendig erkannten Anlage bei Erreichung des wirtschaftlichen Zweckes ein Minimum ist.

Ist eine nichtelektrische Anlage denkbar, welche die gleiche Aufgabe erfüllen kann wie die elektrische, so ist natürlich zu untersuchen, welche der an sich auf Wirtschaftlichkeit gerechneten Anlagen der andern überlegen ist. Der Charakter der verschiedenen Anlagen bringt es aber gewissermaßen ganz von selbst mit sich, daß dann

---

[1]) Die General. El. Co. baut z. B. schon Transformatoren bis 160000 Volt.

die Entscheidung, welche Art zur Ausführung kommen soll, nicht allein nach wirtschaftlichen Gesichtspunkten beurteilt wird.

106. Die Wertfaktoren. Die Kapitalverzinsung. Vergleich mit der Rentabilität. Es fragt sich nun, welches im genaueren die in Betracht kommenden wirtschaftlichen Werte für die elektrische Anlage sind.

Eigentliche wirtschaftliche Werte sind natürlich die Betriebskosten und die Kosten der Amortisation und Unterhaltung der Anlage. Bleiben die Ausgaben hierauf beschränkt, so hat man den Idealfall der „Gemeinwirtschaftlichkeit“ [1]). Er könnte verwirklicht gedacht werden, dadurch, daß etwa eine Stadtverwaltung eine elektrische Straßenbeleuchtung herstellt und die Erbauungskosten, ohne eine Anleihe aufzunehmen, von Steuerzahlern tragen läßt.

Wir sehen an diesem Beispiel schon, daß der Fall selten sein wird; auf unserm Gebiete kommt er kaum vor. Der Grund liegt darin, daß ein Gemeinkörper wohl als solcher Wirtschaftlichkeit anstreben, nicht aber gemäß der vorhandenen Wirtschaftsordnung die „Wirtschaftselemente“, d. h. die Glieder der Gesamtwirtschaft zur „idealen Wirtschaftlichkeit“ zwingen kann. Demzufolge tritt die Notwendigkeit der Anleihe und der Kapitalverzinsung ein, und der Unterschied gegenüber der später ausführlich zu behandelnden Rentabilität besteht hauptsächlich darin, daß es nicht zulässig

1) Einige Wirtschaftstheoretiker definieren als „Privatwirtschaftlichkeit“ die später genauer zu besprechende Rentabilität und als Gemeinwirtschaftlichkeit häufig eine entsprechende Gemeinrentabilität. Manche verstehen unter Wirtschaftlichkeit den Fall des „absoluten“ maximalen Gewinnes ohne Rücksicht auf die Kapitalhöhe und zwar für Privatunternehmen sowohl wie für öffentliche. Für die letzteren bedeutet aber der letztgenannte Fall nichts als die maximale Ausnutzung einer Fähigkeit, die in allen anderen Fällen nur dem Kapital eigen ist; er ist eben derjenige der Monopolausnutzung. Ein „absoluter“ maximaler Gewinn bei einem Privatunternehmen (vergl. z. B. Launhardt, Theorie der Tarifbildung der Eisenbahnen und Math. Begr. der Volkswirtschaftslehre) wird nur da richtig angestrebt, wo entweder das Kapital überhaupt nicht variabel ist, und dann liegt eigentlich ein spezieller Fall der Rentabilität vor, oder die Rolle des Unternehmers praktisch von der des Kapitalisten getrennt ist, ein Fall, der in der modernen Wirtschaft immer seltener wird und auf unserem Gebiete nur bei gewissen beschränkenden Bedingungen verwirklicht erscheint (vergl. Rentabilität und Exploitation).

Schließlich wird z. B. auch unter Gemeinwirtschaftlichkeit der Fall des gesamten gleichzeitigen Maximalnutzens für Produzent, Vermittler und Konsument verstanden (Sax), wobei dann allerdings meist eine variable Inanspruchnahme wirtschaftlicher Güter im Vordergrund des Interesses steht (vergl. auch Tarifpolitik der Elektrizitätswerke unter Rentabilität S. 244). Wir können auf diese wirtschaftstheoretischen Dinge natürlich hier nicht näher eingehen, als zur Darstellung unbedingt erforderlich ist, und müssen im übrigen auf die Literatur verweisen (vergleiche a. S. 212).

ist, etwa bei einem bestimmten haltbaren Verkaufspreis der Energie die Anlage so auszuführen, daß der größte Gewinn für das Aufnahmekapital erzielt wird. Mit anderen Worten heißt das, die Wertfaktoren dürfen nicht so bemessen werden, wie es den Interessen des Kapitals entspricht. Es handelt sich also bei der Verzinsung um die „Regulierung" eines dem Wesen der Wirtschaftlichkeit ursprünglich fremden Gliedes. Die Gründe, warum die darin liegende Beschränkung der Fähigkeiten des Kapitals[1]) möglich ist, brauchen hier nicht erörtert zu werden. Es genügt, daß der Fall vorkommt und zwar nicht nur bei Gemeinkörpern, sondern auch in der Form der Privatwirtschaftlichkeit, z. B. wenn ein Fabriketablissement elektrisch beleuchtet werden soll und das ganze erforderliche Kapital zu festem Zinsfuß hergeliehen wird. (Kraftübertragung zu Fabrikationszwecken ist hingegen wohl immer nach den Gesetzen der reinen Rentabilität zu beurteilen!) Wir rechnen also immer mit „praktischer Wirtschaftlichkeit", die wir reine Wirtschaftlichkeit nur da nennen, wo der Gegensatz zum Wirtschaftsprinzip der Rentabilität besonders betont werden soll, und haben diesen Fall im Auge, wofern nicht ausdrücklich von andern Bedingungen die Rede ist.

107. Die Monopolausnutzung als Spezialfall. Tarifpolitik. Natürlich gibt es Fälle, in denen eine Verquickung der Wirtschaftlichkeit mit anderen Bedingungen eintritt. Hat z. B. ein städtisches Werk, wie das meistens der Fall ist, Privatabnehmer, so wird die Stadtverwaltung geneigt sein, nicht nur eine Deckung der Ausgaben zu verlangen, sondern auch einen absoluten (Unternehmungs-) Gewinn zu erzielen, welcher steuertheoretisch verteidigt wird („fiskalischer Betrieb"). Der Fall ist dann eigentlich weder derjenige der Wirtschaftlichkeit, noch derjenige der Rentabilität. Es wird sich aber zeigen, daß in den meisten Fällen, wo nicht etwa eine besondere Tarifpolitik vielleicht in Verbindung mit der Steuerpolitik vorliegt, die Relationen der Wirtschaftlichkeit zur Bearbeitung genügen. Wir werden den Fall, der gemäß Einleitung derjenige der Monopolausnutzung heißen möge, gelegentlich genauer verfolgen.

---

[1]) Vergl. Kap. I der Rentabilität.

II. Der einfachste Übertragungsfall. Die wirtschaftlichen Werte des Effektverlustes, der Spannung und der übrigen elektrischen Daten. Die Kosten der Anlage. Die jährlichen Ausgaben.

108. Die notwendigen Größen und Funktionen. Die Ausgangsgleichung für die jährlichen Gesamtausgaben. Wir machen zunächst wieder die einfachsten Annahmen. Im besonderen sei also vorerst z. B. keine sich mit der Spannung verteuernde Unterstation zu berücksichtigen. Ferner sei zunächst der Betrieb während der Zeit T konstant, und es soll bezeichnen

K die jährlichen Gesamtausgaben, deren Minimum erstrebt wird,

p_0 der Einheitssatz[1]) der Amortisation und Verzinsung der Energieerzeugungsstation,

p_L der Einheitssatz der Amortisation und Verzinsung für die Leitung und

m_b die Betriebskosten für jede der Betriebsstunden T.

Es sind dann die jährlichen Kosten für die Erzeugung von $\mathfrak{E}_1 T$ nützlichen Wattstunden

$$K = (\mathfrak{E}_1 + \mathfrak{e})\, m_0 p_0 (1 + F_0 E_0^{n_0}) + \frac{(\mathfrak{E}_1 + \mathfrak{e})^2}{\mathfrak{e}\, E_0^2}\, m_L L^2 \varrho\, p_L (1 + F_L E_0^{n_L}) + (\mathfrak{E}_1 + \mathfrak{e})\, m_b T,$$

da wir zunächst etwa wieder annehmen, daß sich verteuernde „feste Leitungskosten“ nicht vorhanden, vielmehr die gesamten Leitungskosten bei vielen Einzeldrähten proportional dem Querschnitt seien, wie dies bei sehr großem Effekt der Fall sein kann, oder auch daß außer den eingeführten nur noch völlig konstante Kosten möglich seien. Eine Erhöhung der Betriebskosten mit wachsender Spannung ist dabei vorläufig nicht in Rechnung gezogen.

109. Die Relativgleichung für den Effektverlust. Die Gleichung von Beringer und Ayrton & Perry. Die partielle Differentiation nach $\mathfrak{e}$, die hauptsächlich aus sogleich zu erwähnenden historischen Gründen zunächst betrachtet werden möge, liefert hier den entsprechenden Wirtschaftlichkeitsveränderungsgrad. Da, wo er den Charakter als „Vergrößerungsgrad“ verliert, um in den „Verringerungsgrad“ überzugehen, liegt die Bedingung der höchsten Wirtschaftlichkeit oder kurz der Wirtschaftlichkeit, wobei wie früher die zweite Ableitung das entsprechende Kriterium liefert.

1) Derselbe ist also gleich dem hundertsten Teil des Prozentsatzes.

Setzen wir also das Ergebnis der partiellen Differentiation nach $\mathfrak{e}$ gleich Null, so erhalten wir

$$m_0 p_0 (1 + F_0 E_0^{n_0}) - \frac{\mathfrak{E}_1^2}{\mathfrak{e}^2 E_0^2} m_L L^2 \varrho\, p_L (1 + F_L E_0^{n_L}) + m_L \frac{L^2}{E_0^2} p_L (1 + F_L E_0^{n_L}) + m_b T = 0$$

und somit den Relativwert von $\mathfrak{e}$ bei gegebenem konstanten oder nach der noch herzuleitenden absoluten Gleichung bestimmten E_0 als

$$\mathfrak{e} = \frac{\mathfrak{E}_1}{E_0} \times \left[\frac{m_L L^2 \varrho\, p_L (1 + F_L E_0^{n_L})}{m_0 p_0 (1 + F_0 E_0^{n_0}) + m_L \frac{L^2}{E_0^2} \varrho\, p_L (1 + F_L E_0^{n_L}) + m_b T}\right]^{\frac{1}{2}} \quad (2\,b)$$

Es zeigt sich auch hier leicht, daß wir es wirklich mit einer Minimumbedingung zu tun haben. Wie bei der Billigkeit kann $\mathfrak{e}$ höchstens gleich $\mathfrak{E}_1$ werden. Setzen wir an Stelle von $m_0\ (1 + F_0 E_0^{n_0})$ und $m_L\ (1 + F_L E_0^{n_L})$ „Momentanwerte" der entsprechenden Kosten für ein bestimmtes E_0 ein, so erhalten wir die Gleichung, welche von Beringer[1]) und Ayrton & Perry[2]) gegeben wurde. Für den auch früher bei der Billigkeit zuerst behandelten allgemeineren Freileitungsfall spielte nun aber schon das zweite Nennerglied der entsprechenden Gleichung selten eine Rolle, da sein Einfluß meist von der dritten Größenordnung war. Hier ist er noch viel eher zu vernachlässigen. Wir setzen also für die früher definierte Genauigkeit zweiten Grades einfach

$$\mathfrak{e} = \left[\frac{\mathfrak{E}_1^2}{E_0^2} \frac{m_L L^2 \varrho\, p_L (1 + F_L E_0^{n_L})}{m_0 p_0 (1 + F_0 E_0^{n_0}) + m_b T}\right]^{\frac{1}{2}} \quad . \quad . \quad . \quad (2\,a)$$

oder

$$v = \frac{L}{E_0} \left[\frac{m_L \varrho\, p_L (1 + F_L E_0^{n_L})}{m_0 p_0 (1 + F_0 E_0^{n_0}) + m_b T}\right]^{\frac{1}{2}} \quad . \quad . \quad . \quad (2\,a')$$

Begnügen wir uns mit der für den allgemeinen Freileitungsfall bei den zunächst gemachten Annahmen meist zulässigen geringsten Genauigkeit, so wird

---

1) Vergl. A. Beringer, Kritische Vergleichung der elektrischen Kraftübertragung mit den gebräuchlichsten mechanischen Übertragungssystemen, gekrönte Preisschrift. Berlin 1883. Derselbe, Die Dimensionierung elektrischer Leitungen, Zeitschrift für El. Wien 1884. S. 449.

2) Vergl. Ayrton u. Perry, Economy in Electrical Conductors, Journal of the Society of Telegraph-Eng. and Electricians. 1886. S. 120.

$$v = \frac{L}{E_0}\left(\frac{m_L \varrho p_L}{m_0 p_0 + m_b T}\right)^{\frac{1}{2}} \quad . \quad . \quad . \quad . \quad . \quad (2)$$

unter der Voraussetzung, daß die Spannung, wenn auch gegeben, doch wenigstens einigermaßen von der richtigen Größenordnung sei.

110. Die erweiterte Gleichung von Thomson. Im letzten Falle kann natürlich auch in gleichem Grade der Näherung gesetzt werden

$$v = \frac{L}{E_1}\left(\frac{m_L \varrho p_L}{m_0 p_0 + m_b T}\right)^{\frac{1}{2}} \quad , \quad . \quad . \quad . \quad . \quad (2')$$

und dies ist der Ausdruck der erweiterten Thomsonschen Regel[1]), welche man sich auch aus einem Kostenansatz abgeleitet denken kann, der statt E_0 die Sekundärspannung E_1 enthält, mit der gleichzeitigen Annahme, daß m_0 und m_L konstante Größen seien aber gleichwohl die Verteurung enthalten. Diese Tatsache spielt in der Geschichte der Theorie der Wirtschaftlichkeit eine Rolle. Wir werden weiter unten in der Diskussion der gesamten Resultate darauf zurückkommen[2]).

111. Die Spannungsrelativgleichung. Zunächst wollen wir aus dem Veränderungsgrad der Wirtschaftlichkeit in bezug auf die Spannung den Relativwert und darauf den Absolutwert der Spannung selbst ableiten. Wir erhalten, analog wie früher, den ersteren, indem wir das Resultat der ersten partiellen Differentiation nach E_0 gleich Null setzen. Es wird

$$m_0 p_0 n_0 F_0 E_0^{n_0-1} - \frac{\mathfrak{E}_1 + e}{e E_0^3} m_L L^2 \varrho p_L [2 - (n_L - 2) F_L E_0^{n_L}] = 0.$$

Wird $p_0 = p_L$, so entsteht die Formel der Billigkeit, und das ist natürlich, denn bei gegebenem Effektverlust üben die Betriebskosten keinen Einfluß auf die Höhe der Spannung aus. Da auch hier, wie bei der Billigkeit, der Fall z. B. aus Gründen der Elastizität der Leitung vorkommen kann, ist es wichtig, zu wissen, daß dann wenigstens bei gegebenen Kosteneinheiten die Interessen der Wirtschaftlichkeit zusammenfallen mit denjenigen der Billigkeit, was beim Bau des Werks wichtig ist und bei den meist voneinander verschiedenen Interessen des Erbauers und Besitzers eine Ausnahme darstellt. Im allgemeinen ist bei gegebenem Effekt- und damit Spannungsverlust zu rechnen nach

1) Vergl. W. Thomson, On the Sources of Energy in Nature available to Man for the production of Mechanical Effect. British Ass. Rep. 1881. S. 518 u. 526.

2) Vergl. S. 160.

$$m_0 p_0 n_0 F_0 E_0^{n_0} = \frac{\mathfrak{E}_1 + e}{e E_0^2} m_L L^2 \varrho p_L [2 - (n_L - 2) F_L E_0^{n_L}] \quad . \ (3\,b)$$

oder in Näherung vom zweiten Grade nach

$$E_0 = \left(1 + \frac{v}{n_0 + 2} - \frac{n_L - 2}{2 n_0 + 4} F_L E_0^{n_L}\right) \left(\frac{2 m_L L^2 \varrho p_L}{v n_0 F_0 m_0 p_0}\right)^{\frac{1}{n_0 + 2}}, \quad . \ (3\,a)$$

wo das E_0 des Korrektionsgliedes, falls erforderlich, nach der früheren Methode und zwar aus der Gleichung der geringsten Näherung berechnet und eingeführt wird. Diese ist

$$E_0 = \left(\frac{2 m_L L^2 \varrho p_L}{v n_0 F_0 m_0 p_0}\right)^{\frac{1}{n_0 + 2}} \quad . \ . \ . \ . \ . \ (3)$$

112. **Die absolute Spannungsgleichung.** Wollen wir uns etwa zur Erreichung der absoluten Spannungsformel mit der Genauigkeit zweiten Grades begnügen, welche früher für den einfachsten Fall ziemlich weit genügte und dies, wie wir nunmehr leicht beurteilen können, auch jetzt tun wird, indem wir uns vorbehalten können, die in einzelnen Fällen später nötigen Näherungsmodifikationen jeweils gesondert genauer zu verfolgen, so erhalten wir durch Einführung von e in die umgeformte Gleichung (3 a)

$$(m_0 p_0 n_0 F_0 E_0^{n_0 + 2} - 2 m_L L^2 \varrho p_L) v = m_L L^2 \varrho p_L [2 - (n_L - 2) F_L E_0^{n_L}]$$

den Ausdruck

$$(m_0 p_0 n_0 F_0 E_0^{n_0 + 2} - 2 m_L L^2 \varrho p_L) \frac{m_L^{\frac{1}{2}} L \varrho^{\frac{1}{2}} p_L^{\frac{1}{2}} (1 + F_L E_0^{n_L})^{\frac{1}{2}}}{E_0 [m_0 p_0 (1 + F_0 E_0^{n_0}) + m_b T]^{\frac{1}{2}}}$$
$$= m_L L^2 \varrho p_L [2 - (n_L - 2) F_L E_0^{n_L}]$$

und daraus

$$m_0^2 p_0^2 n_0^2 F_0^2 E_0^{2(n_0 + 1)} = m_L L^2 \varrho p_L [4 - 4 (n_L - 2) F_L E_0^{n_L}] \times$$
$$\times [m_0 p_0 (1 + F_0 E_0^{n_0}) + m_b T] (1 - F_L E_0^{n_L}) + 4 m_L L^2 \varrho p_L m_0 p_0 n_0 F_0 E_0^{n_0}.$$

Somit wird bei Ausrechnung

$$m_0^2 p_0^2 n_0^2 F_0^2 E_0^{2(n_0 + 1)} = m_L L^2 \varrho p_L [4 m_0 p_0 + 4 m_0 p_0 n_0 F_0 E_0^{n_0}$$
$$+ 4 m_0 p_0 F_0 E_0^{n_0} - (4 n_L - 8) F_L E_0^{n_L} m_0 p_0 - 4 F_L E_0^{n_L} m_0 p_0 + 4 m_b T$$
$$- 4 m_b T (n_L - 2) F_L E_0^{n_L} - 4 m_b T F_L E_0^{n_L}] = 4 m_L L^2 \varrho p_L \{m_0 p_0 \times$$
$$\times [1 + (n_0 + 1) F_0 E_0^{n_0} - (n_L - 1) F_L E_0^{n_L}] + m_b T [1 - (n_L - 1) F_L E_0^{n_L}\}.$$

und daraus entsteht die Schlußformel der besprochenen Näherung, nämlich

$$E_0 = \left(\frac{4 m_L L^2 \varrho p_L}{m_0^2 p_0^2 n_0^2 F_0^2}\right)^{\frac{1}{2(n_0+1)}} [1 - (n_L - 1) F_L E_0^{n_L}]^{\frac{1}{2(n_0+1)}} \times$$

$$\times [m_0 p_0 \{1 + (1 + n_0) F_0 E_0^{n_0}\} + m_b T]^{\frac{1}{2(n_0+1)}}, \quad . \text{ (1 a)}$$

welche, wie leicht zu verfolgen, in der Tat ein absolutes Minimum ergibt.

Die Formel der geringsten Näherung wird demnach

$$E_0 = \left(\frac{2 L}{m_0 p_0 n_0 F_0}\right)^{\frac{1}{n_0+1}} (m_L \varrho p_L)^{\frac{1}{2(n_0+1)}} (m_0 p_0 + m_b T)^{\frac{1}{2(n_0+1)}} \quad (1)$$

Sämtliche Gleichungen können auch bei einiger Sorgfalt durch gewisse aus den ersten Ansätzen folgende Ergänzungen aus denen der Billigkeit abgeleitet werden. Für die exakte Spannungsgleichung wird sich auf diese Weise z. B. ergeben

$$n_0^2 F_0^2 E_0^{2 n_0 + 2} m_0^2 p_0^2 (1 + F_L E_0^{n_L})$$
$$= \{[2 - (n_0 - 2) F_L E_0^{n_L}]^2 [m_0 p_0 (1 + F_0 E_0^{n_0}) + m_b T]$$
$$+ (1 + F_L E_0^{n_L}) [2 - (n_L - 2) F_L E_0^{n_L}] 2 m_0 n_0 F_0 E_0^{n_0}\} m_L L^2 \varrho p_L \text{ (1 b)}$$

113. **Die praktische und die absolute Gleichung für den Effektverlust.** Wir erkennen aus der Kombination der beiden Relativgleichungen, daß wir zur Beurteilung der Größenordnung der Korrektionsglieder jetzt haben

$$2 v \frac{m_0 p_0 + m_b T}{m_0 p_0} = n_0 F_0 E_0^{n_0}, \quad . \quad . \quad . \quad . \quad (5)$$

woraus auch v bequem berechnet werden kann, wenn der Wert rechts direkt aus der Verteurungskurve abgegriffen wird. Die zu letzterem Zwecke dienende genauere Gleichung ist, wie man aus den entsprechenden Relativgleichungen rasch erkennt, übrigens

$$2 v \left[m_0 p_0 \left(1 + \frac{n_0 + 2}{2} F_0 E_0^{n_0}\right) + m_b T\right] \left(1 - \frac{n_L}{2} F_L E_0^{n_L}\right)$$
$$= n_0 F_0 E_0^{n_0} m_0 p_0. \quad . \text{ (5 a)}$$

Die absolute Effektverlustformel, welche zwar selten direkt gebraucht wird, aber doch zur Beurteilung des Einflusses der einzelnen Größen dienen kann, lautet, wie sich leicht verfolgen läßt, hier in der geringsten Näherung

$$v = \left[\left(\frac{m_L \varrho p_L}{m_0 p_0 + m_b T}\right)^{\frac{1}{2}} L\right]^{\frac{n_0}{n+1}} \left(\frac{n_0 F_0}{2}\right)^{\frac{1}{n_0+1}} \left(\frac{m_0 p_0}{m_0 p_0 + m_b T}\right)^{\frac{1}{n_0+1}} \quad (4)$$

Der Unterschied gegenüber der Billigkeit kommt also in zwei Quotienten zum Ausdruck.

114. Erörterung der Beziehungen: Die Hochenegg-sche Gleichung der Stromdichte. Wir wollen nun diese Resultate etwas näher betrachten.

Als Näherungsgleichung hatten wir gefunden

$$v = \frac{L}{E_1}\left(\frac{m_L \varrho p_L}{m_0 p_0 + m_b T}\right)^{\frac{1}{2}},$$

die „erweiterte Thomsonsche Beziehung". Sie wurde zuerst von Thomson abgeleitet für den Fall, daß die Kosteneinheiten die Verteurung enthalten, oder eine solche nicht in Frage komme, und die Spannung E_1 einen vorgeschriebenen Betrag habe[1]). Jedoch war zunächst die Amortisation und Verzinsung der Zentrale nicht berücksichtigt. Dies geschah später von Hochenegg und anderen, nachdem in der Beringerschen Gleichung eine solche Berücksichtigung stattgefunden hatte. Die Gleichung folgt nämlich aus

$$K = (\mathfrak{E}_1 + \mathfrak{e})\, m_0 p_0 + \frac{\mathfrak{E}_1{}^2}{\mathfrak{e}\, E_1{}^2} m_L \varrho L^2 p_L + (\mathfrak{E}_1 + \mathfrak{e}) m_b T$$

durch Differentiation nach $\mathfrak{e}$ und gilt bei gegebenem Effekt also auch für konstanten Strom.

Hochenegg[2]) folgerte aus der Gestalt

$$\mathfrak{e} = \frac{\mathfrak{E}_1}{E_1} L \varrho \left[\frac{m_L p_L}{\varrho(m_0 p_0 + m_b T)}\right]^{\frac{1}{2}}$$

die Beziehung

$$\mathfrak{d} = \left[\frac{m_L p_L}{\varrho(m_0 p_0 + m_b T)}\right]^{\frac{1}{2}}$$

für die „wirtschaftliche Stromdichte" [3]).

115. Teichmüllers Nachweis über den Zusammenhang der Gleichungen von Beringer und Thomson. Die Beziehung, welche zwischen der Beringerschen und Thomsonschen Relation besteht, wurde zuerst von Teichmüller[4]) er-

---

1) Vergl. Brit. Ass. Rep. 1881, S. 518 ferner u. a. Teichmüller, Elektrische Leitungen. S. 29 und S. 250.

2) Vergl. C. Hochenegg, Anordnung und Bemessung elektr. Leitungen. 1893. S. 61.

3) Vergl. die Stromdichte der Billigkeit. Kap. II der Billigkeit. S. 26.

4) Vergl. Teichmüller, Die Berechnung der Leitungen auf Wirtschaftlichkeit der Anlage. ETZ 1902. S. 190. In diesem Aufsatz befindet sich überhaupt eine kritische Zusammenstellung der bis dahin erschienenen Arbeiten über die Wirtschaftlichkeit der Anlagen.

kannt. Sie besteht darin, daß die beiden Gleichungen als das Resultat der partiellen Differentiation nach e der beiden, nur der Form nach verschiedenen Kostenausgangsgleichungen zusammengenommen den richtigen Effektverlust und die richtige Spannung geben würden, wenn für die Werte m_L und m_0 Funktionen der Spannung eingeführt worden wären. Da aber beide Größen von den verschiedenen Autoren jeweils auch ohne Ergänzung als konstant angesehen worden sind, folgt als Bedingung beider Beziehungen zusammengenommen die wirtschaftliche Spannung ∞.

Die Fig. 39 veranschaulicht diese Verhältnisse.

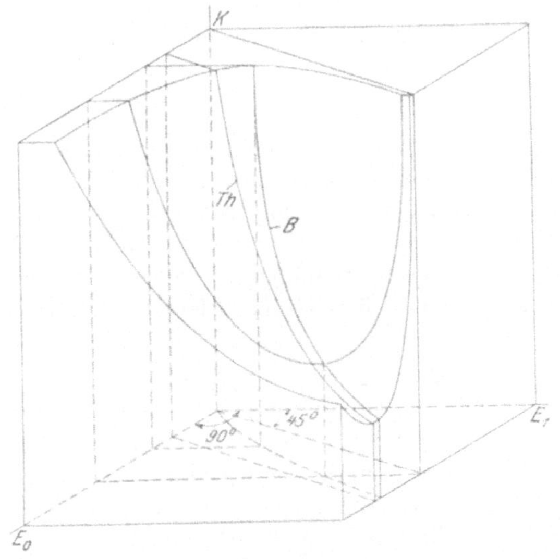

Fig. 39.
Kosten in Abhängigkeit von der Primär- und Sekundärspannung.

116. Die Teichmüllersche Methode der Spannungsbestimmung. Grenze der Brauchbarkeit. Da nun z. B. die Formel für die Stromdichte in der Hocheneggschen Gestalt, wie wir genauer verfolgt haben, wenigstens in geringster Näherung bei beliebiger aber doch einigermaßen richtiger Spannung E_0 richtig ist, so schlug Teichmüller vor, die Stromdichte nach der genannten Formel zu bestimmen und dann nach der allgemeinen Kostenformel die wirtschaftliche Spannung E_1 und damit E_0 probierend zu ermitteln. Die früheren Billigkeitsrechnungen überzeugen

uns nun schon zweifellos, daß die Rechnung der Stromdichte im allgemeinen für den einfachsten Fall bis zu gewissen Grenzen (aber z. B. nicht in den früher erwähnten wichtigen Spezialfällen, in denen wenigstens die E_0-Funktion der Leitung genau berücksichtigt werden muß) in bezug auf die Endresultate genau genug sein wird. Kommen also für die Ausführung überhaupt nur wenige Spannungen in Betracht, so genügt die Teichmüllersche Methode meistens. (Die Werte m_L und m_0 können dann, wie wir gesehen haben, bei gleicher Größenordnung der Genauigkeit für die niedrigste Spannung berechnet und für die höheren beibehalten werden, so daß also auch $\mathfrak{d}_w$ numerisch konstant bleibt).

Andererseits erkennen wir aber aus unserer Näherungsbeziehung

$$2\,v\,\frac{m_0\,p_0 + m_b\,T}{m_0\,p_0} = n_0\,F_0\,E_0^{\,n_0}, \quad . \; . \; . \; . \; . \; (5)$$

daß auch die wirtschaftliche Spannung, soll überhaupt die Rechnung einen Zweck haben, genauer eingehalten werden muß als der wirtschaftliche Effektverlust und analog wie früher auch genauer als die wirtschaftliche Stromdichte. Also wird auch im allgemeinen, ganz abgesehen von den Spezialfällen, in denen *nur* eine Rechnung von E_0 in Frage kommt, diese Größe jedenfalls sorgfältig bestimmt werden müssen.

117. *Die Spannungsrelativgleichung für gegebene Stromdichte. Neue Ableitungen der absoluten Spannungsgleichung.* Übrigens liegt es wie im Fall der Billigkeit nahe, eine Differentiation nach der Spannung bei eingeführtem $\mathfrak{d}$ vorzunehmen, namentlich wenn die bei konstantem $\mathfrak{d}$ vorhandene Genauigkeit genügt. Wir setzen zu diesem Zwecke

$$K \cong \left(\mathfrak{E}_1 + \frac{\mathfrak{E}_1\,L\,\varrho\,\mathfrak{d}}{E_1}\right) m_0\,p_0\,(1 + F_0\,E_1^{\,n_0}) + \frac{\mathfrak{E}_1}{E_1}\,\frac{m_L\,p_L}{\mathfrak{d}}\,L\,(1 + F_L\,E_1^{\,n_L}) + \left(E_1 + \frac{\mathfrak{E}_1\,L\,\varrho\,\mathfrak{d}}{E_1}\right) m_b\,T,$$

wobei aber der Unterschied zwischen E_0 und E_1 keine Rolle mehr spielt, und somit aus dem entsprechenden Veränderungsgrade der Wirtschaftlichkeit bei Benutzung des Nullwertes sich sogleich die Relativgleichung

$$m_0\,p_0\,n_0\,F_0\,E_0^{\,n_0+1} = L\,\varrho\,\mathfrak{d}\,(m_0\,p_0 + m_b\,T) + \frac{m_L\,p_L\,L}{\mathfrak{d}} \quad . \; . \; (7)$$

ergibt. Da nun im Falle der Wirtschaftlichkeit

$$\mathfrak{d} = \left[\frac{m_L p_L}{\varrho(m_0 p_0 + m_b T)}\right]^{\frac{1}{2}} \quad \ldots\ldots\ldots (6)$$

ist, so folgt durch Einsetzung einerseits

$$n_0 F_0 E_0^{\,n_0} = 2v \frac{m_0 p_0 + m_b T}{m_0 p_0} \quad \ldots\ldots (5')$$

wie früher, und andererseits absolut, ebenfalls inhaltlich wie früher

$$n_0 F_0 E_0^{\,n_0+1} = 2L \frac{(m_L \varrho p_L)^{\frac{1}{2}} (m_0 p_0 + m_b T)^{\frac{1}{2}}}{m_0 p_0} \quad \ldots (1')$$

und für die Tangentenmethode

$$F_0 E_0^2 = 2L \frac{(m_L \varrho p_L)^{\frac{1}{2}} (m_0 p_0 + m_b T)^{\frac{1}{2}}}{m_0 p_0} \quad \ldots (1\,T)$$

Diese Gleichung und deren Ableitung bezw. des analogen Ergebnisses für den Fall mit zu berücksichtigender Unterstation auf die letzte Art wurde übrigens vom Verfasser schon gelegentlich einer speziellen Arbeit im Jahre 1902 hergestellt und benutzt[1]).

Die Gleichung (7) wird z. B. auch dann benutzt werden, wenn eine gewisse Stromdichte als maximal gegeben ist.

Man könnte endlich zur Erzielung der sämtlichen Gleichungen natürlich auch z. B. die Tatsache benutzen, die Teichmüller bezüglich des Zusammenhangs der beiden hauptsächlich bekannten Relativgleichungen des Effektverlustes erkannte. Es würde dies darauf hinauslaufen, daß wir nach Einführung der Verteurungsfunktionen den Schnittpunkt der modifizierten Thomsonschen Minimakurve mit derjenigen von Beringer suchen (in Fig. 39 mit Th. u. B. bezeichnet), welcher natürlich auch das absolute Minimum von K im Endlichen ergibt. Aus der Figur erkennen wir übrigens auch, daß das Verfahren der Differentiation bei konstant angenommenem $\mathfrak{d}_w$ darauf beruht, daß eine Cylinderfläche über der Grundebene durch die angedeutete „Thomsonsche" Ebene ersetzt gedacht wird, in welcher nach dem projizierten E_1 differenziert wird. Unsere ursprüngliche genaue Methode ist nach dieser Figur natürlich nicht deutungsfähig. Ihr liegt lediglich die Fig. 40 analog der Fig. 3 zugrunde.

Die Methode des Aufsuchens der veränderten Th. u. B.-Minimakurven würde die Beringersche Relativgleichung mit den einge-

---

1) Diplom-Arbeit, einger. i. Febr. 1902 an die Abteilung für Elektrotechnik der Großherzogl. Techn. Hochschule Karlsruhe. Ref. Prof. Teichmüller. Vergl. auch S. 148.

führten Verteurungsfunktionen als erste Bedingung ergeben, während die zweite aus dem früheren Ansatz mit der in alle Verteurungsfunktionen eingeführten Spannung E_1 folgt. Der Ansatz lautet also jetzt exakt

$$K = (\mathfrak{E}_1 + \mathfrak{e}) m_0 p_0 \left[1 + \left(E_1 + \frac{\mathfrak{e}}{\mathfrak{E}_1} E_1\right)^{n_0} F_0\right]$$

$$+ \frac{\mathfrak{E}_1^{\,2}}{\mathfrak{e} E_1^{\,2}} m_L L^2 \varrho \left[1 + \left(E_1 + \frac{\mathfrak{e}}{\mathfrak{E}_1} E_1\right)^{n_L} F_L\right] + (\mathfrak{E}_1 + \mathfrak{e}) m_b T$$

Wir sehen aber, daß wir schon in diesem einfachen Fall zu einer Reihenbildung schreiten müssen, wenn wir nicht sogleich zur

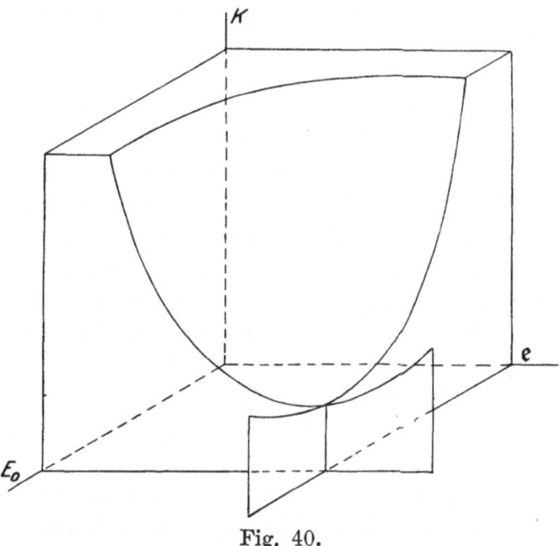

Fig. 40.
Ausgaben in Abhängigkeit von der Spannung und dem Effektverlust.

Tangentenmethode oder zur Näherungsrechnung des zweiten Grades übergehen wollen. Übrigens ist die Rechnung schon auf der letzteren Genauigkeitsstufe die bei weitem umständlichere von allen und soll daher hier nicht wiedergegeben werden.

118. Kontrollsätze der Wirtschaftlichkeit. Wie bei der Billigkeit lassen sich auch hier die Beziehungen der geringsten Näherung in kurzen Sätzen geben, welche zur überschlägigen Kontrolle von Projekten Wert haben können. Die Gleichung (3) lehrt uns folgendes:

Satz: Bei einer nach den Grundsätzen der Wirtschaftlichkeit richtig ausgeführten Anlage ist näherungsweise der $\frac{n_0}{2}$-fache Betrag der auf die Verteurung der Energieerzeugungsstation entfallenden Amortisations- und Verzinsungskosten gleich dem Amortisations- und Verzinsungsbetrage für die Leitung. Dasselbe ist der Fall, wenn bei gegebenem Effekt- oder Spannungsverlust wenigstens die relativ richtige Spannung gewählt worden ist.

Natürlich bestätigt sich dies Resultat beim Einsetzen des nach Gleichung (3) gegebenen Spannungswertes in die Ausgangsgleichung für die Jahresausgaben, wenn man die entstehenden einzelnen Kostenglieder betrachtet.

Auf gleiche Weise erhält man die Ergänzung dieses Satzes aus Gleichung (2). Das Resultat ist als „erweiterte Thomsonsche Regel" bekannt und lautet:

Satz: Bei einer nach den Grundsätzen der Wirtschaftlichkeit richtig bemessenen Anlage ist näherungsweise der auf den Effektverlust entfallende Betrag für Amortisation, Verzinsung und Betriebskosten gleich dem Amortisations- und Verzinsungsbetrage für die Leitung. Dasselbe ist der Fall, wenn bei gegebener Spannung wenigstens der relativ richtige Effekt- oder Spannungsverlust gewählt worden ist.

Natürlich können auch wieder beide Sätze gemäß

$$\frac{n_0}{2} m_0 p_0 F_0 E_0^{\,n_0} = v\,(m_0 p_0 + m_b T) = \frac{L^2}{v\,E^2} m_L \varrho p_L$$

zusammengezogen werden. Sie geben dann ein vollständiges Kriterium der Wirtschaftlichkeit.

119. Bemerkung zur Tangentenmethode. Setzen wir auch bei den genaueren Formeln wie im Falle der Billigkeit die Exponenten der Verteurungskurven gleich 1, indem wir mit Sekanten der beiden Ausgangspunkte operieren oder mit passend geschätzter Zwischentangente, und uns dann der richtigen Tangente zu nähern suchen, so müssen wir beachten, daß wir auf dieser Genauigkeitsstufe jeweils neue Anfangswerte m_0' und m_L' benutzen müssen, die durch die Abschnitte der Tangenten auf der Ordinatenachse gegeben sind. Wir erhalten also z. B.

$$v = \frac{L}{E_0}\left[\frac{m_L' \varrho p_L (1 + F_L E_0^{\,n_L})}{m_0' p_0 (1 + F_0 E_0^{\,n_0}) + m_b T}\right]^{\frac{1}{2}} \quad . \; . \; . \; . \; (2a\,T)$$

und

$$E_0 = \left(\frac{2L}{m_0' p_0 F_0}\right)^{\frac{1}{2}} (m_L' \varrho p_L)^{\frac{1}{4}} [(1 + 2F_0 E_0) m_0' p_0 + m_b T]^{\frac{1}{4}} \quad (1aT)$$

Die Vorteile der in einigen Fällen besseren Rechnung und leichteren Übersicht und die Nachteile schlechterer Konvergenz in den gewöhnlichen Fällen mit der Unbequemlichkeit der Veränderung von m_0' und m_L' im Laufe der Konvergenzrechnung gegenüber der Potenzkurvenmethode sind genau die gleichen wie im Billigkeitsfall. Auch hier wird für den Fall der „Rückwärtsrechnung" von L aus E_0 die Art der Rechnung bei beiden Methoden in Wirklichkeit überall die gleiche.

120. **Die relativen und die absoluten Gleichungen bei Einführung des Querschnitts.** Der Leitungsquerschnitt kann wieder aus den bisherigen Gleichungen gerechnet werden. Des Vergleichs wegen soll aber auch wieder die partielle Differentiation durchgeführt werden.

Aus

$$K \cong \left[\mathfrak{E}_1 + \left(\frac{\mathfrak{E}_1 + \frac{\mathfrak{E}_1^2}{E_0^2}\frac{\varrho L}{q}}{E_0}\right)^2 \frac{\varrho L}{q}\right] m_0 p_0 (1 + F_0 E_0^{n_0})$$
$$+ q m_L L p_L (1 + F_L E_0^{n_L}) + \left[\mathfrak{E}_1 + \left(\frac{\mathfrak{E}_1 + \frac{\mathfrak{E}_1^2}{E_0^2}\frac{\varrho L}{q}}{E_0}\right)^2 \frac{\varrho L}{q}\right] m_b T$$

erkennen wir aber nun, und wir haben gewissermaßen hiervon auch schon Gebrauch gemacht[1]), daß es sich für die erste Partialbedingung um eine Erweiterung des Wertes von $m_0 (1 + F_0 E_0^{n_0})$ auf $m_0 (1 + F_0 E_0^{n_0}) + m_b T$ und von m_L auf $m_L p_L$ gegenüber dem Fall der Billigkeit handelt. Wir sehen also, daß das Resultat in Näherung einfach sein wird

$$q = \frac{\mathfrak{E}_1}{E_0}\left\{\frac{\varrho [m_0 (1 + F_0 E_0^{n_0}) p_0 + m_b T]}{m_L (1 + F_L E_0^{n_L}) p_L}\right\}^{\frac{1}{2}} \left[1 + 2\frac{L}{E_0}\left(\frac{\varrho m_L p_L}{m_0 p_0 + m_b T}\right)^{\frac{1}{2}}\right] \quad (8a)$$

Für die Spannungspartialbedingung handelt es sich hier um Ähnliches, und es wird

$$E_0 = \left\{\frac{2\mathfrak{E}_1^2 \frac{\varrho L}{q}(m_0 p_0 + m_b T)\left(1 + 4\frac{\mathfrak{E}_1}{E_0^2}\frac{\varrho L}{q}\right) - q m_L p_L L n_L F_L E_0^{n_L + 2}}{\mathfrak{E}_1 F_0 \left[n_0 + \frac{\mathfrak{E}_1}{E_0^2}(n_0 - 2)\frac{\varrho L}{q}\right] m_0 p_0}\right\}^{\frac{1}{n_0 + 2}} \quad (9a)$$

---

[1]) Vergl. S. 159, ferner auch S. 148 über Zusammenhang von Billigkeit und Wirtschaftlichkeit.

Kombination und Umwandlung wie bei der Billigkeit ergibt hier natürlich entsprechend unsere absolute Spannungsgleichung (1a).

Die letzte Spannungsrelativgleichung liefert übrigens wieder bei geringster Näherung auch unmittelbar die Gleichung (5) und damit die letzte Kombination aus dem allgemeinsten Kontrollsatz.

Die absolute Formel für den Querschnitt könnte in gleicher Näherung wie bei den letzten Gleichungen gleichfalls leicht gefunden werden. Sie wird indessen fast nie gebraucht, eher die einfachste Form der geringsten Näherung, welche sich als

$$q = \mathfrak{C}_1 \left[\varrho(m_0 p_0 + m_b T)\right]^{\frac{n_0}{2 n_0 + 2}} \left(\frac{m_0 p_0 n_0 F_0}{2 L}\right)^{\frac{1}{n_0 + 1}} \left(\frac{1}{m_L p_L}\right)^{\frac{n_0 + 2}{2 n_0 + 2}} \qquad (10)$$

ergibt und die Diskussion erleichtert, indem sie den Einfluß der einzelnen Größen erkennen läßt.

Die Formel für das Tangentenverfahren würde dann lauten

$$q = \mathfrak{C}_1 \left[\varrho (m_0 p_0 + m_b T)\right]^{\frac{1}{4}} \left(\frac{m_0 p_0 F_0}{2 L}\right)^{\frac{1}{2}} \left(\frac{1}{m_L p_L}\right)^{\frac{3}{4}} . \qquad (10\,T)$$

121. Die Jahresausgaben als Funktion der Spannung. Von Wert wird ferner natürlich auch hier eine einfachere Formel für die Gesamtjahreskosten sein, als sie die Ausgangsgleichung darstellt.

Es folgt aber hier aus

$$K_p = (1 + v)(1 + F_0 E_0^{n_0}) m_0 p_0 + \frac{(1 + v)^2}{v E_0^2} m_L L^2 \varrho p_L (1 + F_L E_0^{n_L}) + (1 + v) m_b T$$

in Ansehung von

$$\frac{m_L L^2 \varrho}{E_0^2} p_L = \frac{v}{v + 1} \frac{m_0 p_0 n_0 F_0 E_0^{n_0}}{[2 - (n_L - 2) F_L E_0^{n_L}]}$$

nach (3b) und von

$$2 v = \frac{\left(1 + \frac{n_L}{2} F_L F_0^{n_L}\right) n_0 F_0 E_0^{n_0} m_0 p_0}{\left[m_0 p_0 \left(1 + \frac{n_0 + 2}{2} F_0 E_0^{n_0}\right) + m^b T\right]}$$

wie (5a) ergibt, die Beziehung

$$K_p = m_0 p_0 \left\{1 + F_0 E_0^{n_0}\left[1 + n_0 \left(1 + \frac{n_L}{2} F_L E_0^{n_L}\right) \frac{m_0 p_0}{m_0 p_0 + m_b T}\right]\right\}$$
$$+ m_b T \left[1 + n_0 F_0 E_0^{n_0} \frac{m_0 p_0}{m_0 p_0 + m_b T} \left(1 + \frac{n_L}{2} F_L E_0^{n_L}\right)\right]$$

oder auch

$$K_p = m_0 p_0 \left[1 + (1 + n_0) F_0 E_0^{n_0} + \frac{n_L}{2} F_L E_0^{n_L} n_0 F_0 E_0^{n_0}\right] \quad (14a)$$

122. Die Anlagekosten als Funktion der Spannung. Die Anlagekosten sind demzufolge

$$\mathfrak{K}_p = m_0 \left\{1 + F_0 E_0^{n_0}\left[1 + \frac{n_0}{2}\left(1 + \frac{n_L}{2} F_L E_0^{n_L}\right) \frac{2 m_0 p_0 + m_b T}{m_0 p_0 + m_b T} + \frac{n_0 (n_0 + 2)}{4} F_0 E_0^{n_0} \frac{m_0 p_0 m_b T}{(m_0 p_0 + m_b T)^2}\right]\right\} \quad (11a)$$

Die exakten Formeln lassen sich hier wie überall in Analogie zu denjenigen der Billigkeit natürlich nötigenfalls ebenfalls herleiten, wenn sie auch etwas umfangreicher werden und damit an Brauchbarkeit einbüßen.

III. Praktische Anwendung der Beziehungen. Beispiel.

123. Umrechnung der Resultate der Billigkeit. Die Anwendung der Beziehungen vollzieht sich im vorliegenden, wie in allen anderen Fällen der Wirtschaftlichkeit genau so wie in denjenigen der Billigkeit. Die dort erhaltenen Rechnungsresultate können für die verschiedenen Werte von p_0, p_L, m_b und T natürlich ohne Weiteres umgerechnet werden, wenn man etwa beabsichtigt, Anwendungstabellen oder Kurven abzuleiten. Der Fall der Billigkeit gibt dann nach früheren eine gewisse Grenze. Wir wollen dies sofort an einem Beispiel beleuchten:

Beispiel.

124. Spannung und Effektverlust für gegebene Entfernung. Aufgabe: Es ist zu untersuchen, wie sich die Ausführungsverhältnisse für eine Anlage gestalten, für welche die Bedingungen des Beispiels II der Billigkeit[1]) also $m_0 = 1$ *M*, $m_L =$ 0,02 *M* $L = 2 L_D = 2 . 10 = 20$ km und für eine erste Näherung auch wie dort $F_0 = 1{,}031\ 10^{-11}$ und $n_0 = 2{,}32$ anzunehmen sind, gestalten, wenn noch gegeben ist $p_L = p_0 = 0{,}1$, $m_b = 0{,}08 . 10^{-3}$ (8 Pfg. pro KW-Stunde) und $T = 5000$ Stunden, wobei etwa an Akkumulatorenbetrieb im Sekundärversorgungskreis gedacht werden kann.

Für die geringste, früher und also wohl auch hier aber völlig ausreichende Näherung gilt nach

---

1) Vergl. S. 47.

$$E_{ow} = \left(\frac{2\,L}{m_0\,p_0 n_0\,F_0}\right)^{\frac{1}{n_0+1}} (m_L \varrho\, p_L)^{\frac{1}{2(n_0+1)}} (m_0\,p_0 + m_b\,T)^{\frac{1}{2(n_0+1)}} \quad . (1)$$

oder wenn wir etwa als Beispiel der Einfachheit halber sogleich $p_L = p_0 = p$ setzen, nach

$$E_{ow} = \left(\frac{2\,L}{n_0\,F_0}\right)^{\frac{1}{n_0+1}} \left(\frac{m_L \varrho}{m_0}\right)^{\frac{1}{2(n_0+1)}} \left(\frac{m_0\,p + m_b\,T}{m_0\,p}\right)^{\frac{1}{2(n_0+1)}}$$

die Beziehung

$$E_{ow} = E_{ob}\left(\frac{m_0\,p + m_b\,T}{m_0\,p}\right)^{\frac{1}{2(n_0+1)}};$$

also wird bei $E_{ob} = 11\,600$

$$E_{ow} = 11\,600\left(\frac{0{,}1 + 0{,}08 \,.\, 10^{-3} \,.\, 5000}{0{,}1}\right)^{\frac{1}{2 \,.\, 3{,}32}}$$

$$= 11\,600\left(\frac{0{,}1 + 0{,}4}{0{,}1}\right)^{\frac{1}{6{,}64}} = 11\,600 \,.\, 5^{0{,}151} = 14\,800 \text{ Volt.}$$

Der Einheitseffektverlust wird nach der Formel (2) der geringeren Näherung für unseren Fall

$$v_w = \frac{L}{E_0}\left(\frac{m_L \varrho\, p}{m_0\,p + m_b\,T}\right)^{\frac{1}{2}}$$

oder

$$v_w = \frac{L}{E_0}\left(\frac{m_L \varrho}{m_0}\right)^{\frac{1}{2}}\left(\frac{m_0\,p}{m_0\,p + m_b\,T}\right)^{\frac{1}{2}}$$

d. h.

$$v_w = v_b\left(\frac{m_0\,p}{m_0\,p + m_b\,T}\right)^{\frac{1}{2}} \frac{E_{ob}}{E_{ow}}$$

Den Wert v_b hatten wir nun zwar früher in geringster Näherung nicht unmittelbar gerechnet und benutzt. Es ist aber

$$v_b = \frac{2 \,.\, 10^4}{1{,}16 \,.\, 10^4}\left(\frac{2 \,.\, 10^{-2} \;\; 1{,}75 \,.\, 10^{-2}}{1}\right)^{\frac{1}{2}} = 3{,}25\,\%.$$

Also wird

$$v_w = 3{,}25\left(\frac{1}{5}\right)^{\frac{1}{2}} \frac{1}{1{,}275} \,.\, 10^{-2} = 1{,}14\,\%.$$

Die Gleichung

$$n_0 F_0 E_0^{n_0} = 2v \frac{m_0 p + m_b T}{m_0 p}, \quad . \quad . \quad . \quad . \quad . \quad (5')$$

ergibt, wenn wir $F_0 E_0^{n_0}$ für $E_0 = 14800$ Volt mit Benutzung der Verteurungskurve II in Fig. 8 zu $F_0 E_0^{n_0} = 0{,}2 . 0{,}255$ schätzen, als Wert für den Einheitseffektverlust der Wirtschaftlichkeit

$$v_w = \frac{2{,}32}{2} . \frac{0{,}2 . 0{,}255}{5} = 1{,}18\,\%.$$

Der hier auftretende Unterschied rührt von dem Kurvencharakter her. Er wird wie immer ziemlich verschwinden, wenn wir zur Korrektionsrechnung übergehen. Hierzu müßten uns eigentlich noch weitere Punkte in unserem Spannungsbereich der angenommenen Kurve zur Verfügung stehen. Die Korrektion vollzieht sich aber übrigens genau so wie im Fall der Billigkeit. Der genaue Wert des Effektverlustes wird in der Mitte zwischen beiden gefundenen Werten liegen und die Spannung sich etwas erniedrigen.

125. **Die wirtschaftlichen Jahresausgaben im Vergleich mit den Jahresausgaben bei einer billigen Anlage.** Eine wichtige Frage ist nun die, welchen Einfluß es auf die Höhe der Jahresausgaben ausüben würde, wenn wir die Bedingungen der Billigkeit der Ausgaberechnung zugrunde legten, und wie groß der Unterschied gegenüber der wirtschaftlichen Ausgabe ist.

Die Feststellung ist sehr einfach: Für die Wirtschaftlichkeit ist nach den Kontrollsätzen etwa

$$\frac{n_0}{2} m_0 p_0 F_0 E_{ow}^{n_0} = v_w (m_0 p_0 + m_b T) = \frac{L^2}{v_w E_{ow}^2} m_L \varrho p_L$$

und für die Billigkeit war analog

$$\frac{n_0}{2} m_0 F_0 E_{ob}^{n_0} = v_b m_0 = \frac{L^2}{v_b E_{ob}^2} m_L \varrho$$

Der zum Grundwert $\mathfrak{E}_1 (m_0 p_0 + m_b T)$ gehörige „Additionswert" der Ausgaben ist bei den Wirtschaftlichkeitsbedingungen also, wie sich aus Gleichung (14a) bei weiterer Vernachlässigung ergibt,

$$A_p = (1 + n_0) m_0 p_0 F_0 E_0^{n_0} = (1 + 2{,}32) 1 . 0{,}1 . 0{,}2 . 0{,}255$$
$$= 1{,}69 . 10^{-2}.$$

Im Falle der Verwendung der Billigkeitsbedingungen hätten wir zu bilden die Summe

$$\left(1 + \frac{n_0}{2} + \frac{n_0}{2} \; \frac{m_0 p_0 + m_b T}{m_0 p_0}\right) m_0 p_0 F_0 E_0^{n_0}$$

Nun war $E_{ob} = 11600$ und $v_b = 3{,}25\,\%$, also wird der Additionswert sogleich

$$A_p = 2{,}7 \,.\, 10^{-2} \,.\, 10^{-1} + 3{,}25 \,.\, 10^{-2} \,.\, 10^{-1} + 3{,}25 \,.\, 10^{-2} \,.\, 10^{-1} \,.\, 5$$
$$= 2{,}22 \,.\, 10^{-2}.$$

Der Unterschied

$$(2{,}22 - 1{,}69)\, 10^{-2} = 0{,}53 \,.\, 10^{-2}$$

besagt, daß die „Additionsausgaben" um etwa 30 % steigen würden, oder die Amortisations- und Betriebskostenvergrößerung etwa 1 % ist. Wir können dafür auch sagen: Es wird eine ideelle einmalige Ersparnis von 5 % der gesamten Anlagekosten gemacht; oder auch Verzinsung und Amortisation werden ideell um 5 % vermindert, was eine Rolle beim Vergleich mit dem späteren Rentabilitätsfall spielt.

Um sich solche Unterschiede deutlich vor Augen zu führen, tut man immer gut, sich zu überzeugen, welche bedeutenden Ersparnisse z. B. an den Dynamo- oder Dampfmaschinen gemacht werden müßten, wenn diese 5 % der Gesamtanlagekosten betragen sollten.

126. Größere Entfernungen. Rechnen wir noch des Vergleichs wegen für andere Entfernungen, etwa bis 250 km, die zugehörigen Werte von E_{ow} und v_w, so erhalten wir der Reihe nach z. B. folgende Resultate:

$$L_D = 50 \text{ km}.$$
$$E_{ow} = 1{,}275 \,.\, 18\,900 = 24\,200 \text{ Volt}$$
$$v_w = 0{,}352 \,.\, 9{,}95\,\% = 3{,}50\,\%.$$
$$L_D = 250 \text{ km}$$
$$E_{ow} = 1{,}275 \,.\, 30800 = 39\,400 \text{ Volt}$$
$$v_w = 0{,}352 \,.\, 31{,}2\,\% = 10{,}9\,\%.$$

Die Kurven sind in Fig. 41 gleichzeitig mit den wiederholten Kurven der Billigkeit aufgetragen. Die Korrekturrechnung braucht auch hier wohl nicht durchgeführt zu werden. Die Korrektionsbeträge für die Verteurung der Primärstation spielen übrigens jetzt nach den Formeln eine geringere Rolle wie früher; sie werden aber die Leitungskorrektion nicht in dem Maße kompensieren wie früher.

127. Die Umrechnung der Transformatorfälle. Auch der Fall der Verwendung von Primärtransformatoren ist bezüglich der Änderung leicht zu übersehen. Auch hier handelt es

sich nämlich in der Umrechnung bis zu einer gewissen Grenze um einfache Multiplikation mit konstanten Faktoren. Sodann aber tritt bei den höheren Spannungen wieder die Notwendigkeit einer genaueren Korrektion auf, die dann in der Gesamtheit wegen der Rolle der Leitungskorrektionen größer ist als im Billigkeitsfall.

Übrigens werden wir auf die Transformatoren noch in dem praktischeren Fall der Berücksichtigung der Unterstation zurückkommen.

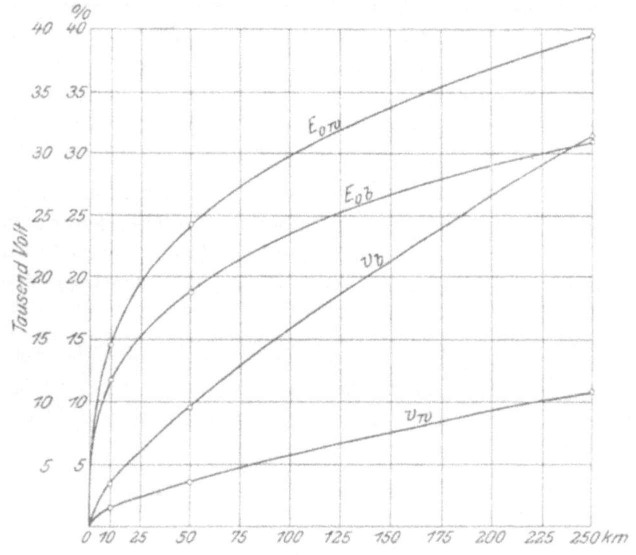

Fig. 41.
Spannungen und Effektverluste im Wirtschaftlichkeits- und im Billigkeitsfall.

IV. Die Verwendung von Kabeln. Die geänderten Näherungsgleichungen. Beispiel.

128. Neue Näherungsgleichung für die Spannung. Aus den beiden Relativgleichungen in den Formen

$$m_0 p_0 n_0 F_0 E_0^{n_0+2} = m_L L^2 \varrho p_L \frac{1+v}{v} \left[2 - (n_L - 2) F_L E_0^{n_L}\right] \qquad (3b')$$

und

$$v = \left[\frac{1}{E_0^2} \frac{m_L L^2 p_L \varrho (1 + F_L E_0^{n_L})}{m_0 p_0 (1 + F_0 E_0^{n_0}) + \frac{m_L L^2 \varrho p_L}{E_0^2} (1 + F_L E_0^{n_L}) + m_b T}\right]^{\frac{1}{2}} \qquad (2b')$$

erkennen wir rasch in Ansehung des im Billigkeitsfall Gesagten, daß wir in geringerer Näherung für die Spannung hier werden setzen können

$$m_0 p_0 n_0 F_0 E_0^{n_0+1-\frac{n_L}{2}} = (2 - n_L) F_L^{\frac{1}{2}} [m_0 p_0 + m_b T]^{\frac{1}{2}} (m_L \varrho p_L)^{\frac{1}{2}} L, \quad (1)$$

wenn wir die dort gemachten Annahmen zunächst auch hier gelten lassen wollen. Nötigenfalls stehen auch überall wieder die gegen den einfachsten Fall der Freileitung gleichfalls veränderten genaueren neben den unveränderten exakten Gleichungen zur Verfügung.

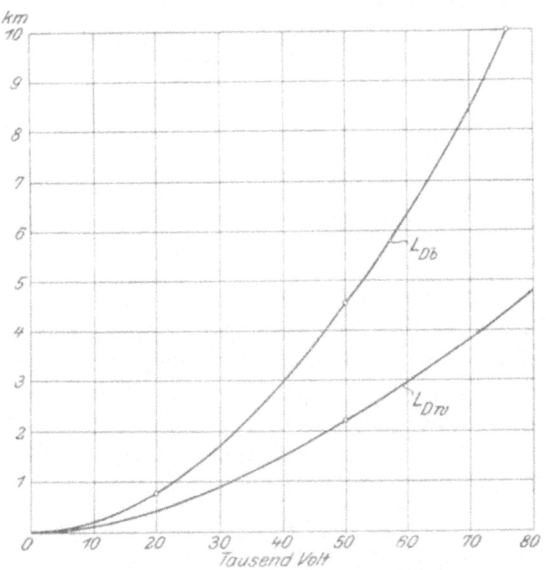

Fig. 42.
Entfernung in Abhängigkeit von der Spannung bei der Billigkeit und Wirtschaftlichkeit.

Beispiel.

129. Gegebene Entfernung. Normalkurve. Ist nun etwa wieder $p_0 = p_L = p$, so wird einfach

$$E_{ow} \cong E_{ob} \left(\frac{m_0 p + m_b T}{m_0 p} \right)^{\frac{1}{2 n_0 + 2 - n_L}}$$

Erweitern wir also im Beispiel die früheren Billigkeitsannahmen dahin, daß, wie in den letzten Kapiteln, der Wert $m_b T = 0{,}4$ wird, und demzufolge im Transformatorenfall der neue Faktor

$$\cong \left(\frac{0{,}106 + 0{,}4}{0{,}106}\right)^{0{,}265} = 1{,}51$$

ist, so wird bei $L_D = 10$ km und $E_{ob} = 76000$ Volt

$$E_{ow} = 115000 \text{ Volt.}$$

Nehmen wir zur Bestimmung eines anderen Punktes der entsprechenden Kurve in Fig. 42 z. B. die Spannung $E_0 = 50000$ Volt an, so folgt einfach nach

$$L_{Dw} = L_{Db} \left(\frac{m_0 p}{m_0 p + m_b T}\right)^{\frac{1}{2}}$$

der Wert

$$L_{Dw} = \frac{4{,}55}{2{,}18} = 2{,}09 \text{ km.}$$

Demzufolge ist die ganze neue Kurve aus der Billigkeitskurve leicht abzuleiten.

130. Absolute und praktische Gleichung für den Effektverlust. Für den Leitungsverlust interessiert vielleicht noch besonders die absolute Formel in gleicher Näherung, wie sie die letzte Spannungsformel zeigt, wenn sie auch zur numerischen Rechnung nicht angewendet wird.

Sie findet sich aus (2) durch Substitution des Wertes von E_0 nach (1) als

$$v = \left[(m_L \varrho p_L F_L)^{\frac{1}{2}} L\right]^{\frac{2 n_0}{2 n_0 + 2 - n_L}} \left(\frac{m_0 p_0 n_0 F_0}{2 - n_L}\right)^{\frac{2 - n_L}{2 n_0 + 2 - n_L}} \times$$

$$\times \left[\left(\frac{1}{m_0 p_0 + m_b T}\right)^{\frac{1}{2}}\right]^{\frac{4 + 2 n_0 - 2 n_L}{2 n_0 + 2 - n_L}} \quad . \; . \; . \; . \; (4)$$

und mag wieder zur Beurteilung des Einflusses der Einzelwerte dienen, wobei wir uns auch vorteilhaft die ideellen Tangentenwerte, neben den Verteurungsexponenten 1 eingeführt denken können.

Zur Verwendung gelangt am praktischsten die wie immer etwa aus der Relativformel (3) mit Hilfe von (1) zu berechnende Gleichung

$$v = \frac{n_0}{2 - n_L} F_0 E_0^{n_0} \frac{m_0 p_0}{m_0 p_0 + m_b T} \quad . \; . \; . \; . \; (5)$$

Dieselbe gestattet wie überall ein fast müheloses direktes Abgreifen der Werte aus der Verteuerungskurve. Da bei der im Beispiel gerechneten Kurve der Werte von E_{0w} mit Hilfe dieser Gleichung die Form der entstehenden Kurve der Werte von v wohl geschätzt werden kann, soll auf eine Durchführung der numerischen Bestimmung verzichtet werden.

131. Weitere Betrachtungen. Beim Billigkeitsfall hatten wir einige interessante weitere Betrachtungen angestellt. Die zugehörigen numerischen Resultate sind unter Einführung des oft erwähnten Hauptänderungsfaktors in einfacher Weise hierher zu übertragen. Doch bleibt z. B. zu beachten, daß die frühere Notwendigkeit der Annahme einer bestimmten Maximalstromdichte hier praktisch wegfällt, da ungefähr

$$\delta_w = \delta_b \left(\frac{m_0 p_0}{m_0 p_0 + m_b T} \right)^{\frac{1}{2}},$$

also von selbst viel kleiner (im Beispiel etwa 0,45 mal kleiner) ist als früher.

V.
Berücksichtigung einer sich verteuernden Unterstation. Beispiel.

132. Die neuen Beziehungen. Für die einfachsten Gleichungen tritt, im Falle eine Unterstation zu berücksichtigen ist, wie bei der Billigkeit einfach in der Relativgleichung (3) auf der linken Seite noch das entsprechende Verteuerungsglied auf, welches dann gemäß (1) eine Verminderung der Übertragungslänge für eine bestimmte Spannung und zwar im Transformatorenfall und bei sonstigen gleichen primären und sekundären Verteuerungsverhältnissen und gleicher Amortisation auf die Hälfte zur Folge hat. Als meist zu benutzende Gleichung für den Effektverlust haben wir dann die Beziehung

$$v = n_0 F_0 E_0^{n_0} \frac{m_0 p_0}{m_0 p_0 + m_b T}, \quad . \quad . \quad . \quad . \quad (5\,G)$$

welche sich abgesehen von dem fehlenden Faktor $\frac{1}{2}$ rechts von der früheren Wirtschaftlichkeitsgleichung, durch das veränderte E_0 unterscheidet. In Genauigkeit vom zweiten Grade heißt die Gleichung z. B. bei überall gleicher Amortisation und Verzinsung übrigens

$$v = \left[1 - \left(1 + \frac{3n_0}{2}\right) F_0 E_0^{n_0} \frac{m_0 p_0}{m_0 p_0 + m_b T} + \frac{n_L}{2} F_L E_0^{n_L}\right] n_0 F_0 E_0^{n_0} \frac{m_0 p_0}{m_0 p_0 + m_0 T} \quad . \quad . \quad (5\,a\,G)$$

Überhaupt ist es nicht schwer, die Gleichungen jeglicher Genauigkeit gleich hinzuschreiben.

In dem Fall der Gleichheit der primären und sekundären Verteurung wird z. B. die genaue Spannungsgleichung

$$4(m_0 p_0 n_0 F_0 E_0^{n_0})^2 E_0^2$$

$$= m_L L^2 \varrho p_L \left\{ \frac{[2 - (n_L - 2) F_L E_0^{n_L}]^2}{1 + F_L E_0^{n_L}} [m_0 p_0 (1 + F_0 E_0^{n_0}) + m_b T] \right.$$

$$+ 6\,[2 - (n_L - 2) F_L E_0^{n_L}]\, m_0 p_0 n_0 F_0 E_0^{n_0} - 3 \frac{(n_0 F_0 E_0^{n_0})^2 m_0 p_0}{1 + F_0 E_0^{n_0}}$$

$$\left. + 4\,[2 - (n_L - 2) F_L E_0^{n_L}]\, n_0 F_0 E_0^{n_0} \frac{m_L L^2 \varrho}{(1 + F_0 E_0^{n_0}) E_0^2} p_L \right\} \quad . \quad (1\,b\,G)$$

Es braucht kaum erwähnt zu werden, daß die genaue Relativgleichung für den Effektverlust die frühere bleibt.

Beispiel.

133. Normalkurve. Für den Fall der Wirtschaftlichkeit wird aus dem früheren Beispiel der Billigkeit, welches wir der Deutlichkeit der Korrektionen halber gewählt hatten, bei Annahme der letzthin gemachten Betriebskosten und -Zeiten, wenn wieder sogleich noch die Quadratwurzeln eingesetzt werden, für $E_0 =$ 25300 Volt nach (1 b G)

$$2{,}12 \cdot 10^2$$

$$= 1{,}87 \cdot 10^{-2} L \left(4 \cdot \frac{1{,}18 + 4}{1{,}18} + 12 \cdot 2{,}32 \cdot 0{,}18 - 3 \cdot 5{,}35 \cdot 3{,}23 \cdot 10^{-2}\right)^{\frac{1}{2}},$$

vorausgesetzt, daß wir von der Leitungsverteurung wieder ganz absehen, gleiche Amortisation annehmen und das letzte Korrektionsglied als unwesentlich vernachlässigen. Es folgt

$$L = \frac{2{,}12 \cdot 10^2}{1{,}87 \cdot 10^{-4} \cdot 4{,}8} = 236000 \text{ m}$$

oder

$$L_D = 118 \text{ km}.$$

Analog würden sich die übrigen Umrechnungen vollziehen, und wir erhalten auf diese Weise die neue Kurve in Fig. 43, in welcher auch die Billigkeitswerte wiederholt sind. Es handelt sich eben immer um gewisse Ergänzungen, die bei dem einmal erfaßten Grundgedankengang sich beinahe von selbst verstehen. Dies gilt besonders von den Kontrollsätzen. Zu bemerken wäre vielleicht noch ausdrücklich, daß sich die Formel (14) für K durch Zusatz der Amortisationen auch hier aus der Formel (11) für $\mathfrak{K}$ bei der Billigkeit in der gleichen einfachen Form ohne weiteren Zusatz ergeben muß.

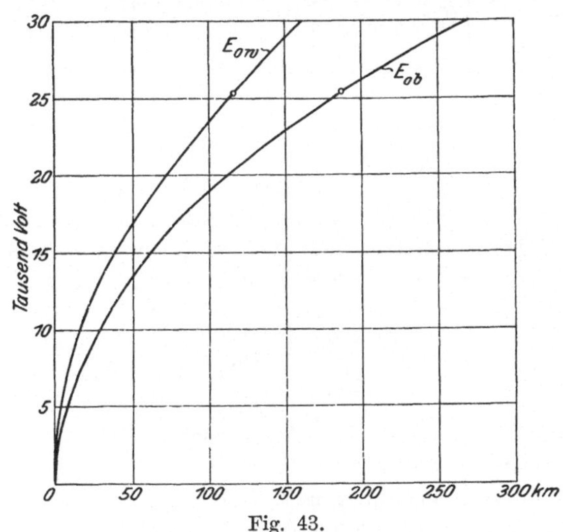

Fig. 43.
Spannung in Abhängigkeit von der Entfernung bei der Billigkeit und Wirtschaftlichkeit.

VI. Die Leitungskosten als allgemeine Funktion des Querschnittes. Der Kabelspezialfall.

134. Die Umformung der Billigkeitsgleichungen. Wie bisher, so könnte auch hier die Änderung der Relativformel des Effektverlustes der Billigkeit, nämlich der einfache Ersatz von $m_0 (1 + F_0 E_0^{n_0})$ durch $m_0 (1 + F_0 E_0^{n_0}) + m_b T$ zur unmittelbaren Beurteilung und direkten Aufstellung der neuen Formeln sowohl, als natürlich auch zur Feststellung der numerischen Änderung dienen. Wir haben aber bei der Billigkeit in vorliegendem Fall nur die Relativgleichung für q samt der zugehörigen Spannungsgleichung

benutzt, da diese anschaulicher waren. In beiden Gleichungen sind infolgedessen Substitutionen nötig, wenn wir die Formeln der Wirtschaftlichkeit erhalten wollen. Doch entsteht keine nennenswerte Schwierigkeit.

135. **Der Kabelspezialfall. Der neue Effekt. Die neue Entfernung.** Für den wichtigen Kabelspezialfall erkennen wir demgemäß z. B., daß in geringster Näherung, da

$$q = \left[\frac{\mathfrak{E}_1^2}{E_0^2} \frac{\varrho (m_0 p_0 + m_b T)}{n_{Lq} F_{Lq} p_L (1 + F_L E_0^{n_L})}\right]^{\frac{1}{n_{Lq}+1}} \quad . . . . (8)$$

ist, der mit einem gewissen Kabel vorteilhaft zu übertragende wirtschaftliche Effekt

$$\mathfrak{E}_{1w} = \mathfrak{E}_{1b} \left(\frac{m_0 p_0}{m_0 p_0 + m_b T}\right)^{\frac{1}{2}},$$

also entsprechend geringer als bei der Billigkeit wird. Im früher behandelten Transformatorenfall (und auch in noch geringerer Näherung im Generatorfall) wird also durchweg der neue Effekt

$$\mathfrak{E}_{1w} = \mathfrak{E}_{1b} \left(\frac{1,06}{1,06 + 4}\right)^{\frac{1}{2}}$$

$$\mathfrak{E}_{1w} = 0,456\ \mathfrak{E}_{1b}.$$

Die zugehörige Relativformel der Spannung läßt sich dann unmittelbar für das jeweilige neue $\mathfrak{E}_1$ verwenden. Der Einfluß ist in den beiden ersten Gliedern gemäß

$$\mathfrak{E}_1 m_0 p_0 n_0 F_0 E_0^{n_0} + \mathfrak{E}_1 m_1 p_1 n_1 F_1 E_0^{n_1} + n_u F_u E_0^{n_u} L p_u$$
$$+ n_L F_{Lq} F_L q^{n_{Lq}} E_0^{n_L} L p_L = 2 \frac{\mathfrak{E}_1^2 \varrho L (m_0 p_0 + m_b T)}{E_0^2 q} \quad . \ (9)$$

ein linearer, in den folgenden beiden Gliedern kommt er nicht zum Ausdruck, ebensowenig auf der rechten Seite, wie man bei Einführung des Wertes von $\mathfrak{E}_1$ nach (8) erkennt. Die Verkleinerung, welche L erfährt, ist daher einfach auszurechnen, wie wir nicht erst ausführen wollen. Besondere Beachtung verdient aber der Umstand, daß für sehr große Entfernungen sich die Spannungswerte denen der Billigkeit nähern, und die Grenze dieselbe wie früher ist.

Im Fall der Anwendung von Hochspannungsgeneratoren, der z. B. für städtische Betriebe praktisch für Kabel der wichtigere, weil häufigere als der der Transformatoren ist, behält allerdings die Generatorverteurung ihren vorherrschenden Einfluß für alle praktischen Entfernungen bei.

VII. Berücksichtigung der Übergangsverluste und der besonderen Verhältnisse bei Wechselstromübertragung. Beispiele.

136. Die neue Ausgangsgleichung für die Gesamtausgaben. Die Relativgleichung für den Effektverlust. Kontrollsatz. Besondere Bedingung für das Zusammenstellen von Billigkeit und Wirtschaftlichkeit. Zur Berücksichtigung der für Höchstspannungsanlagen hauptsächlich noch in Betracht kommenden Einflüsse, nämlich der Übergangsverluste und für Wechselstrom außerdem der Selbstinduktions- und Kapazitätsverhältnisse, wollen wir für den Freileitungsfall zunächst wieder die einfachste Annahme machen, es sei etwa für sehr großen Effekt eine Reihe einzelner Drähte von bestimmtem Maximaldurchmesser vorhanden, einerlei aus welchen Gründen dies gefordert sein kann. Es kann sogar hier, wo wir auf den Standpunkt der Wirtschaftlichkeit stehen, aus Gründen größerer Sicherheit d. h. zur Verringerung etwaiger Betriebsverluste, an eine Leitungsführung über verschiedene Orte gedacht werden. Dann kann, wenn wir vorerst von den Wechselstromeigentümlichkeiten absehen, aber sogleich den Spannungsbereich ins Auge fassen, wo für Wechselstrom sowohl wie für Gleichstrom die Übergangsverluste schon nach höheren Potenzen der Spannung steigen, bei den sonstigen einfachsten Annahmen in geringster Näherung gesetzt werden

$$K = (\mathfrak{E}_1 + \mathfrak{e} + \mathfrak{e}_v)\,[m_0 p_0 (1 + F_0 E_0^{n_0}) + m_b T] + \mathfrak{E}_1 m_1 p_1 (1 + F_1 E_0^{n_L}) + \frac{(E_1 + \mathfrak{e})^2 m_L L^2 \varrho p_L}{\mathfrak{e} E_0^2} (1 + F_L E_0^{n_L})$$

oder nach Früherem

$$K \cong \left((\mathfrak{E}_1 + \mathfrak{e} + F_v E_0^{n_v} \frac{L}{2} \frac{\mathfrak{E}_1^2}{E_0^2} \frac{\varrho L}{\mathfrak{e}} \right) [m_0 p_0 (1 + F_0 E_0^{n_0}) + m_b T] + \mathfrak{E}_1 m_1 p_1 (1 + F_1 E_0^{n_1}) + \frac{\mathfrak{E}_1^2 m_L L^2 \varrho}{\mathfrak{e} E_0^2} p_L,$$

und wir erhalten demgemäß

$$\mathfrak{e} = \frac{\mathfrak{E}_1}{E_0} L \varrho^{\frac{1}{2}} \left(\frac{m_L p_L}{m_0 p_0 + m_b T} + \frac{F_v E_0^{n_v}}{2} \right)^{\frac{1}{2}}, \quad . \quad . \quad . \quad (2)$$

eine Gleichung, welche uns jetzt folgendes lehrt:

Satz: Der Effektverlust ist dann derjenige der Wirtschaftlichkeit, wenn der auf ihn entfallende Teil der Amortisation und Verzinsung der Primärstation und der Betriebskosten gleich ist dem auf die Übergangsverluste entfallenden Teil samt der Leitungsamortisation und Verzinsung.

Wir erkennen hier übrigens außer der früher besprochenen eine zweite Grenze des Zusammenfallens der Wirtschaftlichkeit und Billigkeit. Wenn nämlich die Übergangsverluste sehr groß gegenüber dem ersten Glied rechts werden, so ist schließlich

$$e = \frac{\mathfrak{E}_1}{E_0} L \varrho^{\frac{1}{2}} \left(\frac{F_v E_0^{n_v}}{2} \right)^{\frac{1}{2}}.$$

Ist nun dasselbe bei der Billigkeit der Fall, so erhalten wir die gleiche Formel.

137. Die Spannungsrelativgleichung. Ergänzung zum Kontrollsatz. Für die Spannung erhalten wir analog die Relativgleichung

$$m_0 p_0 n_0 F_0 E_0^{n_0} + m_1 p_1 n_1 F_1 E_0^{n_1} = \frac{\mathfrak{E}_1}{e} L^2 \varrho \left[\frac{2 m_L p_L}{E_0^2} + \frac{2 - n_v}{2} F_v E_0^{n_v - 2} (m_0 p_0 + m_b T) \right], \quad (3)$$

da das letzte Glied bei hohem n_v, wie wir es früher gefunden haben, nicht zu vernachlässigen ist. Allerdings vermag es auch nirgends im praktischen Deutungsbereich die Spannung „wesentlich" zu bestimmen, d. h. das erste Glied rechts fällt praktisch nie weg. Vergleicht man die Formel aufmerksam mit der Relativgleichung (2), so findet man sofort

$$m_0 p_0 n_0 F_0 E_0^{n_0} + m_1 p_1 n_1 F_1 E_0^{n_1} + n_v F_v q E_0^{n_v} \frac{L}{2} (m_0 p_0 + m_b T) = 2 v (m_0 p_0 + m_b T), \quad . \quad . \quad (5)$$

wie auch die erweiterte Formel der Differentiation nach E_0 bei gegebenem q lehren würde. Wir haben damit folgendes:

Satz: Die Summe der n_0-fachen Amortisation und Verzinsung des Verteurungsbetrages der Primärstation und der n_1-fachen Amortisation und Verzinsung des gleichen Betrages der Sekundärstation sowie der n_v-fachen Amortisations-, Verzinsungs- und Betriebskosten, welche sich aus dem Übergangsverlust ergeben, muß gleich sein den entsprechenden doppelten Ausgaben für den Verlust im Leitungsmetall, wenn die Spannung diejenige der Wirtschaftlichkeit sein soll.

Die beiden Sätze zusammengenommen ergeben wie stets uneingeschränkte Wirtschaftlichkeit.

138. Die absolute Spannungsgleichung. Die absolute Spannungsformel ergibt sich hier als

$$(m_0 p_0 n_0 F_0 E_0^{n_0} + m_1 p_1 n_1 F_1 E_0^{n_1}) \left(\frac{m_L p_L}{m_0 p_0 + m_b T} + \frac{F_0 E_0^{n_v}}{2}\right)^{\frac{1}{2}}$$

$$= \frac{L}{E_0} \varrho^{\frac{1}{2}} \left[2 m_L p_L + \frac{2 - n_v}{2} F_v E_0^{n_v} (m_0 p_0 + m_b T)\right] \quad . \; . \; (1)$$

139. Die Querschnitts- und zugehörige Spannungsrelativgleichung. Die eben genannte Formel ist nach Früherem für die Vorausberechnung von E_0 weniger wichtig und für die Berechnung einer Tabelle der Werte von L kann z. B. leichter die Gleichung

$$m_0 p_0 n_0 F_0 E_0^{n_1} + m_1 p_1 n_1 F_1 E_0^{n_1} + n_v F_v q_p E_0^{n_v} \frac{L}{2} (m_0 p_0 + m_b T)$$

$$= 2 \frac{L \varrho}{E_0^2 q_p} (m_0 p_0 + m_b T) \quad . \; . \; (9)$$

dienen, nachdem man

$$q_p = \frac{q}{\mathfrak{E}_1} = \frac{\varrho^{\frac{1}{2}} (m_0 p_0 + m_b T)^{\frac{1}{2}}}{E_0 \left[\frac{F_v E_0^{n_v}}{2} (m_0 p_0 + m_b T) + m_L p_L\right]^{\frac{1}{2}}} \quad . \; . \; (8)$$

gerechnet hat. Die Korrektionserweiterungen sind auch hier noch einfach. Es wird sich im Beispiel aber zeigen, daß zwar jetzt ein weit höherer Anlaß zu Korrekturen vorliegt wie früher, immerhin jedoch auch jetzt aus den früheren Gründen der genauen Rechnung ein großer Wert nicht beizulegen ist.

140. Spannungsgrenze für gegebene Drahtentfernungen und Einzelquerschnitte. Daß die Spannungserhöhungstendenz, die wir bei der Wirtschaftlichkeit gegenüber der Billigkeit im allgemeinen haben, von der größeren Erniedrigungstendenz durch die zu bezahlenden und mit der Spannung wachsenden Übergangsverluste überholt wird, sehen wir besonders deutlich, wenn wir das frühere erste Beispiel der Billigkeit für die Wirtschaftlichkeit mit $p_0 = p_1 = p_L = 0{,}1$ und $m_b T = 0{,}4$ umrechnen. Es folgt dann leicht aus der absoluten Formel (1)

$$7{,}45 \cdot 10^{-2} \cdot 1{,}06 \cdot 0{,}1\,(0{,}00396 + 0{,}0035)^{\frac{1}{2}}$$
$$= L\,\frac{0{,}0266}{10^4}\,(0{,}004 - 0{,}0534),$$

und das heißt, durch einen deutungsfähigen Wert ist L nicht mehr auszudrücken, und $E_0 = 50\,000$ Volt ist ein Spannungswert, der bei dem angenommenen Drahtabstand und Durchmesser nie wirtschaftlich in Frage kommt.

Der wirtschaftliche Grenzwert der Spannung ist leicht zu ermitteln. Physikalisch würde noch weit darüber hinaus der Betrieb möglich sein. Eine Kostenkontrolle wird nun weiter ergeben müssen, ob es sich empfiehlt die Drahtabstände zu vergrößern oder die Querschnitte. Über die Einwirkung des Querschnitts und der gleichfalls zu erwägenden Isolierung auf die Verlust**höhe** liegen noch einige Versuche von **Scott** vor, die ebenfalls benutzt werden könnten. Die Vergrößerung der im Beispiel angenommenen Drahtdurchmesser wird um so eher durchzuführen sein, als ein Zwang der Verwendung sehr vieler Einzeldrähte wohl nur selten vorliegt.

141. **Der Einzelleiterfall.** Anders wird der Fall, wenn die Größe des Effektes von vornherein nur z. B. einen Draht für Hin- und Rückleitung bedingt. Für den bei der Billigkeit als spezielles Beispiel gewählten Fall, daß bei verschwindender Leitungsverteurung zufällig $n_{vq} = 0$ sei, erhalten wir z. B. jetzt durch Erweiterung

$$m_L p_L q = \frac{\mathfrak{E}^2}{E_0^{\,2} q}\,\varrho\,(m_0 p_0 + m_b T)$$

und

$$\mathfrak{E}_1 n_0 F_0 E_0^{\,n_0} m_0 p_0 + \mathfrak{E}_1 m_1 n_1 F_1 E_0^{\,n_1} p_1 + n_v F_v F_{vq} q^{n_{vq}} E_0^{\,n_v} \frac{L}{2} (m_0 p_0$$
$$+ m_b T) = 2\,\frac{\mathfrak{E}_1^{\,2}}{E_0^{\,2}}\,\frac{\varrho L}{q}\,(m_0 p_0 + m_b T)$$

als Wirtschaftlichkeitsbedingungen.

Beispiel.

142. **Gegebene Werte von Spannung und Querschnitt. Grenzeffekt.** Für den früher betrachteten Wert $E_0 = 50\,000$ Volt wird

$$\mathfrak{E}_1 = 6{,}85 \cdot 10^5 \cdot \left(\frac{m_0 p_0}{m_0 p_0 + m_b T}\right)^{\frac{1}{2}} = 6{,}85 \cdot 10^5 \left(\frac{1{,}06}{5{,}06}\right)^{\frac{1}{2}}$$
$$= 3{,}12 \cdot 10^5 \text{ Watt}$$

oder

$$\mathfrak{E}_1 = 312 \text{ KW}.$$

Also wird

$$3{,}12 \,.\, 10^5 \,.\, 7{,}45 \,.\, 10^{-2} \,.\, 1{,}06 \,.\, 0{,}1 + 2{,}32 \,.\, 10^{-1} \,.\, 5{,}06 \,.\, 0{,}1 \,.\, L$$
$$= 2 \,.\, \frac{3{,}12^2 \,.\, 10^{10}}{5^2 \,.\, 10^8} \,.\, \frac{0{,}0175}{13{,}2} \,.\, 5{,}06 \,.\, 0{,}1 \,.\, L$$

d. h.

$$2{,}46 \,.\, 10^4 + 1{,}17\, L = 0{,}522\, L,$$

und daraus folgt wieder ein nicht deutungsfähiger negativer Wert, welcher aber noch mehr jenseits der Deutungsgrenze liegt als zuletzt.

Ist hier hingegen der Querschnitt z. B. 50 qmm, so wird

$$\mathfrak{E}_1 = 1180\ \mathrm{KW}$$

und

$$9{,}3 \,.\, 10^4 + 1{,}17\, L = 1{,}98\, L$$

d. h.

$$L = 115\,000$$

oder

$$L_D = 57{,}5\ \mathrm{km}.$$

Den Grenzwert des Effektes, für den die Spannung noch und zwar für die Entfernung $L_D = \infty$ in Betracht kommen kann, finden wir aus

$$\mathfrak{E}_1 \frac{0{,}522}{3{,}12 \,.\, 10^5} L = 1{,}17\, L$$

d. h.

$$\mathfrak{E}_1 = 702\,000$$

oder

$$\mathfrak{E}_1 = 702\ \mathrm{KW}.$$

Die Spannung wird also relativ hier besonders erheblich heruntergedrückt.

143. **Der Ryansche Fall. Die absolute Gleichung für denselben.** Haben wir etwa wieder variablen Luftdruck zu berücksichtigen, so kann, wie bei der Billigkeit u. a. vorausgesetzt, das Minimum möglicherweise wieder so tief liegen, daß aus rein physikalischen Gründen die Spannung reduziert werden muß, ohne daß des kurzen Zeitraums der Einwirkung halber die im übrigen vielleicht durch Einführung von besonderen Zeit-Integral-Werten [1]) zu fassenden Übergangsverluste wirtschaftliche Bedeutung haben. Hierbei ist zu beachten, daß die wirtschaftlichen Spannungen außer-

[1]) Vergl. Kap. VIII der Wirtschaftlichkeit.

halb der Einflußsphäre der Entladung höher sind, als die der Billigkeit. Der Beginn der Einwirkung wird bei geringeren Entfernungen also eher in den praktischen Ausführungsbereich der Leitungen fallen.

Maßgebend für die Ausführung ist jetzt wieder das Ryansche Gesetz, und man kann z. B. für den früher betrachteten vereinfachten Einzelleiterfall die Billigkeitsbedingung leicht umformen zu derjenigen der Wirtschaftlichkeit, welche lautet

$$\mathfrak{E}_1 n_0 F_0 E_0^{n_0} m_0 p_0 + \mathfrak{E}_1 n_1 F_1 E_0^{n_1} m_1 p_1 + n_L C_L F_L E_0^{n_L} L p_L + h F_h E_0^h m_L L p_L = (2+h) \frac{\mathfrak{E}_1{}^2 \varrho}{F_h E_0^{2+h}} L (m_0 p_0 + m_b T) \quad (13)$$

Beispiel.

144. Gegebener Querschnitt. Grenzspannung der Einwirkung. Es sei nun neben den früheren Annahmen der Billigkeit und den letzten der Wirtschaftlichkeit z. B. sogleich vorausgesetzt, die festen Leitungskosten verteuerten sich wieder nach den Exponenten $n_L = 2$, und es sei $C_L F_L E_0^{n_L} = 2{,}0$ bei $E_0 = 150000$ Volt.

Setzen wir nun zur Festlegung des Einwirkungsbereichs die Bedingung, daß $\mathfrak{d}$ höchstens gleich $\mathfrak{d}_w$ sein darf, also

$$\mathfrak{E}_1 = \mathfrak{d}_w F_h E_0^{h+1},$$

so wird nach (13) für $L = \infty$

$$n_L C_L F_L E_0^{n_L} L p_L + h F_h E_0^h m_L L p_L = (2+h) \mathfrak{d}_w{}^2 \frac{F_h{}^2 E_0^{2h+2}}{F_h E_0^{2+h}} \varrho L (m_0 p_0 + m_b T)$$

d. h.

$$n_L C_L F_L E_0^{n_L} L p_L + h F_h E_0^h m_L L p_L = (2+h) \frac{m_L p_L}{m_0 p_0 + m_b T} F_h E_0^h L (m_0 p_0 + m_b T)$$

d. h.

$$n_L C_L F_L E_0^{n_L} L p_L = 2 F_h E_0^h m_L L p_L$$

oder

$$E_0 = \left(\frac{n_L}{2} \frac{C_L F_L}{m_L F_h}\right)^{\frac{1}{h - n_L}}$$

Die Grenze liegt somit da, wo n_L-fache Verteuerung der festen Leitungskosten gleich den doppelten mit dem Querschnitt oder der

Spannung variablen Leitungskosten ist. Das ist aber das gleiche Resultat, welches wir bei der Billigkeit hatten.

Für unsere Werte wird also wieder die Grenze

$$E_0 = 180000 \text{ Volt},$$

und erst oberhalb dieser Spannung gewinnt für endliche Entfernungen das Ryansche Gesetz Einfluß.

Setzen wir z. B. $E_0 = 200000$ so wird z. B. bei

$$\mathfrak{E}_1 = 20000 \text{ KW}$$

$$2 \cdot 10^7 \cdot 2 \cdot 1{,}64 \cdot 0{,}141 \cdot \left(\frac{2}{1{,}5}\right)^{1{,}64} \cdot 1{,}06 \cdot 0{,}1 = \left[\frac{6{,}5 \cdot 20^2 \cdot 10^{12} \cdot 0{,}175}{228 \cdot 2^2 \cdot 10^{10}} \times \right.$$

$$\left. \times (1{,}06 \cdot 0{,}1 + 4 \cdot 0{,}1) - 4{,}5 \cdot 228 \cdot 0{,}02 \cdot 0{,}1 - 2 \cdot 2 \left(\frac{2}{1{,}5}\right)^2 0{,}1\right] L$$

d. h.

$$L_D = 2450 \text{ km}.$$

Dabei ist jetzt

$$\mathfrak{d} = 0{,}44,$$

also in der Tat geringer als der Wert der unbedingten Wirtschaftlichkeit, nämlich

$$\mathfrak{d}_W = 0{,}485.$$

Für die Billigkeit ist zwar, wie bemerkt, die Grenze von 180000 Volt dieselbe wie für Wirtschaftlichkeit; aber oberhalb derselben werden die Übertragungslängen bei gleichem Effekt bedeutend höher, also ist für die Wirtschaftlichkeit bei gegebenen Entfernungen das Ryansche Gesetz von ungleich größerer Bedeutung.

145. **Entwicklungstendenz, welche den Ryanschen Fall in den Vordergrund des Interesses schiebt.** Man sieht auch aus der Grenzbedingung, daß mit jeder Verbesserung der Leitungsisolationstechnik die Grenzspannung der Einwirkung sinkt. Geht die Verbilligung der Leitungsisolationsmaterialien, die freilich andere sind als bei Maschinen und Transformatoren, nur einigermaßen Hand in Hand mit der in den letzten Jahren eingetretenen Verbilligung der Hochspannungstransformatoren, so ist dies besonders zu beachten [1]). Daran ändert auch die Aufnahme der noch vernachlässigten Glieder in die Rechnung nichts.

---

1) Vergl. u. a. das im Auftrag der Porzellanfabrik Hermsdorf geschriebene Buch, R. Friese, Das Porzellan als Isolier- und Konstruktionsmaterial, Hermsdorf 1894, und die Mershonschen Annahmen in Kap. IX, welche sich auf Glasisolatoren beziehen.

Erst in jenen Bereichen, in welchen mit einer raschen Steigerung des Exponenten n_L zu rechnen sein dürfte, wird eine starke natürliche Tendenz zur Vermeidung kritischer Spannungen folgen, d. h. die Wirtschaftlichkeitsbedingungen werden alsdann dem Ryanschen Gesetz aus dem Wege gehen.

146. Die Sonderfälle. Berücksichtigung der Sonderheiten des Wechselstroms neben den Übergangsverlusten. Betriebskosten bei hohen Spannungen. Bezüglich der Kabel gelten entsprechende Folgerungen, es sei daher kurz auf Kap. IV und VII der Billigkeit verwiesen, welche einige Grundlagen geben.

Die Erweiterungen, welche speziell für Wechselstrom noch zu berücksichtigen sind, gibt nach einfachen Umrechnungen Kap. VI der Billigkeit.

Für eine Reihe von Drähten bei einer Freileitung folgt z. B. in geringster Näherung, wenn wir die Übergangsverluste und die Kapazität berücksichtigen, bei fehlender Unterstation

$$q = \frac{\mathfrak{E}_1}{E_0} \times$$

$$\times \frac{\varrho^{\frac{1}{2}} (m_0 p_0 + m_b T)^{\frac{1}{2}}}{\left[\frac{E_0^4 \omega^2 C^2 n_0 F_0 E_0^{n_0} m_i^2 p_0^2}{2 m_L q_d^2 p_L} + \frac{F_v E_0^{n_v}}{2} (m_0 p_0 + m_b T) + m_L p_L\right]^{\frac{1}{2}}} \quad (8)$$

und

$$\mathfrak{E}_1 m_0 p_0 n_0 F_0 E_0^{n_0} + \mathfrak{E}_1 n_v F_v E_0^{n_v} q \frac{L}{2} (m_0 p_0 + m_b T)$$

$$+ \frac{E_0^4 \omega^2 C^2 n_0 F_0 E_0^{n_0} q m_i^2 p_0^2 L}{m_L q_d^2 p_L} = 2 \frac{\mathfrak{E}_1^2 \varrho L}{E_0^2 q} (m_0 p_0 + m_b T) \quad . \; . \; (9)$$

Entsprechend wären die Gleichungen für die Selbstinduktion, die allerdings seltener eine Rolle spielt, zu ergänzen. Dabei ist wie früher besonders zu beachten, daß die Kapazität im Verhältnis zur Selbstinduktion negativ ist.

Ist die Leitungsverteurung sehr beträchtlich, so kann sie als zur ersten Größenordnung gehörig auch hier mit aufgenommen werden. Der Einfluß auf die Spannung wird dann aber nach Früherem im einfachsten Fall trotzdem nicht bedeutend sein.

Anders wird es im Fall der Einzelleitung, wo sie eine große Rolle spielt; hier wird dafür der Einfluß der Selbstinduktion und Kapazität auf die Bedingungen stets sehr gering. Zur Durchführung der Rechnung, sowie auch zur Vornahme der sonstigen Erweiterungen möge aber der gemachte Hinweis auf Kap. VII der Billigkeit genügen. Das gleiche gilt für die Wechselstromverkettungssysteme, wie z. B. für den Drehstrom. Das Verhalten der Übergangsverluste ist dabei wie früher leicht aus dem des Kapazitätsstroms zu beurteilen, wenn auch für den Übergangsstrom hier außer der der vermehrten Leistung entsprechenden Verzinsungs- und Amortisationserhöhung der Zentrale noch die Energiekosten in Rechnung zu ziehen sind.

Zu bemerken wäre vielleicht noch, daß bei den Höchstspannungsanlagen allgemein auch noch eine Erhöhung der reinen Betriebskosten mit wachsender Spannung nicht ausgeschlossen ist. Bei dem bisher angenommenen gleichmäßigen Betriebe ist der Einfluß leicht zu erkennen.

VIII. Variabler Energieverbrauch. Variable Erzeugungskosten der Energie. Beispiel.

147. Variable Betriebskosten pro Effekteinheit bei variablem Betrieb. Wir hatten bisher stets angenommen, der Betrieb sei für eine gewisse Zeit T gleichmäßig derart, daß für die primär gelieferte Wattstunde ein mittlerer Kostenbetrag m_b in Rechnung gesetzt werden konnte. Die Anheizzeit des Kessels war u. a. dabei etwa vernachlässigt. Würden die entsprechenden Kosten, wie häufig, zum Mittelwert m_b geschlagen, so träte schon hierdurch bei der im übrigen gemachten Annahme ein Fehler ein, welcher allerdings meistens gering sein wird.

Ist der Betrieb nun aber ein solcher, daß er ohne Ansammlung von Energie jeweils nur den gewünschten Verbrauch deckt, so ist bei beliebiger Gestaltung der Verbrauchskurve die genannte Annahme überhaupt nicht mehr gerechtfertigt, da sich in jedem Moment entsprechend dem Wirkungsgrad der Dampf- und elektrischen Anlage ein anderer Kostenwert für die an irgend einer Stelle der Anlage abgegebene oder weiter gegebene Wattstunde ergibt. Die Bedienungskosten der Maschine verbieten oft ebenfalls die erwähnte einfache Voraussetzung. Zwar wird man das Bestreben haben, das Maschinenaggregat anpassungsfähig zu gestalten; indessen wird durch viele kleine Maschinen die günstigste Mitte leicht überschritten. Es bleibt also nichts übrig, als aus den Maschinenbetriebs-Integralwerten selbst die günstigsten Bedingungen abzuleiten. Als wirtschaftlicher Effektverlust, auf den Bezug genommen wird, ist dabei etwa ein

„normaler“ oder der maximale zu verstehen, falls man nicht vorzieht als erste Partialbedingung diejenige für den Leitungsquerschnitt abzuleiten, da für diesen Wert ein Zweifel nicht eintreten kann. Der normale Effektverlust könnte sich etwa auf die „normale“ Beanspruchung der Dampfmaschinen von wirtschaftlich richtig gewählten Abmessungen, die natürlich aber auch in jedem Fall die vorkommende Maximalleistung müssen bewältigen können, beziehen. In dem Wert „normal“ selbst ist aber schon das Resultat einer gewissen wirtschaftlichen Überlegung zu erblicken[1]), und es sind, wenn man in der Variationsrechnung stets Bezug darauf nehmen will, unter Umständen bei unseren Bedingungen der Energieübertragung fortlaufend beträchtliche Korrekturen erforderlich. Solche sind ohnehin vielfach auszuführen, da wir praktisch unser variables ε nicht an allen denjenigen Stellen in exakte Funktionen einführen können, an welchen es eigentlich als Argument eine Rolle spielt, z. B. die verzerrende an den Verbrauchskurven für jeden Punkt der Anlage.

Der zu einem bestimmten normalen oder maximalen Effektverlust gehörige gesamte Leitungsenergieverlust ist wie die Abgabe der Nutzenergie zweckmäßig ebenfalls als Integralwert darzustellen, wie schon von Hochenegg[2]) verlangt und ausgeführt wurde. Falls ferner die Unterstation Bedienungskosten neben etwaigen Betriebskosten erfordert, so gilt hierfür das gleiche wie für die Zentrale. Auch die variablen Verluste in den Umformern oder Transformatoren der Unterstation sind natürlich in ihrer Abhängigkeit von der Zeit zu betrachten.

148. Die Integralwerte. Reduktionszeiten. Bezeichnen wir nun etwa mit

m_k die Kohlenkosten für eine der theoretisch, d. h. nach dem zweiten Hauptsatz der mechanischen Wärmetheorie erzielbaren Wattstunden oder deren Wärmeäquivalent im Kessel,

m_{w0} die Wartungskosten bezogen (der Einfachheit halber, bei leichterer Reduktion) auf eine im Normalzustande primär abgegebene Wattstunde,

m_{w1} desgl. für die Unterstation,

---

1) Vergl. z. B. Die Theorie der günstigsten Füllung in F. Hrabak, Hilfsbuch für Dampfmaschinentechniker. Prag 1897.

2) Vergl. C. Hochenegg, El. Leitungen.

$\mathfrak{z}_u$, $\mathfrak{z}_e$, $\mathfrak{z}_d$ und $\mathfrak{z}_k$ die Verluste pro Einheit des abgegebenen Effektes der Unterstation, des elektrischen, dampfmaschinellen und Kesselteils der Zentrale,

so kann man etwa zweckmäßig eine Erweiterung der Theorie vornehmen nach einem Schema, welches uns hernach durch eine Reihe von sogleich zu definierenden „Zeit-Reduktionswerten" erlaubt mit den Integralen bequem zu operieren und den Einflüssen auf unsere Bedingungen nachzugehen, so weit es für unsere Zwecke erforderlich ist.

Wir setzen nämlich z. B. im einfachsten Übertragungsfall mit Unterstation, indem wir vorerst von dem Einfluß etwas verschiedener Füllungsgrade infolge eines variablen $\mathfrak{e}$ bei proportional zu $\mathfrak{e}$ vergrößerten Maschinen absehen, der nur bei sehr spitzen Betriebskurven einige Bedeutung erlangen kann, für die Gesamtausgaben

$$
\begin{aligned}
K = {} & [\mathfrak{E}_1 (1 + \mathfrak{z}_u) + \mathfrak{e}]\, m_0\, p_0 (1 + F_0 E_0^{n_0}) + \mathfrak{E}_1 m_1 p_1 (1 + F_1 E_0^{n_1}) \\
& + \frac{(\mathfrak{E}_1 + \mathfrak{e})^2 (1 + \mathfrak{z}_u)^2}{\mathfrak{e} E_0^2} m_L L^2 \varrho\, p_L (1 + F_L E_0^{n_L}) + \int_0^T \mathfrak{E}_1 f_1(t)\, m_k\, dt \\
& + \int_0^T \mathfrak{E}_1 f_2(t)\, m_{wo}\, dt + \int_0^T \mathfrak{E}_1 f_3(t)\, m_{w1}\, dt + \int_0^T \mathfrak{E}_1 f_4(t)\, \mathfrak{z}_u\, m_k\, dt \\
& + \int_0^T \mathfrak{e} f_5(t)\, m_k\, dt + \int_0^T \mathfrak{E}_1 (1 + \mathfrak{z}_u) \mathfrak{z}_e\, m_k f_6(t)\, dt + \int_0^T \mathfrak{e}\, \mathfrak{z}_e\, m_k f_7(t)\, dt \\
& + \int_0^T \mathfrak{E}_1 (1 + \mathfrak{z}_u)(1 + \mathfrak{z}_e) \mathfrak{z}_d\, m_k f_8(t)\, dt + \int_0^T \mathfrak{e} (1 + \mathfrak{z}_e) \mathfrak{z}_d\, m_k f_9(t)\, dt \\
& + \int_0^T \mathfrak{E}_1 (1 + \mathfrak{z}_u)(1 + \mathfrak{z}_e)(1 + \mathfrak{z}_d) \mathfrak{z}_k\, m_k f_{10}(t)\, dt + \int_0^T \mathfrak{e} (1 + \mathfrak{z}_e)(1 + \mathfrak{z}_d) \mathfrak{z}_k\, m_k f_{11}(t)\, dt \\
& + \int_0^T \mathfrak{E}_1 \mathfrak{z}_u\, m_{wo} f_{12}(t)\, dt + \int_0^T \mathfrak{e}\, m_{wo} f_{13}(t)\, dt,
\end{aligned}
$$

wo $\mathfrak{E}_1$ jetzt der gewählte Bezugwert des von der Unterstation abgegebenen Effektes ist. Die angedeuteten Zeitfunktionen $f_1(t)$ usw. berücksichtigen wir nun sämtlich durch Einführung geeigneter „Reduktionszeiten".

Wir können nämlich setzen

$$
\begin{aligned}
K = {} & [\mathfrak{E}_1 (1 + \mathfrak{z}_u) + \mathfrak{e}]\, m_0 p_0 (1 + F_0 E_0^{n_0}) + \mathfrak{E}_1 m_1 p_1 (1 + F_1 E_0^{n_1}) \\
& + \frac{(\mathfrak{E}_1 + \mathfrak{e} + \mathfrak{E}_1 \mathfrak{z}_u)^2}{\mathfrak{e} E_0^2} m_L L^2 \varrho\, p_L (1 + F_L E_0^{n_L}) + \mathfrak{E}_1 m_k T_1 + \mathfrak{E}_1 m_{wo} T_2 \\
& + \mathfrak{E}_1 m_{w1} T_3 + \mathfrak{E}_1 \mathfrak{z}_u m_k T_4 + \mathfrak{e} m_k T_5 + \mathfrak{E}_1 (1 + \mathfrak{z}_u) \mathfrak{z}_e m_k T_6 \\
& + \mathfrak{e}\, \mathfrak{z}_e m_k T_7 + \mathfrak{E}_1 (1 + \mathfrak{z}_u)(1 + \mathfrak{z}_e) \mathfrak{z}_d m_k T_8 + \mathfrak{e}\, \mathfrak{z}_d (1 + \mathfrak{z}_e) m_k T_9 \\
& + \mathfrak{E}_1 (1 + \mathfrak{z}_u)(1 + \mathfrak{z}_e)(1 + \mathfrak{z}_d) \mathfrak{z}_k m_k T_{10} + \mathfrak{e} (1 + \mathfrak{z}_e)(1 + \mathfrak{z}_d) \mathfrak{z}_k m_k T_{11} \\
& + \mathfrak{E}_1 \mathfrak{z}_u m_{wo} T_{12} + \mathfrak{e}\, m_{wo} T_{13}.
\end{aligned}
$$

149. Die neuen Bedingungsgleichungen. Es folgt dann bei Differentiation der wirtschaftliche Effektverlust mit

$$\mathfrak{e} = \left[\frac{\mathfrak{E}_1^{\,2}(1+\mathfrak{z}_u)^2}{E_0^{\,2}} \frac{m_L L^2 \varrho p_L (1+F_L E_0^{\,n_L})}{m_0 p_0 (1+F_0 E_0^{\,n_0}) + m_L \frac{L^2}{E_0^{\,2}} \varrho p_L (1+F_L E_0^{\,n_L}) + m_k[T_5+\mathfrak{z}_e T_7+\mathfrak{z}_d(1+\mathfrak{z}_e)T_9+(1+\mathfrak{z}_e)(1+\mathfrak{z}_d)\mathfrak{z}_k T_{11}] + m_{wo} T_{13}}\right]^{\frac{1}{2}} \quad (2b)$$

Mit Rücksicht auf die zahlreichen Fehlerquellen und die früheren Resultate wird häufig genügen

$$\mathfrak{e} = \left[\frac{\mathfrak{E}_1^{\,2}(1+\mathfrak{z}_u)^2}{E_0^{\,2}} \times \frac{m_L L^2 \varrho p_L (1+F_L E_0^{\,n_L})}{m_0 p_0 (1+F_0 E_0^{\,n_0}) + m_k(T_5+\mathfrak{z}_e T_7+\mathfrak{z}_d T_9+\mathfrak{z}_k T_{11}) + m_{wo} T_{13}}\right]^{\frac{1}{2}} \quad (2a)$$

Die frühere Spannungsgleichung bei gegebenem $\mathfrak{e}$ bleibt natürlich im Wesen erhalten, d. h. sie wird

$$[\mathfrak{E}_1(1+\mathfrak{z}_u)+\mathfrak{e}]\, m_0 p_0 n_0 F_0 E_0^{\,n_0} + \mathfrak{E}_1 m_1 p_1 n_1 F_1 E_0^{\,n_1} = \frac{[\mathfrak{E}_1(1+\mathfrak{z}_u)+\mathfrak{e}]^2}{\mathfrak{e} E_0^{\,2}} m_L L^2 \varrho p_L [2-(n_L-2) F_L E_0^{\,n_L}] \quad (3b)$$

Demzufolge ist die absolute Gleichung der Spannung leicht zu erkennen. In der geringsten Näherung heißt sie beispielsweise für den Fall ohne Unterstation

$$E_0 = \left(\frac{2L}{m_0 p_0 n_0 F_0}\right)^{\frac{1}{n_0+1}} (m_L \varrho p_L)^{\frac{1}{2(n_0+1)}} \times [m_0 p_0 + m_k(T_5+\mathfrak{z}_e T_7+\mathfrak{z}_d T_9+\mathfrak{z}_k T_{11}) + m_{wo} T_{11}]^{\frac{1}{2(n_0+1)}} \quad (1)$$

Analog vollzieht sich die Änderung der andern Formeln. Die genaueren haben aber hier meist noch weniger Geltung als früher wenn es sich nicht um Benutzung bei verschiedenen Spezialfällen handelt, die wir betrachtet haben.

150. Berechnung der Reduktionszeiten. Eine Aufgabe von Bedeutung aber ist noch die Ermittelung der verschiedenen Reduktionszeiten. Wir wollen nur diejenigen näher betrachten, welche wir für die Bedingungen unmittelbar brauchen.

Für die Bestimmungsformeln von Spannung und Effektverlust

haben wir z. B. für den einfachsten Fall ohne Transformatoren und Unterstation zunächst den Wert T_5 nötig.

Er berechnet sich bei konstantem E_0 aus

$$\mathfrak{e}\int_0^T f_5(t)\,dt \cong \frac{(\mathfrak{E}_1+\mathfrak{e})^2}{E_0^2}\frac{\varrho L}{q}\int_0^T [f_1(t)]^2\,dt = \mathfrak{e}\int_0^T [f_1(t)]^2\,dt;$$

als

$$T_5 = \int_0^T [f_1(t)]^2\,dt,$$

welchen Wert wir leicht aus der graphischen Darstellung $f_1(t)$ der Betriebskurven für die Effektabgabe bestimmen können [1]. Streng genommen hätte natürlich die Zurückführung auf den Bezugswert von $\mathfrak{e}$ exakt erfolgen müssen. Dies kann geschehen entweder durch Einführung einer quadratischen Gleichung in bezug auf den variablen Effektverlust oder durch vor der Differentiation vorzunehmende Reihenbildung.

Die erforderliche Reduktionszeit T_7 ist indirekt bestimmt durch ein Glied T_7', welches die konstanten und ein solches T_7'', welches die variablen Verluste berücksichtigt, und zwar ist der erste Teil, wenn wir zunächst überall annehmen, es sei nichts von Maschinen und Kessel abschaltbar gegeben durch

$$\mathfrak{e}\int_0^T \mathfrak{z}_{ek}\,dt = \mathfrak{e}\,\mathfrak{z}_{ek}\,T,$$

wobei also $T_7' = T$ wird, wenn T die wirkliche Betriebszeit ist, und der zweite, wenn w der Effektivwiderstand des Ankers ist, durch

$$\int_0^T \frac{(\mathfrak{E}_1'+\mathfrak{e}')^2-\mathfrak{E}_1'^2}{E_0^2}\,w\,dt \cong \int_0^T 2\,\frac{\mathfrak{E}_1\mathfrak{e}}{E_0^2}\,w\,[f_1(t)]^3\,dt = 2\,\mathfrak{e}\,\mathfrak{z}_{ev}\int_0^T [f_1(t)]^3\,dt$$

wenn $\mathfrak{E}_1'$ und $\mathfrak{e}'$ vorübergehend die variablen Werte selbst bezeichnen mögen.

Somit ist

$$\mathfrak{e}\,\mathfrak{z}_e T_7 = \mathfrak{e}\,\mathfrak{z}_{ek}\int_0^T dt + 2\,\mathfrak{e}\,\mathfrak{z}_{ev}\int_0^T [f_1(t)]^3\,dt$$

---

[1] Vergl. Hochenegg, Leitungen. Er bezieht sich jedoch, da er Sekundär-Betriebsspannungen einfach annimmt, ohne weiteres auf den verbrauchten Strom und seine Kurven.

Für die Bestimmung der Reduktionszeit T_9 ist mit derselben Näherung für konstante und der Leistung proportionale Verluste zu folgern

$$\int_0^T e' \mathfrak{z}_d \, dt \cong \int_0^T e \mathfrak{z}_{dk} \, dt + \int_0^T e' \mathfrak{z}_{dv} \, dt = \int_0^T e \mathfrak{z}_{ek} \, dt + \int_0^T e \mathfrak{z}_{dv} \, [f_1(t)]^2 \, dt$$

$$= e \mathfrak{z}_{ek} \int_0^T dt + e \mathfrak{z}_{ev} \int_0^T [f_1(t)]^2 \, dt.$$

Doch ist die Frage der mit der Leistung proportionalen Dampfmaschinenverluste bekanntlich eine umstrittene. Wahrscheinlich kann man sie meist vernachlässigen.

Die Reduktionszeit T_{11} wird wohl unter der gemachten Voraussetzung gesetzt werden können

$$T_{11} \cong \int_0^T dt = T$$

und

$$T_{13} = 0,$$

wenn die Wartungskosten nur größere Stufen steigen. Sind aber Kessel und Maschinen mehr oder weniger anpassungsfähig, d. h. zum Teil außer Betrieb zu setzen, so ist die Zeit T mit entsprechenden Schaltkoeffizienten α_k, α_d, α_e zu multiplizieren, welche die wahre Betriebszeit ergeben. Wird nicht E_0 konstant gehalten, sondern auf konstantes E_1 reguliert, so sind die meistens geringfügigen Änderungen nicht schwer vorzunehmen.

Beispiel.

151. **Spannung und Effektverlust für gegebene Entfernung.** Nach den Betriebskurven in Fig. 44 ist etwa

$$T_5 = 1000, \quad T_7' = 750, \quad T_1 = 2000 \text{ bei } T = 8760 \text{ Stunden.}$$

Ferner sei

$$\mathfrak{z}_{ek} = 0{,}06, \quad \mathfrak{z}_{ev} = 0{,}03 \text{ und } \mathfrak{z}_{dk} = 0{,}12$$

bezogen auf die Maximalwerte, während

$$\mathfrak{z}_{dv} \cong 0 \text{ sei.}$$

Die Kesselzahl sei so stark anpassungsfähig, daß sich die Einführung von einem konstanten

$$m_{bd} = m_k (1 + \mathfrak{z}_k)$$

rechtfertigt, und zwar sei

$$m_{bd} = 0{,}063 \, . \, 10^{-3}.$$

Die sonstigen Annahmen des früheren Beispiels der Wirtschaftlichkeit[1]) sollen erhalten bleiben. Es wird dann, wenn z. B. bei großen Maschinen weitere Abschaltungen nicht vorkommen,

$$E_{ow} = 11\,600 \left[\frac{0{,}1 + 0{,}063\,(1000 + W)}{0{,}1}\right]^{0{,}151},$$

wo

$$W = 0{,}06 \,.\, 8760 + 2 \,.\, 0{,}03 \,.\, 750 + 0{,}12 \,.\, 8760 = 525{,}0 + 45{,}0 + 1050{,}0 = 1620 \cong 1600 \text{ ist.}$$

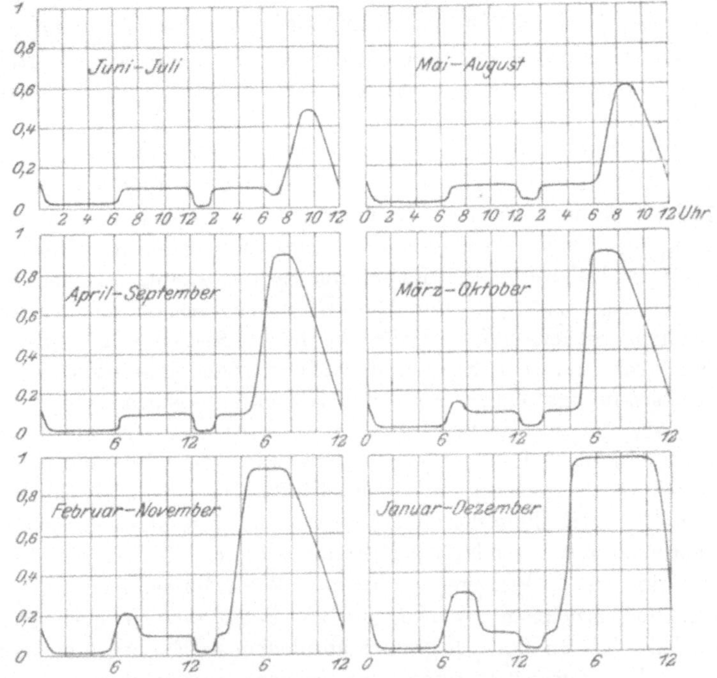

Fig. 44. Mittlere Betriebskurven für jeweils 2 Monate.

Somit wird

$$E_{ow} = 11\,600 \left(\frac{0{,}1 + 0{,}063 \,.\, 2600 \,.\, 10^{-3}}{0{,}1}\right)^{0{,}151}$$

$$= 11\,600 \left(\frac{0{,}1 + 0{,}164}{0{,}1}\right)^{0{,}151} = 13\,500 \text{ Volt.}$$

1) Vergl. S. 168.

Ferner wird

$$v = 3{,}25 \left(\frac{1}{2{,}64}\right)^{\frac{1}{2}} \frac{1}{1{,}16} 10^{-2} = 1{,}72 \,.\, 10^{-2}$$

Praktisch wird man natürlich auch die Zahl der in Betrieb befindlichen Maschinen der Leistung anzupassen suchen; mit Rücksicht auf die Kosten aber wird man auch nicht zu kleine Einheiten wählen. Das hat zur Folge, daß sich W in dem durch die Schaltkoeffizienten gegebenen Maße verkleinert. Jedenfalls aber sehen wir, daß es nicht ohne weiteres erlaubt ist mit einem mittleren m_b zu rechnen.

Übrigens würde m_0 praktisch wohl etwas kleiner als früher, da es Dampfmaschinen maximaler und nicht normaler Leistung in Rechnung zieht.

152. Erweiterung der Theorie. Reduktionszeiten zur Berücksichtigung des Übergangsverlustes der Linie bei variablem Luftdruck. Wie in allen anderen Fällen die neuen Verhältnisse in Rechnung gezogen werden, ist hiermit wohl klargestellt. Es sei nur noch erwähnt, daß auch z. B. die mit dem Luftdruck variablen Übergangsverluste durch Reduktionszeiten berücksichtigt werden können. Ferner würde die Annahme von mit der Spannung veränderlichen Betriebskosten bei Höchstspannungsanlagen noch eine Korrektur ergeben.

153. Der Dampfmaschinenexpansionsgrad als Funktion des Leitungseffektverlustes. Ein Wort bliebe vielleicht noch zu sagen über den Einfluß der nicht gleichbleibenden mittleren Füllung der Zylinder, wenn die Dampfmaschinenkosten proportional mit $\mathfrak{e}$ wachsen. Dieselbe wird nämlich wegen des im Verhältnis zu T_1 kleineren T_5 kleiner. Wir könnten nun noch eine Korrektur vornehmen, welche uns die Betriebskosten noch gemäß einer aus dem Indikatordiagramm abzuleitenden Funktion verändert. Wie früher angedeutet wurde und genauer gezeigt werden könnte, ist der Einfluß aber meist gering.

154. Fixierte Maschinengröße. Normalmaschinenstufen. Größer würde der Einfluß sein, wenn etwa die Bedingung gestellt würde, wie dies übrigens auch bei konstantem Betrieb möglich sein würde, daß die Maschinengröße nach $\mathfrak{E}_1$ fixiert und ein veränderliches $\mathfrak{e}$ lediglich durch Verändern der Füllung erzielt werden solle. In diesem Falle, der uns im übrigen leicht zu erkennende Änderungen der Bedingungen schafft, haben wir es mit einer Verteurungs-, statt wie früher Verbilligungstendenz der indizierten

Wattstunde zu tun, welche ebenfalls in genannter Weise berücksichtigt werden könnte. Auch eine genauere Betrachtung der früher nicht berücksichtigten Erweiterungs- und Verteurungsstufen würde natürlich noch einige Erweiterungen geben, wenn sie lohnend wären.

IX. Die Beziehung der Wirtschaftlichkeit zu den anderen Wirtschaftsgrundsätzen. Kritische Betrachtung der seitherigen neueren Wirtschaftstheorien. Praktische Beleuchtung der Resultate. Technische Ausgestaltungen. Wirtschaftliche Ausgestaltungen. Monopolausnutzung. Tarifpolitik. Mitbenutzung von beschränkten Energieerzeugungsmöglichkeiten.

155. Weitergehende Beleuchtung der Unterschiede zwischen der Wirtschaftlichkeit und den anderen Wirtschaftsgrundsätzen auf Grund der bisherigen Resultate. Der Zusammenhang der Wirtschaftlichkeit mit den übrigen Wirtschaftsgrundsätzen gibt uns Mittel an die Hand, bei den Relationen auf dem einen Gebiete bequeme Schlüsse auf die des anderen zu ziehen. Die entsprechende Untersuchung klärt überdies in besonderem Maße das Wesen der einzelnen Grundsätze, was aus wiederholt betonten Gründen wünschenswert ist. Wir hatten nun in Kap. X der Billigkeit schon festgestellt, daß diese als theoretischer Spezialfall der Wirtschaftlichkeit angesehen werden kann, und wir haben später häufig kurzerhand aus den Beziehungen der Billigkeit durch einfache Erweiterungen diejenigen der Wirtschaftlichkeit hergestellt. Es war auch erwähnt, daß für die Rentabilität etwas ähnliches gilt, und wir tun gut, vor Eintritt in die Behandlung des Problems des letztgenannten Wirtschaftsprinzips uns kurz noch einmal darüber Rechenschaft abzugeben, welche Eigenschaften die Wirtschaftlichkeit im Gegensatz zur Rentabilität hat und welche sie nicht haben kann. Festzuhalten ist in dieser Beziehung, daß die Wirtschaftlichkeit sich um das Wesen und die Möglichkeit einer Vergrößerung eines Unternehmungsgewinns, ihrer Eigenart nach, nicht kümmert, da andere Tendenzen als die der Befriedigung eines gewissen Konsumtionsbedürfnisses nicht geduldet werden können. Die Verzinsung der Anlagekosten, welche nicht die uneingeschränkte Rolle eines Kapitals im wirtschaftstheoretischen Sinne spielen, kann notwendig also nur eine konstante sein.

Von einer Einwirkung der Baubedingungen der Anlage, also einer variablen Spannung usw. auf dieselbe ist keine Rede. Wie nun die Relationen der Wirtschaftlichkeit auf die der Rentabilität oder umgekehrt zurückgeführt werden können, wird uns unten noch des näheren beschäftigen.

Es könnte nun auch die Frage aufgeworfen werden, ob sich in einfacher Weise auch der Zusammenhang zwischen Wirtschaftlichkeit und Exploitation oder Exploitationsrentabilität erklären läßt. Dies ist indessen nicht der Fall, und wir müssen vorläufig unsere Definitionen der Einleitung sich einander einfach gegenüberstehen lassen. Gewisse Vergleiche werden wir aber später nach Behandlung der letztgenannten Grundsätze doch noch vollziehen.

156. Die Wirtschaftlichkeit als irreführendes wirtschaftstheoretisches Prinzip bei verschiedenen Autoren. Die eigentliche Wirtschaftlichkeit ist nun bislang der Tummelplatz der elektrotechnischen Wirtschaftstheoretiker gewesen. Man sucht auf ihm häufig auch Kämpfe auszufechten, die nicht dahin gehören. Das heißt, selbst wenn man erkannt hat, daß die Berücksichtigung dieses oder jenen Sonderwunsches sich mit den gewöhnlichen Regeln der Wirtschaftlichkeit nicht verträgt, sucht man diesen in etwas barbarischer Weise Gewalt anzutun, um rasch mit der Sache fertig zu werden, und weiteres wirtschaftliches Studium als zu fernliegend abzuweisen. Es könne, so glaubt man, doch im Grunde nur eine Wirtschaftlichkeit geben, und mit diesem Sammelbegriff sucht man meist alles zu decken, was momentan gut und nützlich erscheint.

157. Überblick über die vorhandenen Theorien und Kritik. Die Arbeiten von Beringer, W. Thomson, Ayrton & Perry, Hochenegg und Teichmüller. Die Spannungsgleichung von Boucherot als Versuch. Es ist daher wohl an der Zeit, die verschiedenen Wirtschaftstheorien etwas näher ins Auge zu fassen und uns über die Übereinstimmung oder Art der Verschiedenheit von unseren Rechnungen zu vergewissern.

Die Arbeiten von Beringer, Ayrton & Perry, W. Thomson, Hochenegg, Teichmüller u. a. waren schon erwähnt, und die Beziehung von Beringer als eine von uns nach Einführung der Verteurungsfunktionen angenommene Fundamentalgleichung gewürdigt. Eine Arbeit, welche die Berechnung der wirtschaftlichen Spannung in einigermaßen brauchbarer Weise gibt, existierte vor der früher erwähnten des Verfassers[1]) nicht; indessen hat Boucherot schon im Jahre 1893 die Aufmerksamkeit auf die Wichtigkeit einer Rechnung der Spannung auf wirtschaftlicher Grundlage gelenkt[2]). Er hat dabei allerdings nur den Kabelfall im Auge und setzt für die Gesamtjahresausgaben, soweit sie von den Leitungsverhältnissen beeinflußt werden, eine Summe aus drei Gliedern von der Form

$$K = aq + bEq^{\frac{1}{2}} + \frac{c}{q},$$

wo a, b und c Konstante sein sollen. Daraus rechnet er unter Einführung der neuen Konstanten a_1 und b_1 eine neue Bedingung für den Querschnitt

$$q^{-2} = a_1 + b_1 E q^{-\frac{1}{2}},$$

welche Formel er derjenigen von W. Thomson zur Seite stellen will. Wie man sieht, ist das einzige Glied, welches eine Verteurung infolge der Spannung berücksichtigt, die Leitungsverteurung. Sie ist proportional der Spannung und dem Umfange des Kupferquerschnitts gesetzt. Welche Berechtigung dies hat, ist nach dem Kap VII der Billigkeit und Kap. VI der Wirtschaftlichkeit zu beurteilen[3]). Aber selbst diese einfache Form ist dem Verfasser zur Einführung in seine Kostengleichung noch zu unbequem, während er die Möglichkeit einer andern partiellen Differentiation überhaupt nicht erwähnt. Er schlägt vielmehr vor, da, wo auch die Spannung ermittelt werden muß, den Querschnitt nach Thomson zu rechnen und dann wegen des Verhaltens der Kupfer- und Isolationsmaterialienkosten die Ausgaben in der Form

$$K = a_2 E^{-1} + b_2 E^{\frac{1}{2}}$$

darzustellen, woraus dann die Spannungsgleichung mit

$$E = \frac{b_2^2}{4a^2}$$

folgt. Nach Rechnung der Spannung soll dann von neuem q und so fort gerechnet werden, bis genügende Konvergenz erzielt werde. Ein Beispiel wird nicht gegeben.

Natürlich wäre das Verfahren, ganz abgesehen von den in Wahrheit schwankenden „Konstanten“[4]), d. h. wenn man es etwa nach Art einer Tangentenmethode verbessern wollte, der wechselnden Rich-

---

1) Vergl. S. 163.

2) Vergl. Paul Boucherot, Sur le cout des lignes à haute tension, La lumière el. 1893. S. 601.

3) Vergl. S. 113 u. S. 178.

4) Vergl. Kap. VI, S. 178.

tung der Tangenten wegen nur mehr ein etwas unbequemer Weg, sich von der ungefähren Richtigkeit von angenommenen Querschnitten und Spannungen zu überzeugen.

Abgesehen hiervon haben wir gesehen, daß die Kabelverteurung niemals die Spannung „wesentlich" bestimmen kann, selbst bei großen Entfernungen nicht, sondern die Verteurung der übrigen Anlagen maßgebend ist, wenngleich der Einfluß der Kabelverteurung ein hoher sein kann und uns Grenzwerte diktiert.

158. Die neueren Arbeiten: Die Arbeiten von Mershon. Von den neueren Arbeiten, welche hauptsächlich der gerechneten Spannung wegen einen interessanten Vergleich mit der früher zitierten Arbeit des Verfassers [1]) und der vorliegenden, etwa gleichzeitig entstandenen Theorie erlauben, ist am passendsten wohl an dieser Stelle zunächst die Arbeit von Mershon [2]) zu erwähnen [3]), trotzdem Mershon selbst wohl gegen eine solche Einreihung unter das Gebiet der Wirtschaftlichkeit nach unserer Definition Protest erheben würde.

Die Arbeit Mershons hat in den Vereinigten Staaten eine außerordentliche Beachtung gefunden und lebhafte Besprechung erfahren [4]). Wir müssen sie darum etwas näher betrachten. Wie schon der Titel des Aufsatzes: „The Maximum Distance to which Power can be economically transmitted" besagt, ist die Absicht Mershons von der unserigen von vornherein wesentlich verschieden. Mershon legt Wert auf gewisse zahlenmäßige Feststellungen. Es sind deshalb seine numerischen Ermittelungen von einer ganz besonderen Sorgfalt, weniger sind es seine analytischen Betrachtungen, die er allerdings mit Recht auf seinen Spezialfall zuzuschneiden suchte. Sein Streben nach gewissen Endfeststellungen, in erster Linie derjenigen von Grenzentfernungen, hat zur Folge gehabt, daß sich die Kritik seiner Arbeit vorwiegend gegen gewisse Kostenannahmen richtete. Dem einen erscheint, wie Mershon selbst sagt, „dies zu hoch und jenes zu niedrig, dem andern umgekehrt." Er glaubt also, ungefähr die richtige Mitte getroffen zu haben. Wir, die wir in erster Linie darauf bedacht sind, brauchbare Methoden für alle

---

1) Vergl. S. 163.

2) Vergl. R. D. Mershon, Transact. of the Am. Inst. of El. Eng. 1904. S. 759. (Vol. XXIII. Publ. 1905.)

3) Vergl. S. 236 u. 244.

4) U. a. durch Scott, Kenelly, Torchio, Wallace, Lincoln in New-York, Pittsburg und Philadelphia. Der wirtschaftstheoretische Hauptfehler scheint aber niemand außer Wallace stutzig gemacht zu haben (s. u.).

Fälle der technischen und wirtschaftlichen Voraussetzungen zu geben oder genügend anzudeuten, wobei es wesentlich nur auf die Größenordnung der von der Praxis leicht umzurechnenden Einzelwerte ankommt, interessieren uns hauptsächlich für die Mershonsche Methode an sich und wollen sie also im Vergleich mit unseren Ausführungen kritisch beleuchten.

159. Mershons Absicht der Erzielung einer Rentabilitätsbedingung für die Spannung. Sein Scheitern. Bleibender Wert seiner Ausführungen. Seine Ergebnisse als Bedingungen der Wirtschaftlichkeit. Mershon hat wie die meisten Amerikaner ein stark ausgeprägtes Gefühl für das, was die Hauptfaktoren unserer verkehrswirtschaftlichen oder „kapitalistischen" Wirtschaftsperiode ausmacht. Im Gegensatz zu vielen deutschen Ingenieuren ist es ihm ohne lange wirtschaftstheoretische Überlegungen sofort klar, daß das, worum sich in den Gründen der Privatunternehmung alles dreht, der eigentliche „Unternehmungsgewinn" ist [1]), den wir in der Einleitung schon streiften und in der ausführlichen Betrachtung des Wesens der Rentabilität genauer kennen lernen werden. Demzufolge steht auch der Wert

$$p_g = \frac{M - K}{\mathfrak{K}} = \frac{M - K'}{\mathfrak{K}} - p_n,$$

wo M die Einnahmen,
K die ideellen Ausgaben,
K' die wirklichen Ausgaben,
$\mathfrak{K}$ das Anlagekapital bedeutet
und p_n dessen normale Verzinsung ist,

d. h. derjenige, den wir eben Unternehmungsgewinn nannten, und den Mershon selbst „a percentage covering profit" nennt, im Vordergrund seiner Ausführungen. Allein an der auch für Projekte seiner speziellen Art notwendigen exakten Behandlung scheitert Mershon in gewissem Sinne, wodurch jedoch die Arbeit wie wir noch sehen werden, an einem Hauptteil ihrer Bedeutung nichts verliert. Manche Schlüsse derselben bleiben in gewissem Grade bestehen, aber diesen Grad zu erkennen, dazu gehören doch mehr Überlegungen als es Mershon klar sein dürfte, obwohl er weiß, daß er gewisse Vernachlässigungen macht.

Während er nämlich ganz korrekt die Hauptbedingung der Rentabilitätsrechnung, von der auch wir in entsprechenden Rech-

---

1) Vergl. z. B E. v. Philippovich, Grundriß der polit. Ökonomie. I. Bd. Allg. Volkswirtschaftslehre. Leipzig 1897. S. 271.

nungen Gebrauch machen, richtig aufstellt, verläßt er sie in der Behandlung sofort wieder, da sie ihm zu umständlich erscheint.

Er benutzt nämlich als erste Hilfsgleichung sofort den Thomsonschen Satz. Damit entgleitet er in die Wirtschaftlichkeit und das meiste, was er nun rechnet besteht aus Wirtschaftlichkeitsrechnungen, aber selbst als solche sind diese nicht völlig richtig und auch keine Näherungsrechnungen in dem Sinne, daß man über die Größenordnung der Fehler keinen Zweifel hat.

160. Die Mershonschen Kostenfunktionen. Die Mershon-Thomsonsche Effektverlustgleichung. Kritik. Mershon führt nämlich eine Reihe von Kostenfunktionen für alle Anlagekosten und Ausgaben ein, die zum großen Teil verwickelter sind, als die unserigen und die nach Mershon für die von ihm untersuchten (amerikanischen) Verhältnisse am besten passen sollen. Anpassungsfähig wie unsere Potenzfunktionen sind sie allerdings dennoch nicht, denn es kommen nur einfache ganze Exponenten vor. So setzt Mershon, wenn wir unter den verschiedenen c-und k-Werten, wenn nicht anders bemerkt, Konstante verstehen, die sogleich in Dollars ausgedrückt sind, für die Transformatorkosten die Funktion

$$f_1(E_1 \mathfrak{E}_1) = c_1'(E_1 + c_1'')\mathfrak{E}_1^{\frac{1}{2}} = 13(E_1 + c_1'')\mathfrak{E}_1^{\frac{1}{2}},$$

wo jedoch sogleich c_1 noch eine Funktion von $\mathfrak{E}_1$ ist gemäß

$$c_1'' = k_1 + k_1''\mathfrak{E}_1 = 55 + 2{,}27 \cdot 10^{-4}\mathfrak{E}_1.$$

Für Hilfsapparate setzt er

$$f_2(E_1 \mathfrak{E}_1) = c_2' + c_2''\mathfrak{E}_1 = 2 \cdot 10^4 + 0{,}9\,\mathfrak{E}_1;$$

für die Gebäude

$$f_3(\mathfrak{E}_1) = c_3' + c_3''\mathfrak{E}_1 = 1{,}25 \cdot 10^5 + 125 \cdot \mathfrak{E}_1^{\frac{1}{2}};$$

für die Isolationsmaterialien der Leitung

$$f_4(E_1 L_D d) \cong c_4 E_1^3 (1 + v)^3 L_D = 7{,}32 \cdot 10^{-4} \cdot (1{,}0645)^3 E_1^3 L_D,$$

wobei von vornherein für v ein mittlerer Einheits-Effektverlust v_m eingeführt ist (nach Thomson; auf die Zulässigkeit kommen wir zurück);

für die Mastkonstruktionen von drei getrennten Drehstromleitungen zur größeren Sicherheit)

$$f_5(d L_D) = (c_5' + c_5''d) L_D = f_5(E_1 \mathfrak{E}_1 L_D) = c_5' L_D$$

$$+ c_5'' k_5 \left(\frac{\mathfrak{E}_1 L}{E_1 v}\right)^{\frac{1}{2}} L_D = 3 \cdot 10^4 L_D + 37{,}2\left(\frac{\mathfrak{E}_1}{E_1}\right)^{\frac{1}{2}} L_D;$$

für zu erlangendes Wegerecht

$$f_6(L_D) = c_6 L_D = 1000\ L_D;$$

für Synchronmotoren als Phasenregler

$$f_7(\mathfrak{E}_1) = c_7' + c_7'' \mathfrak{E}_1 = 1{,}2 \,.\, 10^4 + 5{,}4 \,.\, \mathfrak{E}_1;$$

für Hilfsapparate für die Motoren

$$f_8(\mathfrak{E}_1) = c_8' + c_8'' \mathfrak{E}_1 = 8{,}4 \,.\, 10^3 + 0{,}17\ \mathfrak{E}_1;$$

für die Leiterkosten

$$f_9(E_1\, \mathfrak{E}_1\, v\, L_D) = c_9 \frac{\mathfrak{E}_1 L_D^2}{E_1^2 v};$$

und bei

$v = n \frac{L_D}{E_1}$ (nach Thomson; auf die Zulässigkeit kommen wir noch näher zurück)

$$f_9(E_1\, \mathfrak{E}_1\, v\, L_D) = \frac{c_9}{n} \frac{\mathfrak{E}_1 L_D}{E_1} = 0{,}455 \frac{\mathfrak{E}_1 L_D}{E_1};$$

für die „Arbeitskosten“ der beiden Transformatorenstationen endlich

$$f_{10}(\mathfrak{E}_1) = c_{10}' + c_{10}'' \mathfrak{E}_1^{\frac{1}{2}} = 3{,}2 \,.\, 10^4 + 26\ \mathfrak{E}_1^{\frac{1}{2}}.$$

Soweit erforderlich sind an Verzinsung und Amortisationssätzen eingeführt:

$$p_1 = 0{,}125,\ p_2 = 0{,}125,\ p_3 = 0{,}075,\ p_4 = 0{,}10,\ p_5 = 0{,}125,\ p_6 = 0{,}05,$$
$$p_7 = 0{,}125,\ p_8 = 0{,}125,\ p_9 = 0{,}05.$$

Ferner nennt Mershon c die „Kosten der Jahreskilowattstunde“, welche aber Verzinsung und Amortisation der Primärstation bis zu den angenommenen Niederspannungssammelschienen enthalten sollen. Der Ausdruck hc, wo h ein Faktor ist, welcher Verlust in den ersten Transformatoren und deren Verzinsung und Amortisation berücksichtigen soll, würde dann die Kosten an den Hochspannungssammelschienen darstellen. Die erwähnte und schon benutzte Thomsonsche Beziehung, welche sich ausführlich

$$v = \left(\frac{p_9 c_9}{hc}\right)^{\frac{1}{2}} \frac{L_D}{E_1} = n \frac{L_D}{E_1}$$

schreibt, setzt aber voraus, daß sie aus dem Veränderungsgrad eines entsprechenden Wertes für K nämlich

$$p_9 c_9 \frac{\mathfrak{E}_1 L_D^2}{E_1^2 v} + hc\, \mathfrak{E}_1 v$$

entstanden sei.

Schon dieser Ansatz läßt die Frage offen, ob, wenn z. B. die Transformatorenkosten nicht dem Effekt $\mathfrak{E}_1$ proportional sind, ohne weiteres alle übrigen Anlagekosten diesen Effekt proportional annehmen werden können, die in c stecken[1]), ganz abgesehen davon, daß für variablen Betrieb der Ansatz unhaltbar wird[2]). Aber auch h enthält noch Funktionen des Effektes also auch des Effektverlustes. Dies weiß Mershon, wie sein Transformatorkostenansatz erkennen läßt, auch, aber er meint, daß man h ja in jedem Falle ziffernmäßig feststellen könne. Selbstverständlich ist die Größe aber der notwendigen Teilnahme an der Differentiation entzogen.

Ungleich bedeutungsvoller aber ist, daß die beiden genannten Kostenglieder nach Mershon keineswegs die einzigen Werte sind, die v enthalten. So sind die recht beträchtlichen Mastkonstruktionskosten nach der gegebenen Beziehung eine wichtige Funktion von v. Gleichwohl gehen sie in die Differentiation nicht ein.

161. Mershons Spannungsgleichung. Um nun die günstigste Spannung zu finden, sucht Mershon das Minimum der Leitungs- und Transformatorjahresausgaben gemäß

$$2\,h\,c\,\mathfrak{E}_1\,v + p_4\,c_4\,E_1^{\,3}\,(1+v)^3\,L_D + p_1\,c_1'\,(E_1 + c_1'')\,\mathfrak{E}_1^{\frac{1}{2}}$$

und indem er sogleich

$$v = n\,\frac{L_D}{E_1}$$

einsetzt,

$$2\,h\,c\,n\,\mathfrak{E}_1\,L_D\,E_1^{-1} + p_4\,c_4\,E_1^{\,3}(1+n\,L_D\,E_1^{-1})^3\,L_D + p_1\,c_1'\,(E_1 + c_1'')\,\mathfrak{E}_1^{\frac{1}{2}}$$

Indessen will er, wie bemerkt, noch in dem einen Nebengliede v stehen lassen und einen mittleren Wert zahlenmäßig dafür einführen[3]).

Er differenziert dann absolut und erhält aus dem Veränderungsgrad vom Werte 0 die Spannungsgleichung

$$E_1 = \left\{\frac{-p_1\,c_1'\,\mathfrak{E}_1^{\frac{1}{2}}}{6\,p_4 c_4 (1+v)^3 L_D} + \left[\frac{p_1^{\,2}\,c_1^{\,12}\,\mathfrak{E}_1}{36\,p_4^{\,2} c_4^{\,2} (1+v)^6 L_D} + \frac{2\,(h\,c\,p_9\,c_9)^{\frac{1}{2}}\,\mathfrak{E}_1}{3\,p_4\,c_4\,(1+v)^3}\right]^{\frac{1}{2}}\right\}^{\frac{1}{2}}$$

wo der Wert von n wieder eingeführt ist.

---

1) Vergl. den Einwand P. Torchios, der übrigens auch die Kapazität berücksichtigt wissen will, in den Verhandlungen zu New-York. Allerdings ist aus der Annahme Mershons, daß mit der Vergrößerung des Effektes die Gesamtkosten der Zentrale pro Effekteinheit fallen, noch nicht fehlende Proportionalität zu einem Teile derselben zu folgern.

2) Vergl. z. B. den Einwand P. H. Stotts ebendaselbst.

3) Dies hat wie auch an erstgenannter Stelle wenig Zweck, weil der Einfluß in der Differentiation nicht richtig wird, denn diese muß gemäß

$$\frac{dK}{dE_1} = \frac{\partial K}{\partial E_1} + \frac{\partial K}{\partial v}\,\frac{dv}{dE_1} = 0$$

entweder wirklich total oder partiell sein.

162. Numerische Resultate. Kritik derselben. Vergleich mit den unserigen. Die numerischen Werte sind dabei für v und E_1 die folgenden

$$v = 0{,}038 \frac{L_D}{E_1}$$

$$E_1 = \left[-3066 \frac{\mathfrak{C}_1^{\frac{1}{2}}}{L_D} + \left(9\,400\,356 \frac{\mathfrak{C}_1}{L_D{}^2} + 3438{,}5\, \mathfrak{C}_1 \right)^{\frac{1}{2}} \right]^{\frac{1}{2}}$$

Mit Hilfe dieser Beziehung[1]) und der zu folgernden

$$d = 0{,}0219 \left(\frac{\mathfrak{C}_1}{E_1} \right)^{\frac{1}{2}}.$$

für den Durchmesser bekommt Mershon nun Werte und Kurven, die, wie er hervorhebt, namentlich dadurch charakteristisch sind, daß die kritischen Spannungen für den von ihm untersuchten Bereich, nämlich denjenigen von $E_1 = 25\,000$ bis 500 000 KW und die Entfernungen 700 engl. Meilen nicht vorkommen. Während nämlich die Spannung für 500 000 KW bei 700 Meilen 195 000 Volt ist, beträgt sie für 25 000 KW noch etwa 92 000 Volt, wobei der Durchmesser im ersten Fall 1,11 und im zweiten 0,36 engl. Zoll bei einer allerdings nicht näher angegebenen Drahtentfernung beträgt. Erwägt man nun aber den bei der Rechnung von v gemachten Fehler in bezug auf die Kosten der Leitungskonstruktion und bedenkt man, daß, die Mershonschen Kosten im übrigen als zutreffend vorausgesetzt, hierdurch v erhöht, und somit auch die Spannung erhöht wird, so erkennen wir, daß auch schon hierdurch die kritischen Grenzen den praktischen Ausführungen bedeutend näher gerückt werden, ganz abgesehen von dem unter Umständen nicht erheblichen Einfluß eines niedrigen Barometerstandes, dessen Jahresminimum in Betracht kommt und uns zu unseren Erweiterungsrechnungen veranlaßte. Um bei den Mershonschen Kostenansätzen unsere Rechnungsmethode anzuwenden, hätten wir in unseren Ansätzen noch bei den Transformatorenkosten mittelst Tangenten den verschiedenen $\mathfrak{C}_1$ variable Anfangskosten zuzuordnen, oder für die Vorausberechnung von q und E_0 noch eine Potenzkurve analog den übrigen einzuführen. Wie sich seine Annahme übrigens erklärt, sagt Mershon nicht; er sagt nur, sie bezögen

[1]) Man beachte die für einen „praktischen Amerikaner" besonders auffällige scheinbare Genauigkeit in den einzelnen Gliedern.

sich auf Transformatoren von 1500 KW ab, es liegt daher die Vermutung nahe, daß die Beobachtung eines gewissen Bereichs der Kosten auf einen größeren ausgedehnt worden ist, also auch hier eine Stufenbetrachtung, welche nach unseren Voraussetzungen erst in zweiter Linie in Betracht kommt, aber dann manchmal, wenn es sich lohnt, recht viele Erweiterungen nötig macht[1]), an die erste Stelle gerückt ist. Wenigstens ist bei sehr großem Effekt nicht einzusehen, weshalb bei den schon aus Gründen der Anpassung bei variablem Betrieb nötigen Einheiten von begrenzter Größe die Transformatorkosten nicht dem Effekt proportional sein sollen.

Bezüglich der Kosten stellt sich dieser Unterschied zwischen unsern und Mershons Annahmen übrigens als der größte heraus, wobei allerdings zu beachten ist, daß wir nicht für alle Spezialannahmen ausgedehnte Beispiele gerechnet haben.

Die Transformatorenverteuerung ist in mittleren Spannungsbereichen übrigens auch beträchtlich höher, als bei den kleineren und mittleren Typen in Deutschland angenommen werden muß, wenn sie auch nach Mershons Annahmen fast linear sein mag. Die Kosten der Isolatoren sind für einen gewissen Spannungsbereich nicht sehr verschieden von denjenigen, welche wir unseren Rechnungen zugrunde legten, allerdings folgen sie der dritten Potenz der Spannung, unsere nur höchstens der zweiten[2]). Auch die anderen Werte zeigen keine bemerkenswerten Unterschiede; nur die angenommenen mittleren Kosten der Jahreskilowattstunde einschl. der Amortisation und Verzinsung sind viel niedriger als bei uns, wodurch die wirtschaftlichen Spannungen vergleichsmäßig herabgedrückt werden.

Die von Mershon erhaltenen Kurven sind unsern und den für Drehstrom daraus ableitbaren nicht unähnlich, und die mittleren Spannungen und Effektverluste sind von unserer Größenordnung; mehr läßt sich nach dem Gesagten auch nicht erwarten.

163. **Mershons Resultate als Grundlagen für Rentabilitätsrechnungen.** Mershon benutzt nun seine eigentlich wirtschaftlichen Rechnungen um das Minimum der Kosten gemäß dem zuerst genannten Ansatz von den zu erzielenden Einnahmen bei verschiedenen Verkaufswerten der Energie abzuziehen, den Betrag durch das Gesamtkapital zu teilen und den Gewinn festzustellen,

[1]) Vergl. letztes Kapitel. S. 195.

[2]) Es handelt sich bei Mershon um die amerikanische Glaskonstruktion.

womit sich die Grenzen der Übertragung bestimmen. Inwieweit ein derartiges Verfahren richtig sein kann, werden wir bei der Theorie der Rentabilität erörtern, wo wir auf die Mershonsche Arbeit zurückkommen werden.

164. Die Arbeit von Wallace. Seine drei wirtschaftstheoretischen Grundprinzipien. Vergleich mit den unserigen. Eine nächste zu erwähnende Arbeit ist diejenige von J. E. Wallace[1]). Es ist sehr interessant, daß Wallace, der auch Mershon darauf hingewiesen hat, daß seine Bedingungen nicht diejenigen sein könnten, welche man meist praktisch stellen müsse, allerdings ohne ihn zu überzeugen, augenscheinlich wenigstens die verschiedenen wirtschaftlichen Prinzipien und ihr Wesen klarer erfaßt hat als Mershon und daher zu Resultaten gelangt, welche, so ungenügend sie zur völligen Behandlung des Problems auch sein mögen, mit dem in Betracht kommenden Teil unserer Bedingungen außerordentlich weit übereinstimmen. Allerdings ist der Wallacesche Gedankengang aus seiner Veröffentlichung nur zu erraten, denn sie enthält eben nur die Resultate nicht deren Ableitungen oder auch nur irgendwelche Rechnungsansätze. Wallace unterscheidet einen „ökonomischen" Fall, der im Grunde unserm wirtschaftlichen entspricht, einen solchen, welcher den maximalen Reingewinn pro Effekteinheit, abgegeben an die Linie, erstrebt, der seinem Wesen nach unserm später besonders zu besprechenden Exploitationsfall, und einen, welcher den „maximalen Prozentsatz des Nutzens" erreichen soll, der also unserm Rentabilitätsfall entspricht. Exakte Definitionen fehlen bedauerlicherweise.

Wallace stellt demnach Kurven auf, welche für einen Spezialfall einer Übertragung auf 200 Meilen z. B. den Wirkungsgrad der Linie in Abhängigkeit von der Spannung für die verschiedenen Wirtschaftsfälle darstellen. (Er nennt die Kurven der Reihe nach „Economic"- „Market"- und „Profitable"-Kurve). Mit den beiden letzten Fällen werden wir uns noch später befassen.

165. Die Wirkungsgradgleichung von Wallace für den „ökonomischen" Fall. Kritik. Des Vergleicheswegen sei hier seine Formel für den Wirkungsgrad im „ökonomischen" Fall gegeben. Sie lautet

---

[1]) Vergl. J. E. Wallace, Economics of a 200-mile Transmission, El. World and Eng. 1904 S. 771.

$$\eta = \frac{Q + \frac{P}{FN} + \frac{M}{f^2 E_0^2} - \left[\frac{M}{f^2 E_0^2} \frac{1}{Q + \frac{P}{FN} + \frac{M}{f^2 E_0^2}} \right]^{\frac{1}{2}}}{Q + \frac{P}{FN}}$$

wo

M eine Leitungskonstante, enthaltend das Produkt der Kupferkosten pro Längeneinheit, das Quadrat der Längen, den Verzinsungs- und Amortisationssatz und einen Faktor, welcher die Art der Übertragung berücksichtigt,

f den Leistungsfaktor an der Empfängerstation,

Q die Kosten für ein KW-Jahr,

P die Verzinsung und Amortisation für die Mastkonstruktionen,

F den Belastungsfaktor der Linie,

N den Quotienten aus dem quadratischen Mittelwert und dem gewöhnlichen Mittelwert der Belastung, bedeutet.

Einige Überlegung zeigt, daß die Formel, wenn man noch M überall durch FN dividiert, was vielleicht übersehen worden ist, trotz des auftretenden E_0 auf einer Differentiation bei konstantem E_1 beruht. Das quadratische Leitungsglied neben den anderen Ausgaben hat demnach eigentlich keinen praktischen Sinn. Bemerkenswert ist auch, daß Verzinsung und Amortisation der Zentrale nicht besonders ausgedrückt ist.

Für die gemachten einfachen Annahmen erhält Wallace dann bei seiner Entfernung von 200 km und z. B. 100000 Volt etwa 90% Wirkungsgrad, derselbe steht bei einer gewissen Einschränkung[1]) auch numerisch wenigstens in ähnlichem Verhältnis zu den andern Fällen wie bei uns. Die Spannung hat Wallace allerdings nicht zu rechnen versucht.

166. Die Behandlung des Kabelspezialfalles von Albaret. Die Spannungs- und Querschnittsgleichung. Kritik. Von den europäischen Elektrikern hat sich J. L. Albaret[2]) bemüht der Thomsonschen Formel für den Kabelspezialfall eine Spannungsformel zur Seite zu stellen. Er setzt für die Kabelkosten für die von ihm untersuchten Kabel bis 10000 Volt

$$\mathfrak{K}_k = (a + bq + cE_1) L_D$$

1) Vergl. S. 246.

2) Vergl. J. L. Albaret, Essai sur la tension économique des conduites souterraines à haut potentiel, Schweiz. Z. f. El. 1904. S. 403.

und demzufolge z. B. für Gleichstrom für die Gesamtkosten des Energietransportes

$$T = p_L a L_D + (p_L c L_D + p_0 g \mathfrak{E}_1) E + p_L b L_D q + 2 L_D \varrho \mathfrak{E}_1{}^2 (m_b T_1 + p_0 m_0) \frac{1}{E_1{}^2 q}$$

Hierbei sind a b c und g, welches zur Berücksichtigung der Verteurung der Zentrale und Unterstation dient, Konstante; doch kann g event. noch eine Funktion von $\mathfrak{E}_1$ sein.

Die Spannungsgleichung lautet dann

$$E_1 = \sqrt{2 \mathfrak{E}_1} \left[\frac{2 \varrho p_L b (m_b T + p_0 m_0)}{\left(p_L c + p_0 g \frac{\mathfrak{E}_1}{L_D}\right)^2} \right]^{\frac{1}{4}}$$

und die absolute Querschnittsgleichung

$$q = \frac{\sqrt{2 \mathfrak{E}_1}}{2} \left[\frac{2 \varrho \left(p_L c + p_0 g \frac{E_1}{L_D}\right)^2 (m_b T + p m_0)}{(p_L b)^3} \right]^{\frac{1}{4}}$$

Die Gleichungen würden etwa mit denjenigen der Tangentenmethode unseres zweiten Kabelspezialfalls der geringsten Näherung übereinstimmen [1]), wenn Albaret nicht noch eine Vernachlässigung in den Kabelkosten gemacht hätte, welche man bei Verfolgung unserer Ausführungen leicht findet. Natürlich berücksichtigt auch Albaret nicht die variablen Anfangswerte, die durch die Tangenten gegeben sind, da er die Kostenkurven wirklich als Gerade (mit 5% Abweichung, wie er sagt) auffaßt. Wie wenig dies bei unseren Hochspannungskabeln brauchbar sein würde, ist leicht zu ermitteln. Übrigens stellt Albaret auch einen Kontrollsatz auf. Er sagt nämlich, daß die Kosten des Ohmschen Verlustes und die „Kupferkosten" (natürlich ist hierunter Amortisation und Verzinsung zu verstehen) einander gleich, und ihre Summe den „Spannungskosten" gleich sein muß. Er glaubt aber, daß die Verteurung von Primär- und Sekundärstation zu vernachlässigen sei und demzufolge die Spannung unabhängig von der Länge des Kabels wird, ein absurder Schluß, der sich durch unsere Ausführungen richtig stellt.

Einen anderen wirtschaftstheoretischen Fall als den der Wirtschaftlichkeit kennt Albaret nicht.

---

1) Vergl. S. 113 bezw. 178.

167. Die Theorie von Sarrat und dessen Kontroverse mit Swyngedauw. Die Sarratsche ökonomische Spannungsgleichung. Hingegen treten wirtschaftstheoretische Gegensätze auf in einer Kontroverse zwischen F. Sarrat[1]) und Swyngedauw[2]). Letzterer gibt eine Theorie allgemein als „ökonomische", welche in unser Exploitationsgebiet gehört, und die also hier ganz aus der Betrachtung ausscheiden muß. Mit Recht wendet Sarrat ein, daß der Swyngedauwsche Fall nur ein seltener sei, aber er begeht nun seinerseits sofort den Fehler, der Wirtschaftlichkeit eine allgemeine Bedeutung zu verleihen. Seine Arbeit besteht zunächst darin, daß er in Unkenntnis der Arbeiten von Beringer und Ayrton & Perry nochmals die Beringersche Effektverlustgleichung aufstellt und dieselbe graphisch behandelt. Dabei sucht er eigentümlicherweise Swyngedauw zu überzeugen, daß seine Annahme einer quadratischen Mittelwertszeit für den Leitungsverlust unzulässig sei[3]). Die Hocheneggsche (und von uns noch erweiterte) Integrationsbetrachtung ist ihm also gleichfalls fremd. Auf Grund einer natürlich nicht überzeugenden Betrachtung will er eine gewöhnliche Zeitreduktion vornehmen. Seinen Effektverlust gibt er nach Betrachtung des Unterschiedes von dem Thomsonschen zugunsten des letzteren auf, indem er sich der Spannungsrechnung zuwendet und sich mit entsprechender Genauigkeit begnügt. Er betrachtet allerdings nur den Transformatorenfall und nimmt als Verteurungskurve eine Gerade an, da die von ihm festgestellten numerischen Kurven bis 25000 Volt wenig Abweichung hiervon zeigen. Seine Spannungsgleichung lautet demzufolge

$$E_0 = \left[\frac{2\sqrt{3}\, m_0 L_D p_0}{\eta\, \mathfrak{d} \cos\varphi (p_L C_L + u p F_t)}\right]^{\frac{1}{2}} + \frac{e_0 \sqrt{3}}{\cos\varphi},$$

wo η der Wirkungsgrad der Transformatoren
C_L der Leitungsverteurungsfaktor
$u = \frac{1+\eta}{\eta}$
F_t der Verteurungsfaktor der Transformatoren,
e_0 der Spannungsabfall der Linie
$\mathfrak{d}$ die Thomsonsche Stromdichte ist.

[1]) Vergl. F. Sarrat, Discussion sur les conditions, les plus favorables pour le transport de l'énergie. Densité de courant et tension les plus économiques, Bulletin de l'Association des ing él. sortis de l'Inst. Montéfiore 1905. S. 246.

[2]) Vergl. R. Swyngedauw, Bull. de la Société int. des Él. 1904. S. 417. Vergl. S. 270.

[3]) Vergl. S. 191.

168. Sarrats numerische Resultate. Vergleich mit den unserigen. Wir sehen, es handelt sich gleichfalls etwa um unsere geringste Näherung, zu der man überhaupt (wie auch in der früheren Arbeit[1]) des Verfassers) am leichtesten kommt. Die Leitungsverteurung hat allerdings in dieser Näherung trotz der angenommenen Unabhängigkeit vom Effekt nicht immer Zweck, keinesfalls aber die Berücksichtigung der Transformatorwirkungsgrade und des kleinen Gliedes rechts.

Die von Sarrat gegebenen Transformatorverteurungen sind im Mittel absolut ungefähr den unserigen entsprechend. Mittelwerte liegen zwischen unseren Kurven I und II der Fig. 21; die Leitungsverteurung ist wesentlich höher angenommen. Ein Beispiel ergibt für 20 km Entfernung eine Spannung von 47000 Volt, während wir z. B. bei Verdoppelung der Ordinaten in Fig. 22, also in geringster Näherung für den Doppeltransformatorenfall für große Effekte 45000 Volt haben.

169. Praktische Ausführungen nach dem Grundsatz der Wirtschaftlichkeit. Fragen wir, wie sich nun die praktischen Ausführungen zu unsern und andern Rechnungen stellen und fassen wir zu diesem Zwecke die Dampfmaschinenzentralen ins Auge, so sehen wir auch hier, daß man z. B. nur zögernd mit den Spannungen in die Höhe gegangen ist. Für große Entfernungen sind überdies wirtschaftliche Anlagen sehr selten, da solche meist der privaten Initiative überlassen und dann nach den Grundsätzen der Rentabilität behandelt und nur bedingungsweise zum Vergleich herangezogen werden können.

170. Fall der Monopolausnutzung. Während man die bei der Ausführung häufig noch gestellten technischen Sonderbedingungen und Erweiterungen wohl nach den Hinweisen Kap. IX der Billigkeit berücksichtigen kann, ist vielleicht noch einiges über solche wirtschaftliche Erweiterungen zu sagen, welche keine grundsätzlichen Änderungen des Wirtschaftsprinzips erfordern oder sich wenigstens mit den Wirtschaftlichkeitsbedingungen sogleich erledigen lassen.

Hat z. B. eine Stadt nicht die Absicht, streng den wirtschaftlichen Standpunkt zu wahren, indem sie ein Elektrizitätswerk errichtet, sondern verfolgt sie hierbei auch finanzielle oder „fiskalische“, d. h. eigentlich Besteuerungsabsichten, so kann sie bei entsprechend festgesetztem Verkaufspreis m der Energie eine Monopolausnutzung

[1]) Vergl. S. 163.

vornehmen, derart, daß sie das absolute Maximum eines „Überschusses“ S durch Ausführungsbedingungen erstrebt. Wir sehen aber sofort, daß diese Bedingungen gemäß

$$S = \mathfrak{E}_1 m T - K,$$

bei dem konstanten ersten Glied die Wirtschaftlichkeitsbedingungen sein müssen. Auch eine Tarifpolitik zur Erweiterung des Absatzes der Energie wird hieran in der Regel nichts ändern, wenngleich andere Fragen entstehen, die sich nach den wirtschaftstheoretischen [1]) und sonstigen Unterlagen [2]) verfolgen lassen.

171. Eine beschränkte Energieerzeugungsmöglichkeit als Teil einer wirtschaftlichen Anlage. Zweifelhaft könnte noch sein, wie sich eine beschränkte Energieerzeugungsmöglichkeit verhält, wenn diese z. B. als Wasserkraftanlage einen Teil einer erweiterungsfähigen Dampfkraftanlage ausmacht. Es ist indessen nicht schwer einzusehen, daß dann nicht etwa ein mittlerer Wert der Energiekosten in die Bedingungen eingeführt werden muß, sondern trotz der Verschiedenheit des Kostenansatzes derjenige, der sich durch Erzeugung aus Kohle ergibt.

Handelt es sich freilich nur um eine beschränkte Ausnutzungsmöglichkeit, so tritt der später zu behandelnde Fall der Exploitation ein. Zunächst müssen wir jetzt das Wesen der mit der Wirtschaftlichkeit in gewissem engerem Zusammenhang stehenden Rentabilität kennen lernen.

C.

Die Rentabilität der Anlage im allgemeinen.

I. Das Wesen der Rentabilität.

172. Die Grundtendenz der Rentabilität. Die Erbauung einer Elektrizitätserzeugungs- und Übertragungs- samt etwa notwendiger Verteilungsanlage braucht, wie wir schon verschiedentlich betonten, nicht immer den für den Erbauer maßgebenden Zweck zu haben, den Konsumenten Energie zuzuführen, wie es meist der Fall ist, wenn z. B. ein Staats- oder Gemeindekörper diese Absicht verfolgt und in zweiter Linie nach Bejahung der Notwendigkeitsfrage

---

1) Vergl. Launhardt, Mathem. Begründung der Volkswirtschaftslehre.

2) Vergl. G. Siegel, Die Preisstellung beim Verkauf elektrischer Energie. Berlin 1906.

nur noch wirtschaftliche Bedingungen zu beachten hat; es braucht auch nicht der Fall vorzuliegen, daß jemand die Rolle des Produzenten und Konsumenten unter dem wirtschaftlichen Gesichtspunkte in sich vereinigt [1]). Man kann auch den Fall ausscheiden, daß lediglich Erbauungsrücksichten zu nehmen sind [2]). Endlich kann auch die gestreifte Frage des absoluten Unternehmungsgewinnes bedeutungslos sein.

Dennoch und trotzdem die Zahl der wirtschaftlichen Bedingungen also eine große ist, gibt es noch einen allgemein zu betrachtenden Fall, welcher häufig vorkommt, wenn er nicht gar die Regel bildet, nämlich denjenigen der Rentabilität.

Es kann sich nämlich auch in erster Linie darum handeln, wie wir schon in der einleitenden Zusammenstellung kurz ausführten, für eine gewisse Kapitalmenge einen möglichst hohen Gewinn pro Kapitaleinheit (Rente oder Dividende) zu erzielen, und zwar kann es sich entweder um Rentabilität bei unverändertem oder bei zu verzehrendem oder nach Ablauf einer gewissen Betriebszeit verloren zu gebendem Kapital handeln. Zur Erreichung eines solchen rein finanziellen Zweckes ist ja ein Elektrizitätswerk ebensogut geeignet wie eine andere Anlage.

173. Die Entstehung des Unternehmungsgewinnes. Ältere Anschauung. Kritik derselben. Die exakte Definition der Rentabilität war schon in der Einleitung gegeben; es hat auch schon ein einfacher Fall der Rentabilität vorgelegen [3]). Dieser aber ließ das Wesen derselben im Gegensatz zur Billigkeit und Wirtschaftlichkeit nicht genügend deutlich erkennen. Wir wollen es deshalb in diesem etwas allgemeineren Falle noch etwas näher analysieren. Ein Kapital an sich hat nach unserer Wirtschaftsordnung zunächst einen Anspruch auf eine normale Verzinsung, welche etwa gegeben ist oder besser ihren Ausdruck findet durch die Bedingungen der öffentlichen Schuld. Der entspechende Verzinsungseinheitssatz, also der hundertste Teil des Prozentsatzes möge p_n sein. Ein industrielles Unternehmen hat nun nicht nur die direkten Ausgaben zu decken, wozu wir auch die Betriebsleitungsausgaben rechnen, die Amortisationswerte zu liefern und die normale Verzinsung herbeizuführen, sondern auch einen Unternehmungsgewinn

1) Vergl. S. 154 unter Wirtschaftlichkeit.
2) Vergl. S. 7 unter Billigkeit.
3) Vergl. S. 148.

G_u zu liefern[1]), Dieser bedeutet ursprünglich eine Vergütung der Arbeit und des „Scharfsinnes“ eines persönlichen Unternehmers, eine vorhandene Konjunktur auszunutzen. In der wirtschaftsgeschichtlichen Entwickelung beobachten wir nun in Fällen, wie sie für uns in Betracht kommen, eine Trennung der „Arbeit“ und des „Konjunkturscharfsinns“ zur Erfassung der Gelegenheit für den Bau, indem die Leitung des Unternehmens von einem technischen oder kaufmännischen Angestellten ausgeführt wird, der Scharfsinn der Konjunkturauffassung aber zunächst nur einmal in Erscheinung tritt, mit dem aufzuwendenden Kapital verknüpft erscheint und als etwa dem Hauptkapitalisten eigentümlich zu denken ist. Die Tatsache aber, daß er sowohl wie die etwa vorhandenen anderen Teilhaber eine „Vergütung des Scharfsinns“ proportional ihrem Kapital begehren und erlangen, muß uns veranlassen, die genannte Erklärung wenigstens für unsere Fälle einer Kontrolle zu unterziehen.

174. Neuere Definitionen. In der Tat ist nun von den Nationalökonomen der verschiedenen Richtungen im allgemeinen längst die Unhaltbarkeit der genannten Definition des Unternehmungsgewinnes für unsere heutigen Verhältnisse erkannt, und wir begegnen einer „Risiko-Vergütungs“definition und einer Definition der „Ausnutzung eines gewissen, der verkehrswirtschaftlichen (kapitalistischen) Wirtschaftsperiode eigentümlichen Machtverhältnisses oder Machtgefälles“. Die Unbrauchbarkeit der vorher erwähnten und die Gleichwertigkeit der letztgenannten beiden Definitionen wird sich für die praktische Anwendung namentlich ergeben, wenn wir von der Aufnahme fremden Kapitals (Obligationstheorie) handeln. Auf eine weitere Unterscheidungskritik brauchen wir daher hier nicht einzugehen[2]).

175. Unsere Grundaufgabe. Für uns maßgebend ist also der „Unternehmungsgewinn pro Kapitaleinheit“. Wir fassen ihn sogleich zusammen mit der normalen Verzinsung p_n und nennen

$$g = \frac{G_u}{\mathfrak{K}} + p_n = p_g + p_n$$

---

1) Vergl. z. B. E. v. Philippovich, Grundriß der pol. Ökonomie I. S. 271 und W. Launhardt, Mathematische Begründung der Volkswirtschaftslehre. S. 113.

2) Es seien nur kurz einige Autoren, welche die Kapitals- und Einkommenstheorien behandeln, genannt: Roscher, Schäffle, Cohn, Marshall, Wolf, Rodbertus, Philippovich, Launhardt, Sombart, Schmoller, Böhm-Bawerk, v. Zwiedineck-Südenhorst, Voigt, Knies, Leroy-Beaulien, Mill, Walker, und speziell Mangoldt, Lehre vom Unternehmungsgewinn, Pierstorff, Lehre vom Unternehmungsgewinn, Mataja, Unternehmergewinn, Marx, Kapital.

die „Rente des Kapitals $\mathfrak{K}$ bei unverändertem Bestande des letzteren" und den hundertfachen Betrag den prozentualen „Gewinn" im allgemeineren Sinne. Die Rente ist in den Fällen der Gesamtausschüttung identisch mit der Dividende. Letzterer Fall ist es, den wir unter vereinfachten Annahmen bei unseren Anlagen zuerst untersuchen wollen.

Es könnte manchem wirtschaftlichen Untersuchungen Abgeneigtem scheinen, als ob sich die Betrachtung erübrige, „da schon erfahrungsgemäß bei gewissen offenkundigen Verhältnissen ein gewisser Gewinn zu erwarten sei, der leider häufig das normale Maß unterschreite". In dieser Beziehung ist zu bemerken, daß eben die „gewissen" Verhältnisse etwas exakter festgelegt werden sollen, um das mögliche Maximum in seinen Bedingungen näher zu untersuchen und die Unterschreitung des Normalwertes möglichst zu vermeiden, und daß genauere Kriterien für die Konkurrenz- und unter Umständen für die Existenzmöglichkeit zu gewinnen sind. Ein Werk, das keinen genügenden Gewinn abwirft, sich vielleicht nicht einmal normal verzinst, dessen Unternehmungsgewinn also eine negative Größe hat, verneint nach obigem entweder den „Unternehmerscharfsinn" (vielleicht auch denjenigen des entwerfenden Ingenieurs, der die Bedingungen nicht genügend erkannt hat); oder es ist nach den besseren Definitionen das Resultat einer Verkennung der Wahrscheinlichkeits- und „Risikobedingungen", wenn nicht eben trotz aller Vorsicht ein Risikoausnahmefall vorliegt, den man sich nach der Wahrscheinlichkeitstheorie gefallen lassen muß, oder es beruht endlich auf einem Irrtum in der Beurteilung der „wirtschaftlichen Machtverhältnisse"; es ist also häufig von vornherein irgendwie verfehlt und kann natürlich weder als Vorbild noch als typisch gelten. Es soll dabei nicht verkannt werden, daß die Rechnungsgrundlagen manchmal äußerst schwankend sind. Indessen ist das kein Grund zur Vermeidung exakter (oder Wahrscheinlichkeits-) Methoden auf diesem Gebiet. Ein klarer Einblick in den wirtschaftlichen Kausalismus kann nur mit ihrer Hilfe angebahnt werden; und vielleicht trägt dieser mit bei zur Stabilisierung oder wenigstens Regelung der zeitlich veränderlichen wirtschaftlichen Verhältnisse, also zur systematischen Milderung von Wirtschaftskrisen.

II. Der einfachste Übertragungsfall. Die Spannung, der Effektverlust und die übrigen elektrischen Daten bei den einfachsten Voraussetzungen der Rentabilität. Zusammenhang der Rentabilität mit der Wirtschaftlichkeit. Methode der Ableitung der Bedingungen aus denjenigen der Wirtschaftlichkeit. Die jährlichen Ausgaben. Die Kosten der Anlage. Der Spezialfall für Kabel.

176. Die Bedingungen für den einfachsten Fall. Die neuen Ausgangsgleichungen für die Ausgaben und das Kapital und ihre gegenseitigen Beziehungen für den Fall der Rentabilität. Wir nehmen zunächst zur Behandlung des einfachsten Falles wieder an, der Sekundäreffekt sei gegeben als konstante Größe für eine bestimmte Betriebsdauer T pro Jahr. Wir machen ferner die übrigen früher gemachten vereinfachenden Annahmen, also z. B. diejenige, daß der Effekt ohne Umformung an der Sekundärstation abgegeben werde, oder die Umformung eine Verteurung mit wachsender Spannung nicht im Gefolge hat, einerlei welche besonderen Verhältnisse dies erlauben. Dabei darf aber jetzt eine Unterstation als Eigentum des Werks selbst dann nicht angenommen werden, wenn die Verteurung mit der Spannung nicht in Frage kommt, da sonst mehr Kapital absorbiert wird. Wir wollen ferner zunächst annehmen, die Amortisation der Anlage sei gleich für alle Teile, da die gegenteilige Annahme, wie wir später sehen werden, verwickeltere Rechnungen ergibt. Bezeichnet nun

K' die Ausgaben für Betrieb und Amortisation,
$\mathfrak{K}$ das Kapital,
M die Gesamteinnahmen,

so lautet die Bedingung der (größten) Rentabilität: Es sei

$$g = \frac{G_u}{\mathfrak{K}} + p_n = p_g + p_n = \frac{M - K'}{\mathfrak{K}}$$

ein Maximum.

Bezeichnet nun p' den Einheitssatz der Amortisation, so gilt er, wie bemerkt, zunächst für die Zentrale und die Leitung, d. h. die Erneuerung erfolgt in gleicher Zeit und für die Unterhaltung wird gleichviel aufgewandt. Verzinsung ist in dem Werte von p' also nicht enthalten. Es würde aber übrigens prinzipiell kein Unterschied bestehen, wenn wir in ihm noch die übliche Normalverzinsung p_n aufnehmen wollten, um dann lediglich $p_g = \frac{G_u}{K}$, d. h. das

„Unternehmungseinkommen" pro Kapitaleinheit oder den Unternehmungsgewinn zu betrachten, d. h. dessen Maximum zu suchen. Wir nennen ferner vorerst m den konstanten Preis der Energie, welcher unter bestimmten Umständen als haltbar anzusehen ist oder sich unter etwa gleichen Verhältnissen als konkurrenzfähig erwiesen hat. Er sei gleichmäßig für alle Arten des Verbrauchs, da wir uns hier auf eine besondere Tarifpolitik nicht einlassen wollen, um zunächst den einfachsten Fall zu wahren. Es sind dann die Einnahmen

$$M = \mathfrak{E}_1 m T,$$

die wirklichen Ausgaben

$$K' = (\mathfrak{E}_1 + \mathfrak{e}) m_0 p' (1 + F_0 E_0^{n_0}) + m_L L^2 \varrho p' \frac{(\mathfrak{E}_1 + \mathfrak{e})^2}{\mathfrak{e} E_0^2} (1 + F_L E_0^{n_L}) + (\mathfrak{E}_1 + \mathfrak{e}) m_b T$$

und das Kapital

$$\mathfrak{K} = (\mathfrak{E}_1 + \mathfrak{e}) m_0 (1 + F_0 E_0^{n_0}) + m_L L^2 \varrho \frac{(\mathfrak{E}_1 + \mathfrak{e})^2}{\mathfrak{e} E_0^2} (1 + F_L E_0^{n_L}).$$

Da nun

$$g = \frac{M - K'}{\mathfrak{K}}$$

ein Maximum sein kann nur für die Werte von E_0 und $\mathfrak{e}$, welche sich aus den Bedingungen

$$\frac{\partial \frac{Z}{N}}{\partial \mathfrak{e}} = \frac{N \frac{\partial Z}{\partial \mathfrak{e}} - Z \frac{\partial N}{\partial \mathfrak{e}}}{N^2} = 0$$

und

$$\frac{\partial \frac{Z}{N}}{\partial E_0} = \frac{N \frac{\partial Z}{\partial E_0} - Z \frac{\partial N}{\partial E_0}}{N^2} = 0$$

ergeben, wo N der Nenner und Z der Zähler des obigen Ausdrucks für g ist, so haben wir die genannten Werte von M, K' und $\mathfrak{K}$ in die zu folgernden Gleichungen

$$N \frac{\partial Z}{\partial \mathfrak{e}} - Z \frac{\partial N}{\partial \mathfrak{e}} = 0$$

und

$$N \frac{\partial Z}{\partial E_0} - Z \frac{\partial N}{\partial E_0} = 0$$

einzusetzen. Es heißt das übrigens:

Der Wert von $\mathfrak{e}$ bezw. E_0 entspricht dann den Bedingungen der (größten) Rentabilität, wenn das Kapital des Unternehmens multipliziert mit dem Gewinnveränderungsgrade in bezug auf $\mathfrak{e}$ gleich ist dem Gewinn, multipliziert mit dem Kapitalveränderungsgrade in bezug auf $\mathfrak{e}$, bezw. wenn ein Gleiches gilt für die Veränderungsgrade inbezug auf E_0.

177. Die Relativgleichung für den Effektverlust. Nun folgt also, wenn wir zur größeren Einfachheit unter m_0 und m_L zunächst E_0-Momentanwerte, d. h. solche, welche die Verteurungsfunktion bereits enthalten oder für eine bestimmte Spannung gelten, verstehen, aus

$$g = \frac{\mathfrak{E}_1 T m - (\mathfrak{E}_1 + \mathfrak{e}) m_0 p' - m_L L^2 \varrho p' \dfrac{(E_1 + \mathfrak{e})^2}{\mathfrak{e} E_0^2} - (\mathfrak{E}_1 + \mathfrak{e}) m_b T}{(\mathfrak{E}_1 + \mathfrak{e}) m_0 + m_L L^2 \varrho \dfrac{(\mathfrak{E}_1 + \mathfrak{e})^2}{\mathfrak{e} E_0^2}}$$

und

$$\frac{\partial Z}{\partial \mathfrak{e}} = \frac{\partial \left[-\mathfrak{e} m_0 p' - m_L L^2 \varrho p' \left(\dfrac{\mathfrak{E}_1^2}{\mathfrak{e} E_0^2} + \dfrac{\mathfrak{e}}{E_0^2} \right) - \mathfrak{e} m_b T \right]}{\partial \mathfrak{e}}$$

$$= - m_0 p' + m_L L^2 \varrho p' \left(\frac{\mathfrak{E}_1^2}{\mathfrak{e}^2 E_0^2} - \frac{1}{E_0^2} \right) - m_b T$$

sowie

$$\frac{\partial N}{\partial \mathfrak{e}} = \frac{\partial \left[\mathfrak{e} m_0 + m_L L^2 \varrho \left(\dfrac{\mathfrak{E}_1^2}{\mathfrak{e} E_0^2} + \dfrac{\mathfrak{e}}{E_0^2} \right) \right]}{\partial \mathfrak{e}} = m_0 - m_L L^2 \varrho \left(\frac{\mathfrak{E}_1^2}{\mathfrak{e}^2 E_0^2} - \frac{1}{E_0^2} \right)$$

die Bedingung

$$\left[(\mathfrak{E}_1 + \mathfrak{e}) m_0 + \frac{m_L L^2 \varrho (\mathfrak{E}_1 + \mathfrak{e})^2}{\mathfrak{e} E_0^2} \right] \times$$

$$\times \left[- m_0 p' + m_L L^2 \varrho p' \left(\frac{\mathfrak{E}_1^2}{\mathfrak{e}^2 E_0^2} - \frac{1}{E_0^2} \right) - m_b T \right]$$

$$- \left[\mathfrak{E}_1 m T - (\mathfrak{E}_1 + \mathfrak{e}) m_0 p' - m_L L^2 \varrho p' \frac{(\mathfrak{E}_1 + \mathfrak{e})^2}{\mathfrak{e} E_0^2} - (\mathfrak{E}_1 + \mathfrak{e}) m_b T \right] \times$$

$$\times \left[m_0 - m_L L^2 \varrho \left(\frac{\mathfrak{E}_1^2}{\mathfrak{e}^2 E_0^2} - \frac{1}{E_0^2} \right) \right] = 0$$

d. h., wenn wir die sich sofort hebenden Glieder sogleich fortlassen,

$$-(\mathfrak{E}_1+\mathfrak{e})\,m_0 m_b - m_L L^2 \varrho \frac{(\mathfrak{E}_1+\mathfrak{e})^2}{\mathfrak{e}\,E_0^2} m_b - \mathfrak{E}_1 (m-m_b)\,m_0$$
$$+\frac{\mathfrak{E}_1^3}{\mathfrak{e}^2 E_0^2}(m-m_b)\,m_L L^2 \varrho - \frac{\mathfrak{E}_1}{E_0^2}(m-m_b)\,m_L L^2 \varrho + \mathfrak{e}\, m_b m_0$$
$$-\frac{\mathfrak{E}_1^2}{\mathfrak{e}\,E_0^2} m_b m_L L^2 \varrho + \frac{\mathfrak{e}}{E_0^2} m_b m_L L^2 \varrho = 0,$$

woraus sich dann schließlich ergibt

$$\mathfrak{e}^2\left[-m m_0 - \frac{m_L L^2 \varrho}{E_0^2}(m+m_b)\right] + \mathfrak{e}\left(-m_L L^2 \varrho \frac{2\,\mathfrak{E}_1}{E_0} m_b\right)$$
$$+\frac{\mathfrak{E}_1^2}{E_0^2}(m-m_b)\,m_L L^2 \varrho = 0.$$

Aus dieser Gleichung ersehen wir nunmehr schon eher, welche Größenordnung den einzelnen Gliedern zukommt, und wir können sagen, daß es in vielen Fällen zur Berücksichtigung der ersten Größenordnung genügen wird, wenn wir setzen

$$\mathfrak{e}^2 m_0 m + \frac{\mathfrak{E}_1^2}{E_0^2}(m-m_b)\,m_L L^2 \varrho = 0$$

d. h.

$$\mathfrak{e} = \left(\frac{\mathfrak{E}_1^2 m_L L^2 \varrho}{E_0^2 m_0}\,\frac{m-m_b}{m}\right)^{\frac{1}{2}}, \quad \ldots \ldots \quad (2)$$

wobei es wegen der vorhandenen Ungenauigkeit auch gleichgültig wird, ob m_L und m_0 die Anfangswerte für geringe Spannung oder die „momentan" zu E_0 gehörigen sind.

Beachten wir aber, daß im zweiten Glied der obigen genauen Bedingung für $\mathfrak{e}$ derselbe Wert mit $2\,\mathfrak{e}\, m_b$ multipliziert wird, der im dritten den Faktor $\mathfrak{E}_1 (m-m_b)$ besitzt, so erkennen wir weiter, daß in vielen andern Fällen, nämlich bei relativ großem m_b, das zweite Glied sich der ersten Größenordnung nähern kann. Wir müssen dann also zum mindesten setzen

$$\mathfrak{e}^2(-m m_0) + \mathfrak{e}\left(-m_L L^2 \varrho \frac{2\,\mathfrak{E}_1}{E_0^2} m_b\right) + \frac{\mathfrak{E}_1^2}{E_0^2}(m-m_b)\,m_L L^2 \varrho = 0.$$

In einigen Fällen wird es hierbei jedoch zulässig sein, das $\mathfrak{e}$ des zweiten Gliedes durch das der geringsten Näherung nach (2) zu ersetzen. Wir erhalten dann

$$-\mathfrak{e}^2 m m_0 - \frac{\mathfrak{E}_1}{E_0} L \left(\frac{\varrho\, m_b}{m_0}\right)^{\frac{1}{2}} \left(\frac{m-m_b}{m}\right)^{\frac{1}{2}} m_L L^2 \varrho\, 2\, \frac{\mathfrak{E}_1}{E_0^2} m_b$$
$$+\frac{\mathfrak{E}_1^2}{E_0^2}(m-m_b)\,m_L L^2 \varrho = 0$$

d. h.

$$\mathfrak{e}^2 = \frac{\mathfrak{E}_1^2}{E_0^2}\frac{m - m_b}{m\,m_0} m_L L^2 \varrho \left[1 - \frac{2L(m_L\varrho)^{\frac{1}{2}}}{E_0}\frac{m_b}{(m - m_b)^{\frac{1}{2}}(m\,m_0)^{\frac{1}{2}}}\right] \qquad (2')$$

oder

$$\mathfrak{e} = \frac{\mathfrak{E}_1}{E_0} L (m_L\varrho)^{\frac{1}{2}} \left(\frac{m - m_b}{m\,m_0}\right)^{\frac{1}{2}} \left[1 - \frac{L}{E_0}\frac{(m_L\varrho)^{\frac{1}{2}} m_b}{(m - m_b)^{\frac{1}{2}}(m\,m_0)^{\frac{1}{2}}}\right], \qquad (2'')$$

und wenn die Genauigkeit es erlaubt, im Hauptglied unter Bezugnahme auf Anfangswerte m_0 und m_L statt auf die Momentanwerte

$$\mathfrak{e} = \frac{\mathfrak{E}_1}{E_0} L (m_L\varrho)^{\frac{1}{2}} \left(\frac{m - m_b}{m\,m_0}\right)^{\frac{1}{2}} \left(1 + \frac{1}{2} F_L E_0^{n_L} - \frac{1}{2} F_0 E_0^{n_0}\right) \times$$
$$\times \left[1 - \frac{L}{E_0}\frac{(m_L\varrho)^{\frac{1}{2}} m_b}{(m - m_b)^{\frac{1}{2}}(m\,m_0)^{\frac{1}{2}}}\right] \qquad (2\,a)$$

Man wird aber, um die Genauigkeit zweiten Grades nicht aufs Spiel zu setzen, hin und wieder Gebrauch machen müssen von

$$\mathfrak{e} = \mathfrak{E}_1 \left\{\left[\frac{m_b^2 m_L^2 L^4 \varrho^2}{E_0^4 m_0^2 m^2} + \frac{(m - m_b) m_L L^2 \varrho}{E_0^2 m_0 m}(1 + F_L E_0^{n_L} - F_0 E_0^{n_0})\right]^{\frac{1}{2}} - \frac{m_b m_L L^2 \varrho}{E_0^2 m_0 m}\right\} \qquad (2\,a')$$

Diese Formel wird in der Mehrzahl der Fälle genügen. Tritt selbst das $\mathfrak{e}$ enthaltende Glied der nicht umgeformten Bedingungsgleichung in den Bereich der ersten Größenordnung, so hat man bei Weglassung der Korrektionen immer noch die „geringste Genauigkeit“. In Spezialfällen wird wie früher allerdings der exakte Ansatz oder eine Modifikation der Näherungsformel nach demselben nicht zu vermeiden sein.

Es ist übrigens noch zu kontrollieren, ob in der Tat ein Gewinnmaximum vorliegt. In dieser Beziehung erkennen wir aber aus dem nicht umgeformten Differentiationsergebnis, daß dieses allerdings immer dann negativ wird, wenn der Wert von m überhaupt eine Rentabilität erlaubt. Ist dies nicht der Fall, so liefert die Formel das Minimum des Verlustes, eine Tatsache, die unter Umständen eine gewisse Bedeutung erlangen kann.

178. Die Spannungsrelativgleichung. Zur Erzielung der Partialbedingung für E_0 setzen wir

$$g = \frac{\mathfrak{E}_1 T m - \left[(\mathfrak{E}_1 + \mathfrak{e}) m_0 p'(1 + F_0 E_0^{n_0}) + m_L L^2 \varrho p' \frac{(\mathfrak{E}_1 + \mathfrak{e})^2}{\mathfrak{e} E_0^2} \times (1 + F_L E_0^{n_L}) + (\mathfrak{E}_1 + \mathfrak{e}) m_b T\right]}{(\mathfrak{E}_1 + \mathfrak{e}) m_0 (1 + F_0 E_0^{n_0}) + m_L L^2 \varrho \frac{(\mathfrak{E}_1 + \mathfrak{e})^2}{\mathfrak{e} E_0^2} \times (1 + F_L E_0^{n_L})}$$

und

$$\frac{\partial Z}{\partial E_0} = -(\mathfrak{E}_1 + \mathfrak{e}) m_0 p' n_0 F_0 E_0^{n_0 - 1} + 2 m_L L^2 \varrho p' \frac{(\mathfrak{E}_1 + \mathfrak{e})^2}{\mathfrak{e} E_0^3} - (n_L - 2) m_L L^2 \varrho p' \frac{(\mathfrak{E}_1 + \mathfrak{e})^2}{\mathfrak{e}} F_L E_0^{n_L - 3}$$

$$\frac{\partial N}{\partial E_0} = (\mathfrak{E}_1 + \mathfrak{e}) m_0 n_0 F_0 E_0^{n_0 - 1} - 2 m_L L^2 \varrho \frac{(\mathfrak{E}_1 + \mathfrak{e})^2}{\mathfrak{e} E_0^3} + (n_L - 2) m_L L^2 \varrho \frac{(\mathfrak{E}_1 + \mathfrak{e})^2}{\mathfrak{e}} F_L E_0^{n_L - 3}$$

Bei Einsetzung in die frühere Bedingung folgt bei Weglassung der sich hebenden Glieder also

$$-[\mathfrak{E}_1 T m - (\mathfrak{E}_1 + \mathfrak{e}) m_b T] \times \left\{(\mathfrak{E}_1 + \mathfrak{e}) m_0 n_0 F_0 E_0^{n_0 - 1} - m_L L^2 \varrho \frac{(\mathfrak{E}_1 + \mathfrak{e})^2}{\mathfrak{e}} \times \left[\frac{2}{E_0^3} - (n_L - 2) F_L E_0^{n_L - 3}\right]\right\} = 0,$$

und da der erste Faktor keine Bedingung für E_0 liefert, wird die Relativgleichung für E_0 einfach lauten

$$m_0 n_0 F_0 E_0^{n_0} = \frac{m_L L^2 \varrho (\mathfrak{E}_1 + \mathfrak{e})}{\mathfrak{e} E_0^2} [2 - (n_L - 2) F_L F_0^{n_L}] \quad . \quad (3b)$$

Dieses ist aber dieselbe Gleichung wie in den Fällen der Billigkeit und in derjenigen der Wirtschaftlichkeit bei $p_0 = p_L$.

179. W i c h t i g e   F e s t s t e l l u n g e n. Wir haben also ohne weiteres den

S a t z: B e i   g e g e b e n e m   E f f e k t v e r l u s t   i s t   d i e   S p a n n u n g   d e r   R e n t a b i l i t ä t   d i e   g l e i c h e   w i e   d i e   d e r   B i l l i g k e i t   u n d   W i r t s c h a f t l i c h k e i t,   w e n n   i m   F a l l e   d e r   R e n t a b i l i t ä t   d e r   A m o r t i s a t i o n s p r o z e n t s a t z   u n d   i m   F a l l e der Wirtschaftlichkeit der Prozentsatz der Verzinsung und Amortisation für alle Glieder gleich ist.

Ferner ist ohne weiteres zu folgern sowohl aus den Ausgangsgleichungen wie auch aus den Bedingungsgleichungen der

Satz: Die Bedingungen der Rentabilität werden bei konstantem Preise m der Energie und gleichmäßiger Amortisation der Anlage nicht beeinflußt von der Höhe der Amortisation und auch nicht beeinflußt von der Dauer des Betriebes. Letztere Größen beeinflussen die Höhe des Gewinnes in unabänderlicher Weise.

Wir hätten in Erkennung des erstgenannten Umstandes auch von vornherein das „Maximum" „aller ideellen Ausgaben" suchen können, welche dem Kapital proportional sind, ebenso gut wie wir statt des uns interessierenden Maximums des „Unternehmungsgewinns" dasjenige des Gesamtgewinns pro Kapitaleinheit gesucht haben. Die Rechnung hätte sich dann ein wenig vereinfacht. Da aber unsere Betrachtungsweise im Falle verschiedener Amortisation wieder eingeführt werden muß, hat im Interesse der Gleichmäßigkeit und des unmittelbaren Vergleichs eine nur zum Teil gültige Neudefinition wenig Zweck.

180. Die absolute Spannungsgleichung. Um den Absolutwert von E_0 zu erlangen, wollen wir zunächst annehmen, nach Maßgabe der Verhältnisse genüge die Gleichung (2a) von $\mathfrak{e}$ zur Erzielung der nötigen Genauigkeit. Setzen wir den Wert in die Relativgleichung für E_0 ein, so erhalten wir

$$m_0 n_0 F_0 E_0^{n_0} = \frac{m_L \varrho L^2}{E_0^2}\left[\mathfrak{E}_1 + \frac{\mathfrak{E}_1}{E_0} L (m_L \varrho)^{\frac{1}{2}} \left(\frac{m - m_b}{m_0 m}\right)^{\frac{1}{2}}\right] \times$$

$$\times \left[2 - (n_L - 2) F_L E_0^{n_L}\right] \frac{E_0}{\mathfrak{E}_1 L (m_L \varrho)^{\frac{1}{2}}} \left(\frac{m m_0}{m - m_b}\right)^{\frac{1}{2}} \times$$

$$\times \left[1 - \frac{1}{2} F_L E_0^{n_L} + \frac{1}{2} F_0 E_0^{n_0} + \frac{L m_b}{E_0} \frac{(m_L \varrho)^{\frac{1}{2}}}{(m m_0)^{\frac{1}{2}} (m - m_b)^{\frac{1}{2}}}\right]$$

d. h.

$$m_0 n_0 F_0 E_0^{n_0+1} = L \left(\frac{m_L \varrho m m_0}{m - m_b}\right)^{\frac{1}{2}} \Bigg\{ 2 - F_L E_0^{n_L} + F_0 E_0^{n_0}$$

$$- (n_L - 2) F_L E_0^{n_L} + \frac{2L}{E_0} (m_L \varrho)^{\frac{1}{2}} \left[\left(\frac{m - m_b}{m_0 m}\right)^{\frac{1}{2}} + \frac{m_b}{(m - m_b)^{\frac{1}{2}} (m m_0)^{\frac{1}{2}}}\right]\Bigg\}$$

Man kann nun für die Korrektionsglieder Gebrauch machen von der geringsten Näherung

$$E_0 = \left(\frac{2L}{n_0 F_0}\right)^{\frac{1}{n_0+1}} \left(\frac{m_L \varrho}{m_0}\right)^{\frac{1}{2n_0+2}} \left(\frac{m}{m - m_b}\right)^{\frac{1}{2n_0+2}} \quad . \quad (1)$$

und erhält dann die einfache Endgleichung

$$m_0 n_0 F_0 E_0^{n_0+1} = L \left(\frac{m_L \varrho m m_0}{m - m_b}\right)^{\frac{1}{2}} [2 + F_0 E_0^{n_0} - (n_L - 1) F_L E_0^{n_L} + n_0 F_0 E_0^{n_0}]$$

oder

$$E_0 = \left(1 + \frac{1}{2} F_0 E_0^{n_0} - \frac{n_L - 1}{2n_0 + 2} F_L E_0^{n_L}\right) \left(\frac{2L}{n_0 F_0}\right)^{\frac{1}{n_0+1}} \left(\frac{m_L \varrho}{m_0} \frac{m}{m - m_b}\right)^{\frac{1}{2n_0+2}} \quad (1\,a)$$

Es wäre nun etwa noch zu untersuchen, ob nicht bei der zu bestimmenden Spannung und einer gewissen Größe von $\sqrt{m - m_b}$ der Fall eintritt, daß hier die Gleichung (2 a′) von $\mathfrak{e}$ benutzt werden muß, um zu vermeiden, daß die Korrektionen der Hauptglieder gegenüber dem entstehenden sonstigen Fehler zwecklos werden.

Wir leiten zu diesem Zweck zunächst noch die absolute Spannungsformel mit Hilfe des letztgenannten Wertes von $\mathfrak{e}$ ab, da dieselbe dann natürlich auch entsprechend genau gebraucht wird.

Bei $\frac{\mathfrak{e}}{\mathfrak{E}_1} = v$ setzen wir also gemäß (2 a′) oder der genauen Bedingung

$$v = \left[\frac{m_b^2 m_L^2 L^4 \varrho^2}{E_0^4 m^2 m_0^2} + \frac{(m - m_b) m_L L^2 \varrho (1 + F_L E_0^{n_L})}{E_0^2 m_0 (1 + F_0 E_0^{n_0}) m}\right]^{\frac{1}{2}} - \frac{m_b m_L L^2 \varrho}{E_0^2 m_0 m},$$

während wir andererseits nach (3 b) haben

$$v = \frac{2 m_L L^2 \varrho}{m_0 n_0 F_0 E_0^{n_0+2} - 2 m_L L^2 \varrho} \left(1 - \frac{n_L - 2}{2} F_L E_0^{n_L}\right)$$

Bei Gleichsetzung der Ausdrücke für v folgt

$$\frac{m_b^2 m_L^2 L^4 \varrho^2}{E_0^4 m_0^2 m^2} + \frac{(m - m_b) m_L L^2 \varrho (1 + F_L E_0^{n_L})}{E_0^2 m_0 (1 + F_0 E_0^{n_0}) m} =$$

$$= \left[\frac{2 m_L L^2 \varrho \left(1 - \frac{n_L - 2}{2} F_L E_0^{n_L}\right)}{m_0 n_0 F_0 E_0^{n_0+2} - 2 m_L L^2 \varrho} + \frac{m_b m_L L^2 \varrho}{E_0^2 m_0 m}\right]^2$$

$$= -\left[\frac{2 m_L L^2 \varrho \left(1 - \frac{n_L - 2}{2} F_L E_0^{n_L}\right)}{m_0 n_0 F_0 E_0^{n_0+2} - 2 \varrho m_L L^2}\right]^2 + \left(\frac{m_b m_L L^2 \varrho}{E_0^2 m_0 m}\right)^2$$

$$+ \frac{4 m_L^2 L^4 \varrho^2 m_b \left(1 - \frac{n_L - 2}{2} F_L E_0^{n_L}\right)}{m_0^2 m n_0 F_0 E_0^{n_0+4} - 2 m_L L^2 \varrho E^2 m_0 m}$$

Ein Teil der Glieder hebt sich fort; ein anderer Teil ist nach Früherem anderen gegenüber zweifellos zur dritten Größenordnung gehörig. Wir erhalten also leicht

$$\frac{(m - m_b)(1 + F_L E_0^{n_L})}{E_0^2 m_0 (1 + F_0 E_0^{n_0}) m}$$

$$= \frac{4 m_L L^2 \varrho \left(1 + n_0 \frac{m_b}{m} F_0 E_0^{n_0}\right) [1 - (n_L - 2) F_L E_0^{n_L}]}{m_0^2 n_0^2 F_0 E_0^{2(n_0+2)} - 4 m_L L^2 \varrho m_0 n_0 F_0 E_0^{n_0+2}},$$

und daraus folgt

$$m_0^2 n_0^2 F_0^2 E_0^{2(n_0+1)} = 4 m_L L^2 \varrho \frac{m}{m - m_b} \times$$

$$\times [1 - (n_L - 1) F_L E_0^{n_L}] \left[1 + n_0 F_0 E_0^{n_0} \left(\frac{m - m_b}{m} + \frac{m_b}{m}\right) + F_0 E_0^{n_0}\right]$$

oder

$$E_0 = \left(1 + \frac{1}{2} F_0 E_0^{n_0} - \frac{n_L - 1}{2 n_0 + 2}\right) \left(\frac{2 L}{n_0 F_0}\right)^{\frac{1}{n_0+1}} \left(\frac{m_L \varrho}{m_0} \frac{m}{m - m_b}\right)^{\frac{1}{2 n_0 + 2}} \quad (1a)$$

wie früher. Wir erkennen hieraus, daß für solche Entfernungen, für welche unsere Einteilung der Gleichungen nach der Größenordnung gedacht war, die Korrektionsglieder sich immer auf die Verteurungsglieder zurückführen lassen. Dies gilt aber nur, wenn keine einschränkende Bedingungen bestehen. Es ist auch der eigentliche Grund, weshalb bei richtig bestimmten und nicht etwa stark abweichend gegebenen E_0 die Gleichung (2a′) keine wesentliche Vergrößerung der relativen Genauigkeit ergibt. Eine spätere Ableitung des Wertes von $\mathfrak{e}$ als ausschließliche Funktion von E_0 wird dies noch besonders bestätigen. Die genaue Formel würde an der Hand der exakten Formel für $\mathfrak{e}$ analog herzustellen sein, falls sie nötig sein sollte. Liegt aber wieder ein Fall mit bedeutender Wertverschiebung einzelner Größen vor (wie bei den Kabeln), so tut man bei der Rentabilität ganz besonders gut, die speziell erforderlichen Modifikationen zur Vermeidung verwickelter Gleichungen gesondert zu verfolgen.

181. Die absolute Gleichung für den Effektverlust. Die absolute Formel für $\mathfrak{e}$ wird wie die andern noch übrigen absoluten Gleichungen kaum gebraucht. Aus früheren Gründen sei aber doch die geringste Näherung gegeben.

Sie folgt aus (1) und (2)

als

$$v = \left[\left(\frac{m_L \varrho}{m_0}\right)^{\frac{1}{2}} L\right]^{\frac{n_0}{n_0+1}} \left(\frac{n_0 F_0}{2}\right)^{\frac{1}{n_0+1}} \left(\frac{m - m_b}{m}\right)^{\frac{n_0+2}{2(n_0+1)}} \qquad (4)$$

182. Die Gleichung für die Stromdichte. Auch die neuen Näherungsformeln der Stromdichte wollen wir kurz betrachten.

Der Relativwert von $\mathfrak{e}$ bei gegebener Spannung liefert hier zwar auch einen für gewisse Verhältnisse annehmbaren konstanten Faktor als „Stromdichte der Rentabilität“, nämlich

$$\mathfrak{d} = \left(\frac{m_L}{\varrho m_0}\right)^{\frac{1}{2}} \left(\frac{m - m_b}{m}\right)^{\frac{1}{2}}, \quad . \; . \; . \; . \; . \quad (6)$$

indessen belehrt uns die genauere Formel (2a′), daß die Grenzen der Anwendung bedeutend enger gezogen sind als bei der Wirtschaftlichkeit und Billigkeit, insofern bei geringer Differenz von $(m - m_L)$ gegenüber einem relativ hohen m_b (d. h. bei einem teuren Betrieb in relativ billiger Anlage) von einem auch nur annähernd konstantem $\mathfrak{d}$ bei beliebigen Spannungen keine Rede mehr sein kann. Nehmen hingegen die Betriebskosten bis Null ab, so verbleibt die Formel der Billigkeit, wie nach Früherem auch zu erwarten ist, denn Rentabilität und Billigkeit sind unter den gemachten Annahmen dann identisch, und wir haben auch die frühere Genauigkeit.

183. Die praktische Gleichung für den Effektverlust. In geringster Näherung läßt sich ferner leicht aus den Relativgleichungen folgern

$$v = \frac{n_0}{2} F_0 E_0^{n_0} \frac{m - m_b}{m}, \quad . \; . \; . \; . \; . \; . \; . \quad (5)$$

eine bequeme Beziehung zur Berechnung von v, die uns aber auch wie früher sogleich einen Spannungskontrollsatz der Rentabilität liefert.

184. Der vollständige Kontrollsatz. Folgerung über den Zusammenhang der Rentabilität mit der Wirtschaftlichkeit. Bedenken wir nämlich, daß

$$mT \cong m_0 p' + m_b T + m_0 g$$

ist, so erhalten wir den

Satz: In dem vorhandenen Grade der Genauigkeit ist die Spannung dann die richtige, wenn Amortisation, Verzinsung und Unternehmungsgewinn (Amortisation und Gesamtgewinn) bezogen auf das Kapital des durch die Spannungserhöhung sich ergebenden Kostenbetrages der Zentrale gleich ist dem entsprechenden Betrage für den Leitungsverlust, vermehrt um die Betriebskosten für denselben.

Den ergänzenden Effektverlustkontrollsatz erhalten wir analog aus der Gleichung (2). Er lautet:

Satz: In dem vorhandenen Grade der Genauigkeit ist der Effektverlust der Rentabilität dann der richtige, wenn Amortisation, Verzinsung und Unternehmungsgewinn (Amortisation und Gesamtgewinn), bezogen auf das Kapital der Leitung gleich der Summe aus diesen Beträgen, bezogen auf das zum Leitungsverlust gehörige Kapital der Zentrale und den Betriebsausgaben ist.

Wir wären zu dem gleichen Resultat gekommen, wenn wir die Näherungsformeln der Wirtschaftlichkeit verwendet hätten in der Amortisation und Verzinsung ebenfalls annähernd durch den Unternehmungsgewinn erweitert werden.

185. Ableitung der Rentabilitätsgleichungen aus den Wirtschaftlichkeitsgleichungen. Es fragt sich nun, ob in bezug auf eine solche Ersetzung die Rechnung vielleicht auch streng richtig ist. Die Betrachtung der genauen Rentabilitätsformeln würde uns schon hierüber Aufschluß geben. Wir wollen indessen versuchen, die vollständige Richtigkeit des Resultats allgemein, d. h. ohne Benutzung unserer Schlußresultate in den Formeln zu prüfen. Ist sie ganz oder bedingungsweise bestätigt, so erhalten wir, wenn das unbekannte g in den Gleichungen aus genannter Beziehung selbst bestimmt wird, einen neuen Weg zur Herstellung der Formeln.

In dieser Beziehung schließen wir wie folgt: Die Forderung war

$$g = \frac{M - M_b - \mathfrak{K}\,p'}{\mathfrak{K}},$$

wo M_b die gesamten Betriebskosten sind, sei ein Maximum.

Andererseits ist nach der Bedingung der Wirtschaftlichkeit für analoge Werte

$$M'_b + \mathfrak{K}'\,(p' + p_n)$$

ein Minimum. Wird nun für p_n der Betrag $p_n + p'_g$ gesetzt, wo

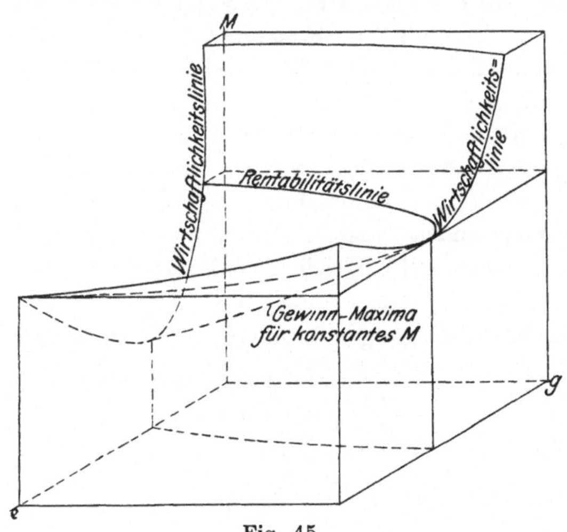

Fig. 45.
Zur Theorie der Rentabilität.

p'_g vorläufig einen beliebigen Wert darstellt, so ist auch bei entsprechender Änderung von $\mathfrak{e}_w$

$$M_b' + \mathfrak{K}'\,(p' + p_n + p'_g) = M'_b + \mathfrak{K}\,(p' + g')$$

ein Minimum für einen beliebigen Wert von g', der für die Wirtschaftlichkeits-Differentiation konstant, im übrigen aber selbst eine Funktion von $\mathfrak{e}$ sein kann.

Nun ist aber ferner nach obigem der Rentabilitätsgewinn festgelegt durch die Beziehung

$$M = M_b + \mathfrak{K}\,(p' + g).$$

Wird nun $g = g'$ d. h. wie eben willkürlich angesetzt und hieraus $\mathfrak{e}_w$ bestimmt, so ist auch

$$M = M_b + \mathfrak{K}\,(p' + g) = M'_b + \mathfrak{K}'\,(p' + g')$$

ein Minimum für die gemachte Annahme. Wird nun umgekehrt M konstant gehalten und g mit Hilfe von M bestimmt, so kann, wenn M_b und $\mathfrak{K}$ nicht wieder Sonderfunktionen von g sind, zu dem angenommenen Werte von M kein anderes Maximum von g gehören, als das der ideellen Wirtschaftlichkeit entsprechende. Die Notwendigkeit ist in Fig. 45, wo bei einem bestimmten ϱ und dem Maximalwert von g sich auch das Minimum von M findet, deutlich zu übersehen.

186. Ableitung der Relativgleichung für den Effektverlust auf die neue Art. Wir haben somit bei Benutzung des erhaltenen Resultats zur Erzielung der Formel des Effektverlustes der Rentabilität zwei Gleichungen mit zwei Unbekannten, statt der früheren einen Gleichung mit einer Unbekannten. Die Rechnung ist aber ebenso einfach. Wenn wir sie nicht vorangestellt haben, so geschah das deshalb, weil die erste Methode auf grund der allgemeinen Definition der Rentabilität die allgemeinere ist und man bei anderer Gelegenheit[1]) sofort daraus allgemeine Schlüsse ziehen kann, welche sonst erst abgeleitet werden müssen und überraschen könnten.

Die beiden Bedingungen sind für E_0-Momentanwerte von m_L

$$v_r = \frac{L}{E_0}\left[\frac{m_L \varrho\,(p' + g)}{m_0\,(p' + g) + m_b\,T}\right]^{\frac{1}{2}}$$

nach (2a) der Wirtschaftlichkeit und

$$m\,T = \left[(1 + v_r)\,m_0 + \frac{m_L L^2 \varrho}{v_r E_0^{\,2}}\right]\cdot(p' + g) + (1 + v_r)\,m_b\,T.$$

Die Genauigkeit ist hierbei überall vom zweiten Grade.

Substitution ergibt dann

$$v_r = \frac{L}{E_0}\left\{\frac{m_L \varrho}{m_0}\,\frac{m_0\,[m - (1 + v_r)\,m_b]\,T}{m_0\,[m - (1 + v_r)\,m_b\,T] + m_b\,T\left[(1 + v_r)\,m_0 + \frac{m_L L^2 \varrho}{v_r\,E_0^{\,2}}\right]}\right\}^{\frac{1}{2}}$$

Machen wir in den kleineren Gliedern von dem sogleich erkennbaren geringsten Näherungswert von v_r Gebrauch, so erhalten wir

$$v_r = \left(\frac{L}{E_0}\,\frac{m_L \varrho}{m_0}\,\frac{m - m_b}{m}\right)^{\frac{1}{2}}\left[1 - \frac{m_b}{(m - m_b)^{\frac{1}{2}}}\,\frac{L}{E_0}\left(\frac{m_L \varrho}{m_0\,m}\right)^{\frac{1}{2}}\right],$$

also bei Einführung der Verteuerungsglieder dieselbe Gleichung wie früher.

---

1) Vergl. z. B. S. 246.

Die Relativgleichung für E_0 hatte sich nun ohne weiteres für den vorliegenden Fall als identisch mit derjenigen der Wirtschaftlichkeit bei gleichmäßiger Verzinsung nnd Amortisation erwiesen, so daß in dieser Beziehung oder in bezug auf die absolute Formel für E_0 nichts Neues zu rechnen ist.

187. Herstellung der genaueren praktischen Gleichung auf die neue Art. Wir können die neue Ableitungsart z. B. vorteilhaft benutzen, um auch die Gleichung von v als genauere Funktion von E_0 zu vervollständigen.

Für die Wirtschaftlichkeit ist aber nach (5 a) daselbst

$$v_w = \frac{n_0}{2} F_0 E_0^{n_0} \frac{m_0 p}{m_0 p\left((1 + \frac{n_0+2}{2} F_0 E_0^{n_0}\right) + m_b T} \left(1 + \frac{n_L}{2} F_L E_0^{n_L}\right).$$

Setzt man nun den leicht zu folgernden Wert

$$p' + g = \frac{(m - m_b)\,[1 - (n_0 + 1) F_0 E_0^{n_0}]}{m_0}$$

an die Stelle von p, so ergibt sich ohne Schwierigkeiten

$$v_r = \frac{n_0}{2} F_0 E_0^{n_0} \frac{m - m_b}{m} \Big[1 - (1 + n_0) F_0 E_0^{n_0} + \frac{n_0}{2} F_0 E_0^{n_0} \frac{m - m_b}{m} + \frac{n_L}{2} F_L E_0^{n_L}\Big]$$

oder

$$v_r = \frac{n_0}{2} F_0 E_0^{n_0} \frac{m - m_b}{m} \left[1 - \left(1 + n_0 \frac{m + m_b}{2m}\right) F_0 E_0^{n_0} + \frac{n_L}{2} F_L E_0^{n_L}\right] \quad (5a)$$

Für $m_b = 0$ folgt natürlich hier wie überall die entsprechende Gleichung der Billigkeit.

188. Die Querschnittsrelativgleichung. Auch z. B. zur Berechnung von q könnten wir die letzte Methode benutzen. Wir können aber natürlich auch den gerechneten Wert von v_r benutzen; da die vorher genannte wie die andern Rechnungsarten zu weit führen, soll dies geschehen.

Aus v_r erhalten wir gemäß

$$q = \frac{\mathfrak{E}_1^2 (1 + v_r)^2 \varrho L}{v_r E_0^2}$$

bei Einsetzung des Wertes von v_r näherungsweise und für die leicht ersetzbaren Momentanwerte die Relation

$$q = \frac{\mathfrak{E}_1}{E_0} \frac{\varrho^{\frac{1}{2}} (m_0 m)^{\frac{1}{2}}}{m_L^{\frac{1}{2}} (m - m_b)^{\frac{1}{2}}} \left[1 + \frac{L}{E_0} \left(\frac{m_L \varrho}{m_0}\right)^{\frac{1}{2}} \frac{2m - m_b}{m^{\frac{1}{2}} (m - m_b)^{\frac{1}{2}}}\right] \quad (8a)$$

189. Die jährlichen Ausgaben und die Anlagekosten als reine Funktion der Spannung. Für die Gleichungen zur Berechnung von K_p' und $\mathfrak{K}_p$ erhält man auf den beiden möglichen Wegen z. B. in geringster Näherung folgende Ausdrücke

$$K_p' = \left[1 + \left(\frac{n_0}{2} + 1\right) F_0 E_0^{n_0}\right] m_0 p' + \frac{n_0}{2} F_0 E_0^{n_0} \frac{m - m_b}{m} (m_0 p' + m_b T) \quad (13)$$

und

$$\mathfrak{K}_p = \left\{\left[1 + \left(\frac{n_0}{2} + 1\right) F_0 E_0^{n_0}\right] + \frac{n_0}{2} F_0 E_0^{n_0} \frac{m - m_b}{m}\right\} m_0. \quad (11)$$

Die genaueren Werte als ausschließliche Funktion von E_0 haben schon seltener Vorteile gegenüber den Ausgangsgleichungen für $\mathfrak{K}$ und K.

190. Der Kabelspezialfall. In dem gleich zu erledigenden Falle der Verwendung einer Anzahl Kabel ist wieder eine Vereinfachung der Relativgleichungen möglich, dahingehend, daß die Leitungsverteurungswerte gegenüber den Anfangswerten für die erste Annäherung die Hauptrolle spielen. Wir erhalten z. B.

$$E_0 = \left[(2 - n_L) \frac{L}{n_0 F_0} \left(\frac{m_L \varrho F_L}{m_0}\right)^{\frac{1}{2}} \left(\frac{m}{m - m_b}\right)^{\frac{1}{2}}\right]^{\frac{1}{n_0 + 1 - \frac{n_L}{2}}} \quad (1)$$

und

$$v = \frac{n_0}{2 - n_L} F_0 E_0^{n_0} \frac{m - m_b}{m}, \quad . \quad . \quad . \quad . \quad . \quad (5)$$

wobei die Spannungsgleichung aber wohl am häufigsten zur Herstellung von Tabellen von L für angenommene Spannungen in Frage kommt; dann können aber auch beliebig genauere Gleichungen mit fast gleicher Leichtigkeit verwendet werden.

III. Praktische Anwendung der Methoden und Beziehungen. Die Rentabilität als Funktion der Entfernung. Maximalentfernungen. Konkurrenz- und Existenzmöglichkeit im einfachsten Fall. Rentabilität einer nach wirtschaftlichen Bedingungen gebaute Anlage. Beispiele.

191. Verschiedene Möglichkeiten der Umrechnung früherer Resultate. Die Art der Anwendung der Beziehungen ist auch hier die gleiche wie im Fall der Billigkeit oder Wirtschaftlichkeit; natürlich können auch die dortigen Resultate leicht für

die Rentabilität umgerechnet werden, ganz abgesehen von der an der Hand von Beispielen zu beurteilenden Möglichkeit, unter Umständen die Resultate der Wirtschaftlichkeit zur Berechnung eines Gewinns zu benutzen, und mit Hilfe desselben und einer entsprechend vergrößerten ideellen Kapitalverzinsung konvergierend richtige Rentabilitätswerte zu erhalten.

Beispiel.

192. Gegebene Entfernung. Aufgabe: Für den Fall der Anwendung von Hochspannungsgeneratoren, in dem bei der Billigkeit

$$L = 2\,L_D = 2 \,.\, 10 = 20 \text{ km}, \quad m_L = 0{,}02 \text{ M},$$

$$F_0 = 1{,}031 \,.\, 10^{-11}, \quad n_0 = 2{,}32$$

und im Fall der Wirtschaftlichkeit noch

$$m_b = 0{,}08 \,.\, 10^{-3} \text{ M} \text{ bei } T = 5000 \text{ Stunden}$$

gegeben war, soll die Rechnung der Anlage auf Rentabilität durchgeführt werden.

Besondere Aufwendungen für Konzessionserwerbung sind nicht zu machen. Der erzielbare Preis der Energie sei 15 Pf. pro KW-Stunde.

Für die geringste Näherung sehen wir, daß wir gemäß (1) einfach für die Spannung der Rentabilität setzen können

$$E_{or} = E_{ob}\left(\frac{m}{m - m_b}\right)^{\frac{1}{2(n_0+1)}} = 11600\left(\frac{15}{15 - 8}\right)^{\frac{1}{6{,}64}}$$

$$= 12\,800 \text{ Volt},$$

während bei der Wirtschaftlichkeit $E_{0w} = 14\,800$ Volt war.

Für den Effektverlust erhalten wir dann nach der Relativgleichung (2)

$$v_r = v_b \frac{E_{ob}}{E_{or}}\left(\frac{m - m_b}{m}\right)^{\frac{1}{2}} = 3{,}25 \frac{11600}{12800}\left(\frac{15 - 8}{15}\right)^{\frac{1}{2}} = 1{,}97\,\%,$$

während bei der Wirtschaftlichkeit $v_w = 1{,}14\,\%$ war.

Die Gleichung (5) liefert übrigens durch Abgreifen von $F_0 E_0^{n_0} = 0{,}178$

$$v_r = \frac{2{,}32 \,.\, 0{,}178 \,.\, 0{,}2}{2 \,.\, 2{,}14} = 1{,}93\,\%.$$

Analog könnten wir natürlich die ganzen früheren Kurven umrechnen, wobei aber unbedingt von einem gewissen Bereich ab die genaueren Formeln zu benutzen wären. Für größere Entfernungen wird dabei mit dem fallenden Unternehmungsgewinn der Unterschied zwischen den Resultaten der Wirtschaftlichkeit und Rentabilität immer kleiner.

193. **Berechnung des zugehörigen Gewinns. Vergleich mit dem bei einer wirtschaftlichen Anlage erzielbaren.** Wir wollen nun die Mitte der gerechneten Werte von v_r, nämlich $v_r = 1{,}95\,\%$ nehmen und untersuchen, wie der Gewinn pro Kapitaleinheit sich in diesem Falle und im Falle der zwar unrichtigen aber unter Umständen einen brauchbaren und verbesserungsfähigen Näherungswert ergebenden Anwendung der wirtschaftlichen Werte nämlich der Spannung $E_{0w} = 14\,800$ und des mittleren Resultates $v_w = 1{,}16\,\%$ stellt. Das Resultat ist nach Früherem direkt entscheidend für das Verhalten des Unternehmungsgewinnes.

Im Falle der Rentabilitätsbedingungen wird die Summe aus Amortisation und Gesamtgewinn pro Kapitaleinheit nach der Ausgangsgleichung für den Einheitsgewinn

$$p' + g_r = \frac{5000 \,.\, 0{,}15 - 1{,}0195 \,.\, 0{,}08 \,.\, 5000}{1 + 0{,}0195 + 0{,}0356 + 0{,}0418} 10^{-3} = 0{,}314$$

d. h.

$$p' + g_r = 31{,}4\,\%.$$

Eine Probe nach den vollständigen Kontrollsätzen ergibt das gleiche Resultat.

Von dem letzteren Werte geht also die Amortisation (unter Umständen auch noch sonstige Kosten wie Tantième, Ergänzung der Reserve usw., wenn sie nach dem Gesamtbruttogewinn bemessen werden) ab, wenn wir den Reingewinn oder Nettogewinn berechnen wollen; nach Abzug der normalen Verzinsung entsteht der Unternehmungsgewinn.

Die wirtschaftlichen Werte würden liefern in Beachtung des vollständigen Kontrollsatzes der Wirtschaftlichkeit oder der zugehörigen Gleichung (11)

$$p' + g_w = \frac{750 - 1{,}0117 \,.\, 400}{1 + 0{,}0117 + 0{,}0505 + 0{,}0585} = 0{,}308;$$

gegen $p' + g_r = 31{,}4\,\%$ besteht also ein Unterschied von $2\,\%$. Bei der Dividendeverteilung, d. h. nach Abrechnung der Amortisation und der sonstigen Abzüge, tritt er natürlich prozentual mehr in Erscheinung. In bezug auf den Unternehmungsgewinn d. h. nach Abziehung der normalen Verzinsung gilt dies noch mehr. Ein richtigeres Bild von dem Einfluß bekommt man indessen erst, wenn man bedenkt, daß bei der verhältnismäßig geringen Entfernung der in seinen Bestandteilen in verschiedenem Sinne überhaupt veränderungsfähige Teil des Unternehmungsgewinns bei den Rentabilitätsbedingungen 0,036 beträgt und daß bei den Wirtschaftlichkeitsbedingungen hiervon über 16 % verloren gehen.

194. Allgemeine Betrachtung über den Gewinn. Existenzmöglichkeit und Konkurrenzgrenze für das Werk. Wir wollen zur besseren Klarstellung nun größere Entfernungen annehmen und dabei die bisherigen sonstigen Annahmen aus Gründen der Einfachheit unverändert beibehalten, einerlei von wo ab praktisch eine Änderung eintritt.

Für einen bestimmten Wert von m ist nun natürlich g für die steigenden Entfernungen verschieden. Es ist in geringster Näherung, d. h. bis zu gewissen Entfernungen brauchbar nach dem vollständigen Kontrollsatz

$$mT = m_0(p'+g) + m_b T + \left(2+\frac{2}{n_0}\right) v_r [m_0(p'+g) + m_b T].$$

Also wird

$$p'+g = \frac{mT - \left[1+\left(2+\frac{2}{n_0}\right) v_r\right] m_b T}{\left[1+\left(2+\frac{2}{n_0}\right) v_r\right] m_0}$$

Für v_r muß, wenn wir $p'+g$ als Funktion von L rechnen wollen direkt der Absolutwert also nach (4)

$$v_r = \left(\frac{m_L \varrho}{m_0}\right)^{\frac{n_0}{2(n_0+1)}} \left(\frac{n_0 F_0}{2}\right)^{\frac{1}{n_0+1}} \left(\frac{m-m_b}{m}\right)^{\frac{n_0+2}{2(n_0+1)}} L^{\frac{n_0}{n_0+1}} = c L^{\frac{n_0}{n_0+1}},$$

wo c die durch den vorhergehenden Ausdruck bestimmte Konstante ist, und bei den größeren Entfernungen der entsprechend genauere Wert in die erweiterte Gewinnformel eingesetzt werden.

Wir haben also näherungsweise bis zu bestimmten nicht zu großen Entfernungen

$$p'+g = \frac{mT - \left[1+\left(2+\frac{2}{n_0}\right) c L^{\frac{n_0}{n_0+1}}\right] m_b T}{\left[1+\left(2+\frac{2}{n_0}\right) c L \frac{n_0}{n_0+1}\right] m_0}$$

Soll indessen die Existenzgrenze, d. h. L_{max} bei $g = 0$ bestimmt werden, d. h. jegliche Verzinsung des Kapitals samt dem

Unternehmungsgewinn in Wegfall kommen, so ist am besten zu benutzen die leicht zu folgernde Beziehung

$$v_w = \frac{(m - m_b)\,T - m_0\,p'}{\left(2 + \frac{2}{n_0}\right)(m_0\,p' + m_b\,T)}$$

d. h. bei

$$c_1 = \left(\frac{m_L \varrho}{m_0}\right)^{\frac{n_0}{2\,(n_0+1)}} \left(\frac{n_0\,F_0}{2}\right)^{\frac{1}{n_0+1}} \left(\frac{m_0\,p'}{m_0\,p + m_b\,T}\right)^{\frac{n_0+2}{2\,(n_0+1)}}$$

der Ausdruck

$$L_{max}^{\frac{n_0}{n_0+1}} = \frac{(m - m_b)\,T - m_0\,p'}{c_1\left(2 + \frac{2}{n_0}\right)(m_0\,p' + m_b\,T)}$$

Soll analog die Grenze des Unterschreitens der normalen Verzinsung, d. h. die „Konkurrenzgrenze", angegeben werden, so ist, wenn c_2 mit c_1 bis auf den Wert p' für den p treten muß, übereinstimmt

$$L'_{max}{}^{\frac{n_0}{n_0+1}} = \frac{(m - m_b)\,T - m_0\,p_0}{c_2\left(2 + \frac{2}{n_0}\right)(m_0\,p_0 + m_b\,T)}$$

Beispiel.

195. **Berechnung der Konkurrenzgrenze.** Für die letzten Annahmen ist

$$c_2 = \left(\frac{0{,}02\,.\,0{,}0175}{1}\right)^{\frac{2{,}32}{2\,.\,3{,}32}} \left(\frac{2{,}32\,.\,1{,}031\,.\,10^{-1}}{2}\right)^{\frac{1}{3{,}32}} \left(\frac{1}{5}\right)^{\frac{4{,}32}{2\,.\,3{,}32}} = 1{,}10\,.\,10^{-5}.$$

Somit folgt

$$L'_{max} = \left(\frac{0{,}25}{1{,}1\,.\,10^{-5}\,.\,2{,}86\,.\,0{,}5}\right)^{\frac{1}{0{,}7}} = 10{,}2\,.\,10^5$$

oder

$$L'_{D\,max} = 510 \text{ km}.$$

Die Konkurrenzgrenze ist also für den vorliegenden Fall verhältnismäßig groß, wobei allerdings zu bedenken ist, daß der Fall an sich schon eine Abstraktion darstellt, und auch der Energiepreis bei der angenommenen günstigen Belastung und der nicht transformierten Abgabespannung verhältnismäßig hoch ist.

196. **Die Unterschiede der Normalkurven der Effektverluste der Rentabilität und der Wirtschaftlichkeit.** Es ist nun charakteristisch, daß in Ansehung der genaueren Gleichungen sowohl zu Anfang als auch gegen Ende der angenommenen Entfernungen ohne Schaden $v_r = v_w$ gesetzt werden kann, wenn es sich um Berechnung von g handelt, obwohl natürlich der prozentuale Unterschied von v_w und v_r zu Anfang recht beträchtlich ist, und es fragt sich, für welche Entfernung der Unterschied der Werte von g der größte ist.

Die Bedingung für

$$g_r - g_w = \text{Max.}$$

wo g_r und g_w die bezüglichen Gewinne sind, stimmt aber auch keineswegs mit derjenigen für

$$v_r - v_w = \text{Max.}$$

überein. Um dies zu zeigen, soll zunächst die Kurve für $v_r - v_w$ zuerst gebildet werden.

Wir wollen dabei aber, um allzu langwierige Rechnungen zu vermeiden, auf möglichst wenig Korrekturrechnungen eingehen, obwohl es sich um Differenzbestimmungen handelt. Es ist nämlich klar, daß, wenn auch die Werte von v und g durch manche Korrekturen erheblich verändert werden, doch der Einfluß auf den Wert $v_r - v_w$ dabei nicht groß sein kann. Die genannten Korrekturen treten nämlich in beiden Gliedern und zwar stets in gleichem Sinne auf. Man kann sich auch die Korrektionen der Zentrale durch die der Leitung für den zu untersuchenden Bereich zufällig aufgehoben, gewissermaßen also die Ausgangsgleichungen so geändert denken, daß bei den Differentiationen Korrekturglieder überhaupt nicht möglich sind. An dem Kern der Sache wird hierbei nichts geändert.

Gehen wir z. B. aus von $v_r = 0{,}1$, so ist nach dem vervollständigten Kontrollsatz

$$p' + g_r = \frac{(m - m_b)\,T - \left(2 + \dfrac{2}{n_0}\right) v_r\, m_b\, T}{m_0\left[1 + \left(2 + \dfrac{2}{n_0}\right) v_r\right]}$$

$$= \frac{0{,}35 - 2{,}86 \,.\, 0{,}1 \,.\, 0{,}4}{1\,(1 + 2{,}86 \,.\, 0{,}1)} = \frac{0{,}24}{1{,}29} = 1{,}86,$$

was in

$$v_w = \left[\frac{(p_0 + g)\, m_0 + m_b T}{(p_0 + g)\, m_0 \dfrac{p_0 m_0 + m_b T}{p_0 m_0}}\right]^{\frac{n_0 + 2}{2\,(n_0 + 1)}} v_r$$

einzusetzen ist.

Wir können aber natürlich auch unmittelbar schreiben

$$v_w = \left\{ \frac{m\,T}{\left[(m - m_b)\,T - \left(2 + \frac{2}{n_0}\right) v_r m_b T\right] \frac{p m_0 + m_L T}{p m_0}} \right\}^{\frac{n_0 + 2}{2\,(n_0 + 1)}} v_r$$

Wir bekommen aus der ersten Gleichung

$$v_w = \left[\frac{0{,}186 + 0{,}4}{0{,}186\,.\,5}\right]^{0{,}35} 0{,}1 = 0{,}85\,.\,0{,}1 = 0{,}085$$

und aus der zweiten

$$v_w = \left[\frac{0{,}75}{(0{,}35 - 2{,}86\,.\,0{,}1\,.\,0{,}4)\,5}\right]^{0{,}35} 0{,}1 = 0{,}085.$$

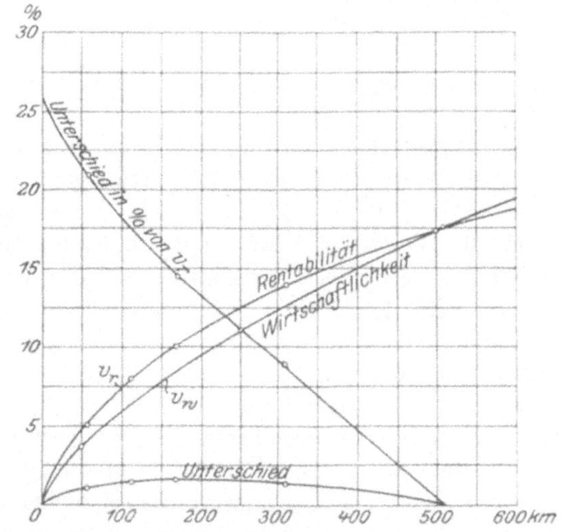

Fig. 46.

Effektverlust der Rentabilität und der Wirtschaftlichkeit.

Wir erhalten so die folgende Zusammenstellung:

$v_r = 0{,}02$	$v_w = 0{,}76\,.\,v_r = 0{,}0152$	
$= 0{,}05$	$= 0{,}79$	$0{,}0395$
$= 0{,}08$	$= 0{,}83$	$0{,}0664$
$= 0{,}1$	$= 0{,}85$	$0{,}0850$
$= 0{,}14$	$= 0{,}91$	$0{,}1270$

Die Differenzen sind der Reihe nach

0,0047, 0,0105, 0,0136, 0,0150, 0,0130

Wir sehen aus der Kurve in Fig. 46, daß etwa bei

$$v_r = 0{,}1$$

ein Maximum liegt. Wollen wir dies etwa schärfer feststellen, so können wir eine besondere Differentiation ausführen. Die nicht wiederzugebende Rechnung zeigt uns genauer, daß der Wert für welchen das Maximum eintritt

$$v_r = 0{,}101$$

ist. Prozentual wird der Unterschied allerdings am größten bei $L_D = 0$, und zwar beträgt dort die Differenz 26 %.

197. **Die Normalkurve der Rentabilitätsgewinne und die Unterschiede gegen die Gewinne bei einer wirtschaftlichen Anlage.** Um nun $g_r - g_w$ bilden zu können,

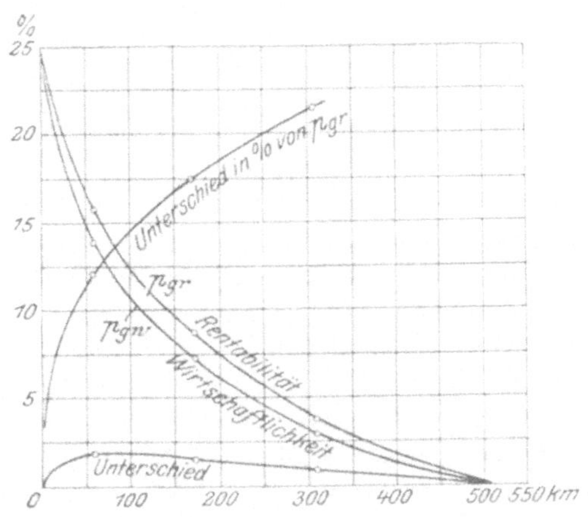

Fig. 47.
Unternehmungsgewinn pro Kapitaleinheit bei einer rentablen und einer wirtschaftlichen Anlage.

nachdem g_r leicht zu bestimmen ist, müssen wir bedenken, daß

$$p' + g_w = \frac{(m - m_b)\,T - v_w\,T\,m_b}{m_0 + \left[\left(1 + \frac{2}{n_0}\right) v_w \frac{m_0 p_0 + m_b T}{m_0 p_0} + v_w\right] m_0}$$

sein muß.

Setzen wir die früheren Werte von v_w ein, so bekommen wir

			Differenz
$v_r = 0{,}2 \,.\, 10^{-1}$	$p' + g_r = 0{,}312$	$p' + g_w = 0{,}298$	$g_d = 0{,}014$
$v_r = 0{,}5 \,.\, 10^{-1}$	$0{,}257$	$0{,}238$	$g_d = 0{,}019$
$v_r = 0{,}8 \,.\, 10^{-1}$	$0{,}212$	$0{,}195$	$g_d = 0{,}017$
$v_r = 0{,}14$	$0{,}137$	$0{,}129$	$g_d = 0{,}008$

Wir sehen aus der entsprechenden Fig. 47 für die zugehörigen Unternehmungsgewinne p_g, daß hier das Maximum etwa bei $v_r = 0{,}05$ liegt. Es könnte ebenfalls durch eine besondere Differentiation näher festgestellt werden.

Der Einheitsgewinnverlust steigt dabei stets an. Den Einfluß der einzelnen Glieder erkennen wir, wenn wir z. B. noch für das frühere $v_r = 0{,}1$ die Rechnung genauer wiedergeben. Es wird

$$p' + g_w = \frac{0{,}35 - 0{,}085 \cdot 0{,}4}{1 + 1{,}86 \cdot 0{,}085 \cdot 5 + 0{,}085} = \frac{0{,}32}{1{,}87} = 1{,}71 \cdot 10^{-1}$$

Die Differenz gegen früher beträgt

$$0{,}186 - 0{,}171 = 0{,}015$$

d. h. etwa 12 % des Gesamtgewinns und $\frac{15}{86} = 17{,}5\ \%$ des Unternehmungsgewinns gehen verloren, wenn wir dabei die Amortisation mit 6 % und die normale Verzinsung mit 4 % in Ansatz bringen.

Die letzten Feststellungen sind besonders wichtig, weil sich aus der Höhe des Unternehmungsgewinns die Konkurrenzfähigkeit des Unternehmens beurteilen läßt. Ein an einer bestimmten Entfernung verbleibender Unternehmungsgewinn beantwortet ja sofort die Frage, ob sich Kapital für das Unternehmen bei Abwägung sonstiger Anlagemöglichkeiten finden wird.

198. Folgerung für die Mershonschen Resultate. Es ist jetzt z. B. auch leicht die Mershonschen Resultate[1]), ohne auf die speziellen Erweiterungen der Betrachtung einzugehen, in bezug auf den rentabilitätstheoretischen Wert zu würdigen. Wir sehen neben den Mängeln nämlich deutlich, daß obwohl der prozentuale Unterschied der Gewinne also auch der Unternehmungsgewinne bei den Maximalentfernungen sehr groß wird, gerade hier die Leitungsdimensionen auf Grund der Rentabilität sich denjenigen der Wirtschaftlichkeit nähern. Wären also nicht die früher erwähnten sonst noch vorhandenen Fehler der Wirtschaftlichkeitstheorie von Mershon an sich vorhanden, so wäre z. B. in der Grenze auch die aus den Mershonschen „Profit“-Kurven[2]) entnehmbaren Maximalentfernungen der Rentabilität streng richtig, denn unsere Beweisführung über den Zusammenhang von Wirtschaftlichkeit und Rentabilität bezog sich auf alle Fälle. Wir werden auf den speziell von Mershon betrachteten Fall[3]) sowie auf denjenigen von Wallace an geeigneter Stelle noch zurückkommen.

---

1) Vergl. S. 202.
2) Vergl. Transact. of the Am. Inst. of El. Eng. 1904. S. 767.
3) Vergl. S. 245.

IV. Die Bedingungen bei ungleichmäßiger Amortisation der Energieerzeugungsstation und der Leitung.

199. Die Änderung der Ausgangsgleichungen. Ist die Notwendigkeit vorhanden, die verschiedenen Teile der Anlage in verschiedener Weise zu amortisieren oder für ihre Unterhaltung einen verschiedenen prozentualen Betrag aufzuwenden, so wird die Rechnung wesentlich umständlicher, welche der früheren Methoden man auch anwenden mag.

Nennen wir p_0' den Amortisationseinheitssatz für die Energieerzeugungsstation
und p_L' denjenigen für die Leitung,
so werden jetzt die Jahresausgaben

$$K' = (\mathfrak{E}_1 + \mathfrak{e}) m_0 p_0' + m_L L^2 \varrho p_L' \left(\frac{\mathfrak{E}_1 + \mathfrak{e}}{\mathfrak{e} E_0^2}\right) + (\mathfrak{E}_1 + \mathfrak{e}) m_b T.$$

Wir wollen zunächst mit der geringsten Genauigkeit rechnen, dabei aber annehmen, daß der Einfluß der Amortisationsverschiedenheit auch von der ersten praktischen Größenordnung sei.

Wir erhalten dann wie früher aus den Rentabilitätsveränderungsgraden in bezug auf $\mathfrak{e}$ und E_0 vom Werte Null die jeweiligen Relativgleichungen. Die Rentabilität ist aber hier gegeben durch

$$g \cong \frac{\mathfrak{E}_1 m T - (\mathfrak{E}_1 + \mathfrak{e}) m_0 p_0' - m_L L^2 \varrho p_L' \dfrac{\mathfrak{E}_1^2}{\mathfrak{e} E_0^2} - (\mathfrak{E}_1 + \mathfrak{e}) m_b T}{(\mathfrak{E}_1 + \mathfrak{e}) m_0 + m_L L^2 \varrho \dfrac{\mathfrak{E}_1^2}{\mathfrak{e} E_0^2}},$$

wo mit Rücksicht auf eine einfache Rechnung für $\mathfrak{e}$ die Größen m_0 und m_L vorläufig wieder „Momentanwerte" der Spannung sind.

200. Die neue Relativgleichung für den Effektverlust. Somit erhalten wir gemäß

$$N \frac{\partial Z}{\partial \mathfrak{e}} - Z \frac{\partial N}{\partial \mathfrak{e}} = 0$$

die Beziehung

$$\left[(\mathfrak{E}_1 + \mathfrak{e}) m_0 + m_L L^2 \varrho \frac{\mathfrak{E}_1^2}{\mathfrak{e} E_0^2}\right] \left(- m_0 p_0' + m_L L^2 \varrho p_L' \frac{\mathfrak{E}_1^2}{\mathfrak{e}^2 E_0^2} - m_b T\right)$$
$$- \left[\mathfrak{E}_1 m T - (\mathfrak{E}_1 + \mathfrak{e}) m_0 p_0' - m_L L^2 \varrho p_L' \frac{\mathfrak{E}_1^2}{\mathfrak{e} E_0^2} - (E_1 + \mathfrak{e}) m_b T\right] \times$$
$$\times \left(m_0 - m_L L^2 \varrho \frac{\mathfrak{E}_1^2}{\mathfrak{e}^2 E_0}\right) = 0$$

Bei weiterer Vereinfachung mit Rücksicht auf die vorhandene Genauigkeit folgt

$$\mathfrak{E}_1 m_0 \left(-m_0 p_0' + m_L L_2 \varrho p_L' \frac{\mathfrak{E}_1^2}{e^2 E_0^2} - m_b T\right)$$
$$- (\mathfrak{E}_1 m T - \mathfrak{E}_1 m_0 p_0' - \mathfrak{E}_1 m_b T)\left(m_0 - m_L L^2 \varrho \frac{\mathfrak{E}_1^2}{e^2 E_0^2}\right) = 0$$

d. h. nach Weghebung

$$-e^2 m_0 m T + (m - m_b) m_L L^2 \varrho \frac{\mathfrak{E}_1^2}{E_0^2} T + m_0 m_L L^2 \varrho \frac{\mathfrak{E}_1^2}{E_0^2}(p_L - p_0) = 0$$

und daraus

$$e = \left(\frac{\mathfrak{E}_1 m_L L^2 \varrho}{E_0 m T}\right)^{\frac{1}{2}} \left[\frac{m - m_b}{m_0} T + (p_L - p_0)\right]^{\frac{1}{2}} \quad . \; . \; . \; . \; (2)$$

201. Die Spannungsrelativgleichung. Denken wir uns jetzt, ohne dies erst hinzuschreiben, in der Gleichung für g die Verteurungsfaktoren der Spannung angebracht, so erhalten wir durch partielle Differentiation nach E_0 sogleich die zweite Partialbedingung mit

$$\left(\mathfrak{E}_1 m_0 + m_L L^2 \varrho \frac{\mathfrak{E}_1^2}{E_0^2 e}\right)\left(-\mathfrak{E}_1 m_0 p_0' n_0 F_0 E_0^{n_0-1} + 2 m_L L^2 \varrho p_L' \frac{\mathfrak{E}_1^2}{e E_0^3}\right)$$
$$-\left(-\mathfrak{E}_1 m_0 p_0 - m_L L^2 \varrho p_L' \frac{\mathfrak{E}_1^2}{e E_0^2}\right)\left(\mathfrak{E}_1 m_0 n_0 F_0 E_0^{n_0-1} - 2 m_L L^2 \varrho \frac{\mathfrak{E}_1^2}{e E_0^3}\right)$$
$$-(\mathfrak{E}_1 m T - \mathfrak{E}_1 m_b T)\left(\mathfrak{E}_1 m_0 n_0 F_0 E_0^{n_0-1} - 2 m_L L^2 \varrho \frac{\mathfrak{E}_1^2}{e E_0^3}\right) = 0$$

Mit Rücksicht auf die Genauigkeit und nach Weghebung verschiedener Glieder folgt also

$$-\mathfrak{E}_1 m_0 n_0 F_0 E_0^{n_0-1}(m - m_b) T + 2 m_L L^2 \frac{\mathfrak{E}_1^2}{e E_0^3} \times$$
$$\times [(m - m_b) T + m_0 (p_L - p_0)] = 0$$

also

$$m_0 n_0 F_0 E_0^{n_0} = \frac{\mathfrak{E}_1 2 m_L L^2 \varrho}{e \mathfrak{E}_0^2} \frac{(m - m_b) T + m_0 (p_L - p_0)}{(m - m_b) T} \quad . \; (3)$$

oder

$$E_0 = \left\{\frac{\mathfrak{E}_1 2 m_L L^2 \varrho}{e m_0 n_0 F_0}\left[1 + \frac{m_0 (p_L - p_0)}{(m - m_b) T}\right]\right\}^{\frac{1}{n_0 + 2}} \quad . \; . \; . \; . \; (3')$$

202. Die absolute Spannungsgleichung. Der Einfluß der Betriebszeit. Einsetzung von e ergibt den absoluten Wert

$$E_0 = \left\{ \frac{2L}{n_0 F_0} \left(\frac{m_L \varrho m T}{m_0} \right)^{\frac{1}{2}} \frac{[(m - m_b)T + m_0(p_L - p_0)]^{\frac{1}{2}}}{(m - m_b)T} \right\}^{\frac{1}{n_0+1}} . \quad (1)$$

Die Unabhängigkeit von der Amortisation und der Betriebszeit ist also nicht mehr vorhanden, und bei Änderung des Konsums, oder genauer der Betriebszeit, werden die Bedingungen der (größten) Rentabilität verändert. In den meisten Fällen wird indessen der Einfluß nur vom zweiten Grade sein, und wir können ihn nur in einer in jeder Beziehung genaueren Rechnung berücksichtigen.

203. Die genaueren Relativgleichungen. Dieselbe Rechnung wäre übrigens ebenso einfach auf die zweite Art verfolgt; bei der genaueren, welche wir sogleich geben wollen, ist dies nicht mehr der Fall. Wir erhalten dann für den Effektverlust

$$(\mathfrak{E}_1 + 2\mathfrak{e}) m_0 m_L L^2 \frac{\mathfrak{E}_1}{E_0^2}(p_L - p_0) - \mathfrak{e}^2 T m m_0$$
$$+ \mathfrak{E}_1 (m - m_b) T m_L L^2 \varrho \frac{\mathfrak{E}_1}{E_0^2} + \mathfrak{e}\left(2 T m_b m_L L^2 \varrho \frac{\mathfrak{E}_1}{E_0^2}\right) = 0.$$

Zu jedem früheren Wert Tm_b ist also der Wert $-m_0(p_L - p_0)$ hinzugefügt. Wir erhalten durch entsprechende Zufügung also auch sofort

$$\mathfrak{e} = \frac{\mathfrak{E}_1 L}{E_0}(m_L \varrho)^{\frac{1}{2}} \left[\frac{(m - m_b) T + m_0(p_L - p_0)}{m T m_0} \right]^{\frac{1}{2}} \times$$
$$\times \left\{ 1 - \frac{L}{E} \left(\frac{m_L \varrho}{m m_0} \right)^{\frac{1}{2}} \frac{m_b T - m_0 (p_L - p_0)}{[m - m_b) T + m_0 (p_L - p_0)]^{\frac{1}{2}}} \right\}, \quad . \; . \; (2a)$$

wo aber jetzt m_0 und m_L unbedingt als Momentanwerte der Spannung genommen werden müssen.

Für die Spannung erhalten wir, wenn wir uns den ersten Ansatz entsprechend erweitert denken

$$\frac{(\mathfrak{E}_1 + \mathfrak{e})^2}{\mathfrak{e}} m_L L^2 \varrho (p_L - p_0) m_0 [2 + F_0 E_0^{n_0} - (n_L - 2) F_L E_0^{n_L}]$$
$$- [\mathfrak{E}_1 (m - m_b) T - \mathfrak{e} m_b T] \times$$
$$\times \left\{ m_0 n_0 F_0 E_0^{n_0 + 2} - m_L L^2 \varrho \frac{(\mathfrak{E}_1 + \mathfrak{e})}{\mathfrak{e}} [2 - (n_L - 2) F_L E_0^{n_L}] \right\} = 0$$

oder

$$m_0 n_0 F_0 E_0^{n_0 + 2} [\mathfrak{E}_1 (m - m_b) - \mathfrak{e} m_b] T$$
$$= m_L L^2 \varrho \frac{\mathfrak{E}_1 + \mathfrak{e}}{\mathfrak{e}} \{[\mathfrak{E}_1 (m - m_b) T - \mathfrak{e} m_b T] [2 - (n_L - 2) F_L E_0^{n_L}]$$
$$+ (\mathfrak{E}_1 + \mathfrak{e}) m_0 (p_L - p_0) [2 - (n_L - 2) F_L E_0^{n_L} + F_0 E_0^{n_0}]\} \quad (3a)$$

204. **Die genauere absolute Spannungsgleichung. Folgerung für die andern Beziehungen.** Zur Erzielung des absoluten Wertes von E_0 ist in den Nenner rechts der genauere Wert von $\mathfrak{e}$ und im übrigen derjenige der geringsten Näherung einzusetzen, wobei m_0 und m_L in den Formeln für $\mathfrak{e}$ als E_0-Funktion darzustellen sind.

Es folgt dann

$$m_0 n_0 F_0 E_0^{n_0+1} T \left[(m-m_b) - \frac{L}{E_0}\left(\frac{m_L \varrho}{m T}\right)^{\frac{1}{2}} \left(\frac{m-m_b}{m_0} T + p_L - p_0\right) m_b\right]$$

$$= m_L L^2 \varrho \left[1 + \frac{L}{E_0}\left(\frac{m_L \varrho}{m T}\right)^{\frac{1}{2}} \left(\frac{m-m_b}{m_0} T + p_L - p_0\right)\right] \times$$

$$\times \left\{\left[(m-m_b) T - \left\{\frac{L}{E_0}\left(\frac{m_L \varrho}{m T}\right)^{\frac{1}{2}} \left(\frac{m-m_b}{m_0} T + p_L - p_0\right)\right\} m_b T\right] \times\right.$$

$$\times [2-(n_L-2) F_L E_0^{n_L}] + \left[1 + \frac{L}{E_0}\left(\frac{m_L \varrho}{m T}\right)^{\frac{1}{2}} \frac{m-m_b}{m_0} T + (p_L - p_0)\right] \times$$

$$\left.\times m_0 (p_L - p_0)\, [2-(n_L-2) F_L E_0^{n_L} + F_0 E_0^{n_0}]\right\} \times$$

$$\times \left[1 + \frac{L}{E_0} (m_L \varrho)^{\frac{1}{2}} \frac{m_b T - m_0 (p_L - p_0)}{[(m-m_b) T + m_0 (p_L - p_0)]^{\frac{1}{2}}}\right] \times$$

$$\times \frac{1}{(m_L \varrho)^{\frac{1}{2}}\left(1 + \frac{F_L E_0^{n_L}}{2}\right) L} \, \frac{(m T m_0)^{\frac{1}{2}}\left(1 + \frac{F_0 E_0^{n_0}}{2}\right)}{[(m-m_b) T + m_0 (1 + F_0 E_0^{n_0})(p_L - p_0)}$$

und daraus bei einiger Überlegung und Benutzung der Formel für E_0 geringerer Näherung analog wie früher

$$E_0 = \left(1 + \frac{1}{2} F_0 E_0^{n_0} - \frac{n_L - 1}{2 n_0 + 2} F_L E_0^{n_L}\right)$$

$$\left\{\frac{2 L}{n_0 F_0}\left(\frac{m_L \varrho m T}{m_0}\right)^{\frac{1}{2}} \frac{[(m-m_b) T + m_0 (p_L - p_0)]}{(m-m_b) T}\right\}^{\frac{1}{n_0+1}}, \quad (1\,a)$$

wenn wir den Einfluß von $(p_L - p_0)$ als gering genug annehmen, daß für ihn die Korrektionen vernachlässigt werden können. Es ist jetzt nicht schwer zu erkennen, welche Faktoren zur entsprechenden Billigkeitsgleichung wir für sämtliche andern Formeln erhalten. Im besonderen erkennen wir leicht, daß die Beziehung zwischen Effektverlust und Verteuerung die gleiche sein muß wie im ersten Fall der Rentabilität.

V. Einfluß einer Unterstation auf die Rentabilität und ihre Bedingungen. Sonstige technische Sonderheiten. Einfluß der Übergangsverluste und der speziellen Vorgänge in Wechselstromkreisen. Variabler Betrieb. Tarifpolitik. Kritische Betrachtung der sonstigen neueren Arbeiten und Ergebnisse.

205. Berücksichtigung einer sich nicht verteuernden Unterstation. In den Fällen der früheren Wirtschafts- oder Finanzierungsprinzipien spielte das Kapital der Unterstation nur insofern eine Rolle, als es mit der Spannung veränderlich war. Demzufolge trat es in der Formel für den Effektverlust überhaupt nicht in Erscheinung. Es ist leicht ersichtlich, daß dies hier anders sein wird, denn wir haben jetzt mit jeder Kapitalvergrößerung eine Verringerung unseres Rein- und Unternehmungsgewinns zu erwarten. Die neuen Beziehungen erhalten wir wieder sowohl aus unserem allgemeinen Ansatz der Rentabilität, als auch aus der früheren Überlegung in bezug auf den Charakter der Rente.

Sehr einfach ist die Rechnung, wenn auf der Unterstation eine Verteurung mit wachsender Spannung überhaupt oder nahezu nicht in Frage kommt. Man braucht in den Gewinn- und den übrigen Gleichungen dann nur mT noch um den Amortisationsbetrag $m_1\, p_1'$ zu kürzen und $\mathfrak{K}_p$ um m_1 zu erweitern, um das richtige Resultat zu erhalten.

Man erhält z. B. in einfachster Näherung beim Einsetzen von

$$p' + g = \frac{(m - m_b)T}{m_0 + m_1}$$

für gleiche Amortisation primär und sekundär sowie bei der Leitung aus der Wirtschaftlichkeitsformel

$$E_0 = \left\{\frac{2L}{n_0 F_0} (m_L \varrho)^{\frac{1}{2}} \left[\frac{m m_0 + m_b m_1}{(m - m_b) m_0}\right]^{\frac{1}{2}}\right\}^{\frac{1}{n_0+1}} \quad . \quad . \quad . \quad . \quad (1)$$

und

$$v = \frac{n_0}{2} F_0 E_0^{n_0} \frac{(m - m_b) m_0}{m m_0 + m_b m_1} \quad . \quad . \quad . \quad . \quad . \quad . \quad (5)$$

Die Berücksichtigung der Verluste der Unterstation kann dabei nötigenfalls durch einen Wirkungsgradkoeffizienten geschehen.

206. Der Fall der gleichen reduzierten Verteurung. Ist der Betrag der Verteurung durch die Spannung primär und sekundär der gleiche, wenn auch m_0 und m_1 verschieden sind, so wird

$$E_0 = \left\{ \frac{L}{n_0 F_0} (m_L \varrho)^{\frac{1}{2}} \left[\frac{m\, m_0 + m_b m_1}{(m - m_b) m_0} \right]^{\frac{1}{2}} \right\}^{\frac{1}{n_0 + 1}} \quad . \; . \; . \; (1)$$

und

$$v = n_0 F_0 E_0^{n_0} \frac{(m - m_b) m_0}{m\, m_0 + m_b m_1} \quad . \; . \; . \; . \; . \; . \; (5)$$

Die Korrektionen sind aber trotz der gleichen Verteurung nicht mehr sehr übersichtlich, wenn auch nicht schwierig zu finden.

207. Gekaufte Energie. Will man den Fall noch mehr vereinfachen, so kann man, wie wohl nur selten vorkommend, nur annehmen, die Niederspannungsenergie stehe zum Preise m_b zur Verfügung und sei mittelst Transformatoren zu übertragen. Dann ist es möglich, daß m_1 direkt gleich m_0 wird, und wir erhalten sogleich die Korrektionsformeln wie folgt:

Es ist nach (1bG) der Wirtschaftlichkeit in Näherung vom zweiten Grade

$$m_0 p_0 n_0 F_0 E_0^{n_0} = \frac{m_L^{\frac{1}{2}} L \varrho^{\frac{1}{2}} p_L^{\frac{1}{2}}}{E_0} \times$$

$$\times \left[m_0 p_0 (1 + F_0 E_0^{n_0} + 3 n_0 F_0 E_0^{n_0}) + m_b T \right]^{\frac{1}{2}} \left(1 + \frac{n_L - 1}{2} F_L F_0^{n_L} \right)$$

Für unsern einfachen Fall haben wir nun neben $p_L = p_0 = p$ zu setzen

$$\frac{m_0 p}{m_0 p + m_b T} \cong \frac{(m - m_b) T - (2 n_0 + 2) F_0 E_0^{n_0} (m - m_b) T}{m T - (2 n_0 + 2) F_0 E_0^{n_0} (m - m_b) T + m_b T}$$

Somit folgt

$$n_0 F_0 E_0^{n_0} = \frac{m_L^{\frac{1}{2}} L \varrho^{\frac{1}{2}}}{E_0 m_0^{\frac{1}{2}}} \left(1 - \frac{n_L - 1}{2} F_L E_0^{n_L} \right) \times$$

$$\times \left[\frac{m - (2 n_0 + 2) F_0 E_0^{n_0} (m - m_b) + 2 (1 + 3 n_0) F_0 E_0^{n_0} \frac{m - m_b}{2} + m_b}{(m - m_b) - (2 n_0 + 2) F_0 E_0^{n_0} (m - m_b)} \right]^{\frac{1}{2}}$$

und weiter

$$E_0 = \left\{ \left[1 + \frac{n_0 - 1}{2} F_0 E_0^{n_0} \frac{m - m_b}{m + m_b} + (n_0 + 1) F_0 E_0^{n_0} - \frac{n_L - 1}{2} F_L E_0^{n_L} \right] \times \right.$$

$$\left. \times \frac{L}{n_0 F_0} \left(\frac{m_L \varrho}{m_0} \right)^{\frac{1}{2}} \left(\frac{m + m_b}{m - m_b} \right)^{\frac{1}{2}} \right\}^{\frac{1}{n_0 + 1}} \quad . \; . \; . \; . \; (1a\,G)$$

Zur Herleitung unserer gebräuchlichen Form der Gleichung für den Effektverlust bedenken wir, daß für die Wirtschaftlichkeit für die gleiche Genauigkeit gilt

$$v = \left[1 - \left(1 + \frac{3n_0}{2}\right) F_0 F_0^{n_0} \frac{m_0 p_0}{m_0 p_0 + m_b T} + \frac{n_L}{2} F_L E_0^{n_L}\right] \times$$

$$\times n_0 F_0 E_0^{n_0} \frac{m_0 p_0}{m_0 p_0 + m_b T} \quad . \; . \; . \; . \; . \; (5a\,G)$$

Für die Rentabilität wird also

$$v = \left[1 - \left(3 + \frac{7n_0}{2}\right) F_0 E_0^{n_0} \frac{m - m_b}{m + m_b} + (2 + 2n_0) F_0 E_0^{n_0}\right.$$

$$\left. + \frac{n_L}{2} F_L E_0^{n_L}\right] n_0 F_0 F_0^{n_0} \frac{m + m_b}{m - m_b} \; . \; . \; . \; . \; (5a\,G)$$

Wir erkennen, daß hier die Korrektionen von ansehnlicher Bedeutung sind.

208. Die Behandlung der übrigen Übertragungsfälle. Allgemeine Feststellung. Die übrigen Freileitungsfälle können natürlich in genau gleicher Weise verfolgt werden. Der Kabelspezialfall, für den das gleiche gilt, wird bei Hochspannungsgeneratoren und Transformatoren als Unterstation wohl meist auf den zu Eingang erwähnten Fall, daß die Unterstation sich nicht wesentlich verteuert, hinaus laufen.

Wir können um so eher von einer Behandlung aller Sonderfälle mit oder ohne Unterstation für wenig oder verhältnismäßig viel Effekt, wie wir sie früher kennen lernten, absehen, als einerseits über die Anwendung der beiden Methoden der Ableitung oder Umformung der neuen Gleichungen kein Zweifel mehr bestehen kann, und auch andererseits numerisch die Resultate insofern leicht geschätzt werden können, als sie in jedem Fall zwischen denjenigen der Billigkeit und denen der Wirtschaftlichkeit liegen müssen. Während die Billigkeit nur das Kapital berücksichtigte, die Wirtschaftlichkeit großen Nachdruck auf die Betriebskosten legte, rückt ja die Rentabilität mit ihrer Kapitalbeschränkungstendenz das Kapital wieder etwas mehr in den Vordergrund.

209. Linienübergangsverlust, Selbstinduktion und Kapazität der Leitung. Als Beispiel für die Behandlung eines Sonderfalls möge derjenige für die Übergangsverluste bei vielen Drähten dienen. Wir sehen, daß dann z. B. in geringster Näherung für den Fall ohne Unterstation sich die Relativgleichungen

$$v = \frac{L\varrho^{\frac{1}{2}}}{E_0}\left(\frac{m_L \frac{m - m_b}{m_0} + \frac{F_0 E_0{}^{n_L}}{2} m}{m}\right)^{\frac{1}{2}} \quad . \; . \; . \; . \; . \; (2)$$

und

$$E_0 = \left[\frac{L^2}{v n_0 F_0}\left(\frac{2 m_L}{m_0} + \frac{2 - n_v}{2} F_v E_0{}^{n_v} \frac{m}{m - m_b}\right)\right]^{\frac{1}{n_0 + 2}} \quad . \; . \; (3)$$

herausstellen werden, die in einigen Fällen schon brauchbare Resultate ergeben können. Von hier zur Berücksichtigung der Kapazität und Selbstinduktion bei der Wechselstromübertragung ist nur noch ein gewohnter Schritt.

210. Die Einzelleiterfälle. Bei den Umgestaltungen für die Einzelleiterfälle ist besonders zu beachten, daß jetzt auch die früher aus der Rechnung ausscheidbaren „festen" Kosten als kapitalabsorbierend berücksichtigt werden müssen.

211. Variabler Betrieb. Tarifpolitik. Von großem Interesse ist besonders der variable Betrieb. Wir hatten früher gefunden, daß die Belastungsdauer auf unsere Bedingungen der Rentabilität keinen Einfluß ausüben kann. Man darf sich dadurch nicht verleiten lassen, anzunehmen, daß auch die Höhe der Momentanbelastungen keine Rolle spielt. Das genannte Resultat galt in der Tat nur für konstante Vollbelastung und gleichgültig war nur deren Dauer. Wir erkennen bei einiger Überlegung, daß die in Kap. VIII der Wirtschaftlichkeit definierten Reduktionszeiten[1]) als Quotienten sehr wohl in die neuen Gleichungen eingehen. Wir erkennen auch weiter, ohne hier auf eine weitläufige Tarifpolitik, zu der ein umfangreiches Material nötig ist und auch vorliegt[2]), einzugehen, daß wir z. B. ohne die geringsten Schwierigkeiten zwei Energiepreise für Licht und Kraft in die Gleichungen einführen und damit schon den Bau des Werks beeinflussen können, was noch vorteilhafter sein wird als eine erst später einsetzende Tarifpolitik.

212. Fälle und Ergebnisse anderer Autoren: Mershons Resultate vom Standpunkt der Rentabilitätskritik. Nach dem Gesagten könnte man nun auch eine genaue Nachprüfung des Mershonschen Falls[3]) vornehmen. Wir würden dann deutlich erkennen, daß, wenn nach früheren Ausführungen z. B. bei der Übertragung von 200000 KW die Konkurrenzgrenze (wo nur noch

---

1) Vergl. S. 189.

2) Vergl. G. Siegel, Die Preisstellung beim Verkauf el. Energie, Berlin 1906, worin sich ein umfangreicher Sonder-Literaturnachweis findet; ferner Launhardt, Mathem. Begr. d. Volkswirtschaftslehre.

3) Vergl. S. 198 u. S. 236.

normale Verzinsung vorhanden ist), von 600 engl. Meilen bei einem Energieverkaufspreis von 20 D pro Kilowattjahr, in genügender Näherung richtig wäre, die betrachtete Entfernung von 200 engl. Meilen nur mit viel geringerer Richtigkeit bei einem Verkaufspreis von 29 D noch einen (nach Mershon notwendigen) „Profit" (Unternehmungsgewinn) von 12% gewähren[1]) könnte.

Mershons Kurven für die verschiedensten Unternehmungsgewinne sinken auch dadurch in ihrer Bedeutung als sie, ganz abgesehen von dem Umstand, daß letztere auch die Übertragungsbedingungen nicht beeinflussen, immer, wie auch Wallace[2]) richtig andeutete, für die Erzeugungsstation gleichbleibende Kapitalsrente voraussetzen, da die Kosten der Energie einschließlich Verzinsung der Zentrale bis zu den Niederspannungssammelschienen als konstant angenommen werden. Die angesetzte Kapitalsrente wird vielleicht gar gleich der normalen Verzinsung sein, und es ist jedenfalls selten, daß selbst eine Sonderunternehmung, an die Mershon aber nicht gedacht zu haben scheint, zu solcher Bedingung Energie liefert. Man müßte dabei schon an eine der Arbeitsweise nach wirtschaftliche Unternehmung denken, obwohl es nicht eigentlich wirtschaftlich sein wird, nur zum Nutzen eines Vermittlungsorgans zwischen Produzent und Konsumenten zu arbeiten. Vielleicht könnte auch daran gedacht sein, daß es möglich wäre gerade für die Generatorstation billiges fremdes Kapital zu erlangen. Die Aufnahmetheorie verlangt aber, soll sie nicht einseitig sein, allgemeine Untersuchungen[3]).

213. **Die Wallacesche Gleichung für den Wirkungsgrad im Rentabilitätsfall und ihre Kritik.** Wir können jetzt auch das früher erwähnte Resultat von Wallace über den Wirkungsgrad der Rentabilität[4]) (maximum percentage of profit) genügend würdigen. Wallace setzt nämlich (ohne Beweis oder Rechnungsansatz) für eine bestimmte Spannung

$$\eta = 1 + \frac{M}{f^2 E_0^2 (G+O) U}$$

$$- \left[\left(1 + \frac{M}{f^2 E_0^2 (G+O) U}\right)^2 + \frac{M}{f^2 E_0^2 S} - \left(1 + \frac{M\left(S + Q + \frac{P}{FN}\right)}{f^2 E_0^2 (G+O) U S}\right)\right]^{\frac{1}{2}}$$

1) Vergl. Transact. of the Am. Inst. of El. Eng. 1904. S. 767 u. 868.

2) In den Verhandlungen zu New-York, vergl. Transact. of the Am. Inst. of El. Eng. 1904. S. 789.

3) Vergl. S. 249.

4) Vergl. S. 205 und J. C. Wallace, Economics of a 200 mile Transmission, El. World and Eng. 1904. S. 771.

wo außer den früheren Werten[1]) noch

G das Kapital der Generatorstation,

O das Kapital zur Erlangung des Wegerechts für die Leitungen,

U den jährlichen Verzinsungs- und Amortisationssatz des Leitungsmetalls und

S den Verkaufspreis für ein Kilowattjahr darstellt.

Einige Umbildung zeigt (nach gewissen Ergänzungen), daß auch hier ein ähnlicher Zusammenhang zwischen unsern Rechnungen und denjenigen von Wallace besteht wie bei der Wirtschaftlichkeit. Die Wallacesche „Profitable"-Kurve liegt indessen (wenn auch nur ein wenig) höher wie die „Economic"-Kurve, trotzdem auch hier das Umgekehrte der Fall sein sollte. Für 100000 Volt ist speziell $\eta \cong 93\%$ gegenüber dem wirtschaftlichen $\eta = 92\%$ und Wallace vermag in seinem Beispiel einen deutlicheren höheren „Profit" im Rentabilitätsfalle nicht herauszurechnen. Dies liegt im wesentlichen wohl daran, daß sein Q-Wert nicht im letzteren Falle um den Amortisations- und Verzinsungsbetrag der Zentrale wie notwendig gekürzt ist oder aber, daß im wirtschaftlichen Falle die Berücksichtigung dieses Betrages im Q-Wert unterblieben ist.

Außer den technischen Sonderfällen gibt es nun noch einige weitere, welche mehr wirtschaftlicher oder finanztheoretischer Art sind. Die Behandlung derselben wird uns in den nächsten Kapiteln beschäftigen.

VI. Der Einfluß besonderer Kapitalaufwendungen im allgemeinen. Verteilungsnetze. Konzessionserwerbung. Mitbenutzung einer beschränkten Energieerzeugungsmöglichkeit. Rente bei verlorenem Kapital.

214. Berücksichtigung besonderer Kapital aufnehmender Anlagen. Netze. Ist Kapital nicht nur für die Erzeugung und Übertragung der Energie, sondern auch für andere Zwecke z. B. für die Energieverteilung aufzuwenden, so gestaltet sich die Rechnung wieder anders. Haben wir z. B. ein Netz, aber keine Unterstation samt Verteurung zu berücksichtigen, so ist, wenn m nach wie vor den „Preis" der Energie darstellt, m_n der Wert, welcher die Anlagekosten für das Netz berücksichtigt, $\mathfrak{e}_n$ der Effektverlust im Netz und p′ der überall gleiche Amortisationswert ist, der Gewinn gegeben durch

---

1) Vergl. S. 206.

$$g = \frac{\mathfrak{E}_1 m T - \mathfrak{E}_1 m_n p' - e_n m_b T - K'}{\mathfrak{K} + m_n} = \frac{\mathfrak{E}_1 m_r T - K'}{\mathfrak{K} + m_n},$$

wo m_r als „reduzierter Preis" gelten kann.

Es entsteht dann analog zu den früheren Relationen

$$m_n \left[- m_0 p' + m_L L^2 \varrho p' \left(\frac{\mathfrak{E}_1^2}{e^2 E_0^2} - \frac{1}{E_0^2} \right) - m_b T \right] - m_r T m_0$$

$$- \frac{m_L L^2 \varrho}{E_0^2} (m_r + m_b) T - m_L L^2 \varrho \frac{2 \mathfrak{E}_1}{e E_0^2} m_b T + \frac{\mathfrak{E}_1^2}{E_0^2} (m_r - m_b) T \frac{m_L L^2}{e^2} \varrho = 0$$

oder

$$e^2 (- m_0 p' m_n - m_b T m_n - m_r T m_0) + e \left(- m_L L^2 \varrho \frac{2 \mathfrak{E}_1^2}{E_0^2} m_b T \right)$$

$$+ \frac{\mathfrak{E}_1}{E_0^2} m_L L^2 \varrho \left[(m_r - m_b) \mathfrak{E}_1 T + m_n p' \right] \cong 0$$

und somit

$$e = \left\{ \frac{\mathfrak{E}_1^2}{E_0^2} \frac{\left[(m_r - m_b) T + m_n p' - 2 \frac{e}{\mathfrak{E}_1} m_b T \right] m_L L^2 \varrho}{m_0 p' m_n + m_b T m_n + m_r T m_0} \right\}^{\frac{1}{2}} . \quad (2)$$

Wir hätten dies auch hier gemäß dem von uns erkannten, überall geltenden Verhältnis von Wirtschaftlichkeit und Rentabilität finden können, wenn wir den Ausdruck

$$\frac{m_0 p}{m_0 p + m_b T}$$

durch einen entsprechenden ersetzt hätten. Benutzen wir dies Verfahren sogleich zur Herstellung der absoluten Spannungsgleichung besserer Näherung, so erhalten wir bei Einführung der Spannungsverteuerungsfunktionen und Ersatz von p durch

$$p' + p_n + p_g = p' + g = \frac{(m_r - m_b) T + m_n p'}{m_0 + m_n + (n_0 + 1) F_0 E_0^{n_0} m_0}$$

schließlich

$$E_0 = \left[\frac{2 L}{n_0 F_0} \left(\frac{m_L \varrho}{m_0} \right)^{\frac{1}{2}} \left(\frac{m_r T + m_n p' + m_b \frac{m_n}{m_0} T}{m_r T + m_n p' - m_b T} \right)^{\frac{1}{2}} \times \right.$$

$$\left. \times \left(1 - \frac{n_L - 1}{2} F_L E_0^{n_L} + \frac{n_0 + 1}{2} F_0 E_0^{n_0} \frac{m_r T + m_n p'}{m_r T + m_n p' + m_b \frac{m_n}{m_0} T} \right) \right]^{\frac{1}{n_0 + 1}} \quad (1a)$$

Durch Einsetzung von $m_n = 0$ erhält man natürlich die frühere Formel des einfachsten Falles.

Ferner erhalten wir aus der praktischen Gleichung der Wirtschaftlichkeit für den Effektverlust (5a) in der Form

$$v = \frac{n_0}{2} F_0 E_0^{n_0} \frac{m_0 p_0}{m_0 p_0 \left(1 + \frac{n_0 + 2}{2} F_0 E_0^{n_0}\right) + m_b T} \left(1 + \frac{n_L}{2} F_L E_0^{n_L}\right)$$

auf gleiche Weise

$$v = \frac{n_0}{2} F_0 E_0^{n_0} \frac{(m_r - m_b) T + m_n p')}{m_r T + m_n p' + m_b \frac{m_n}{m_0} T} \times$$

$$\times \left\{ 1 + \frac{n_L}{2} F_L E_0^{n_L} - \left(1 + \frac{n_0}{2} \frac{m + m_b}{m}\right) \frac{m T + m_n p'}{m T + m_n p + m_b \frac{m_n}{m_0} T} F_0 E_0^{n^0} \right\}, \quad (5a)$$

womit alle Formeln zur Rechnung gegeben sind.

Ist auf die Unterstation und deren Verteurung Rücksicht zu nehmen, so erweitern sich die Formeln natürlich wieder. Wir können natürlich aber auf jeden Einzelfall nicht eingehen, zumal die Herleitung ja zweifellos klar ist.

215. Sonderausgabe für Konzessionserwerbung. Von besonderem Interesse aber ist ein Fall, der praktisch sich häufig einstellen wird und nicht so ungeprüft übersehen werden kann, nämlich derjenige der Konzessionserwerbung. Sind für die Konzession nicht unbedeutende Mittel aufzuwenden, so wird auch $p' + g$ dadurch beeinflußt, und wir haben z. B. im einfachsten Fall

$$p' + p_n + p_g = p' + g = \frac{\mathfrak{C}_1 (m - m_b) T}{C_k + \mathfrak{C}_1 m_0}$$

und

$$\frac{(p' + g) m_0 + m_b T}{(p' + g) m_0} = \frac{\mathfrak{C}_1 m_0 m + C_k m_b}{\mathfrak{C}_1 (m - m_b) m_0},$$

wo C_k der für die Konzession gezahlte Betrag ist. In einfachster Näherung wird also sein

$$e = \left[\frac{\mathfrak{C}_1^2}{E_0^2} \frac{m_L L^2 \varrho}{m_0} \frac{\mathfrak{C}_1 (m - m_b) m_0}{\mathfrak{C}_1 m_0 m + C_k m_b}\right]^{\frac{1}{2}} \quad . \; . \; . \; . \; . \; (2)$$

und

$$E_0 = \left\{ \frac{2 L}{n_0 F_0} \left(\frac{m_L \varrho}{m_0}\right)^{\frac{1}{2}} \left[\frac{\mathfrak{C}_1 m_0 m + C_k m_b}{\mathfrak{C}_1 (m - m_b) m_0}\right]^{\frac{1}{2}} \right\}^{\frac{1}{n_0 + 1}} \quad . \; . \; (1)$$

Die Größe der Werte von $\mathfrak{e}$ und E_0 ist also abhängig von $\mathfrak{E}_1$, und es ergibt sich eine Fülle von Aufgaben zur Darstellung der neuen Verhältnisse. Wir müssen uns aber auch hier beschränken, und da die genaueren Formeln für die einzelnen Spezialfälle leicht dargestellt werden können, wäre sogleich weiter der Fall ins Auge zu fassen, daß durch die gewährte Konzession nicht ein unendlicher oder in jedem Fall genügender, sondern nur ein geringer Effekt zur Verfügung gestellt wird, wie es praktisch häufiger vorkommen wird. Der geforderte Effekt kann dann also höher sein als der gegebene. Es ist indessen vorteilhaft, erst die Theorie der beschränkten Erzeugung allgemein behandelt zu haben. Wir kommen daher später auf den Fall zurück[1]).

216. *Rente bei verloren zu gebendem Grundkapital.* Wir haben nun noch auf einen Punkt zurückzukommen, welcher gleich bei der Definition der „Rentabilität" eine Rolle spielt, nämlich den der „Kapitalaufgabe" und der „Kapitalverzehrung". Häufig wird nämlich die Rentabilität so aufgefaßt, daß das Kapital selbst zugunsten der Rente verzehrt werden darf. Wir wollen der Deutlichkeit halber von einer „Rentabilität bei verzehrtem Kapital" reden.

Der Fall ist wichtig; er kommt vor z. B. beim „Anheimfallen" eines Elektrizitätswerks an eine Kommunalkörperschaft oder an den Staat, welcher etwa die Konzession erteilte, nach einer Reihe von Jahren.

Da wir jedoch sehr eingehend die Theorie der Rentabilität beleuchtet haben, so wird es uns sogleich klar, daß man, um das Kapital doch theoretisch intakt zu erhalten, nur p′ entsprechend größer anzusetzen hat, und daß, weil p′ entweder überhaupt nicht oder nur in Differenzen der Amortisationsbeträge in den Schlußformeln vorkommt, eine neue Rechnungsart sich nicht ergibt. Es ist also für uns gleichgültig, ob man sich p′ um den Betrag der „Zurückstellungsrente" nach den Regeln der Zins- oder Zinseszinsrechnung erweitert denkt, um das Kapital beim Anheimfallen doch praktisch wieder zu bekommen, oder ob man sich lieber eines größeren Gewinns bei verloren zu gebendem Kapital erfreuen will.

VII. Theorie der Kapitalaufnahme. Die günstigste Aufnahme. Gemeinnützigkeit.

217. *Kapitalaufnahme. Aufnahmefähigkeit proportional zum Grundkapital.* Soll die Anlage mit teilweise fremdem Kapital gebaut werden, so ergibt sich eine Fülle von neuen

---

1) Vergl. S. 275.

Fragen. Die Theorie der Kapitalaufnahme, namentlich die Obligationstheorie ist nun aber so umfangreich, daß hier nur einige Spezialfälle näher untersucht werden können.

Ist nämlich

1.) das aufzunehmende Kapital $\frac{1}{x}\mathfrak{K}$, wo x konstant ist, so wird

$$g = \frac{\left(\mathfrak{E}_1 m T - \frac{1}{x} p_n \mathfrak{K}\right) - K'}{\frac{x-1}{x}\mathfrak{K}},$$

wo p_n der Zinsfuß des aufzunehmenden Kapitals ist. Der Fall ist wohl der häufigste, da der Zinsfuß sich oft nach der „Sicherheit" und diese sich nach der Gesamthöhe des Kapitals richtet. Der Gewinn wird beim Eigenkapital ein höherer etwa dem „gesteigerten Risiko" oder auch der besseren „Ausnutzung des wirtschaftlichen Machtgefälles" entsprechend [1]). Trotzdem ändern sich, wie sich leicht findet, die Bedingungen für v und E_0 nicht.

218. Fixiertes Aufnahmekapital. Ist aber

2.) das aufzunehmende Kapital fixiert vom Betrage A_k, so können wir für den einfachsten Fall setzen

$$K' = (\mathfrak{E}_1 + \mathfrak{e}) m_0 p' + m_L L^2 \varrho p' \frac{(\mathfrak{E}_1 + \mathfrak{e})^2}{\mathfrak{e} E_0^2} + A_k p_n + (\mathfrak{E}_1 + \mathfrak{e}) m_b T$$

und

$$\mathfrak{K} = (\mathfrak{E}_1 + \mathfrak{e}) m_0 + m_L L^2 \varrho \frac{(\mathfrak{E}_1 + \mathfrak{e})^2}{\mathfrak{e} E_0^2} - A_k$$

also

$$g = \frac{\mathfrak{E}_1 m T - \left[(\mathfrak{E}_1 + \mathfrak{e}) m_0 p' + m_L L^2 \varrho p' \frac{(\mathfrak{E}_1 + \mathfrak{e})^2}{\mathfrak{e} E_0^2} + A_k p_n + (\mathfrak{E}_1 + \mathfrak{e}) m_b T\right]}{(\mathfrak{E}_1 + \mathfrak{e}) m_0 + m_L L^2 \varrho \frac{(\mathfrak{E}_1 + \mathfrak{e})}{\mathfrak{e} E_0^2} - A_k}$$

Differentiation und Nullsetzung ergibt dann bei Fortlassung sich hebender Glieder

$$\mathfrak{e}^2\left(-\mathfrak{E}_1 T m m_0 - \frac{\mathfrak{E}_1}{E_0^2} T m m_L L^2 \varrho + A_k m_0 p_n + A_k \frac{m_L L^2 \varrho p'}{E_0^2} - \frac{\mathfrak{E}_1}{E_0^2} m_L L^2 \varrho m_b T + A_k m_b T\right) + \mathfrak{e}\left(-\frac{2\mathfrak{E}_1}{E_0^2} m_L L^2 \varrho m_b T\right) + \frac{\mathfrak{E}_1}{E_0^2}\left[(m - m_b)\mathfrak{E}_1^2 m_L L^2 \varrho T - A_k m_L L^2 \varrho p_n\right] = 0.$$

[1]) Vergl. S. 212.

In der geringsten Näherung wird also

$$\mathfrak{e} = \left\{ \frac{\mathfrak{E}_1^2}{E_0^2} m_L L^2 \varrho \frac{[(m - m_b) \mathfrak{E}_1 T - A_k p_n]}{\mathfrak{E}_1 m_0 m T - A_k m_0 p_n} \right\}^{\frac{1}{2}} \quad . \quad . \quad (2)$$

Für die Spannung überzeugt man sich, daß auch hier

$$m_0 n_0 F_0 E_0^{n_0} = \frac{2 \mathfrak{E}_1}{\mathfrak{e}} \frac{m_L L^2 \varrho}{E_0^2} \quad . \quad . \quad . \quad . \quad . \quad (3)$$

ist. Somit wird

$$E_0 = \left\{ \frac{2 L}{n_0 F_0} \left[\frac{m_L \varrho}{m_0} \frac{\mathfrak{E}_1 T m - A_k p_n}{\mathfrak{E}_1 T (m - m_b) - A_k p_n} \right]^{\frac{1}{2}} \right\}^{\frac{1}{n_0 + 1}} \quad . \quad . \quad (1)$$

Die Herleitung aus der Wirtschaftlichkeit würde auch hier unsere Schlüsse bestätigen. Die genaueren Formeln folgen dabei wie immer.

219. Fall der Gemeinnützigkeit. Aufnahmekapital zu verschiedenen Zinsfüßen. Wird das Kapital zu sehr niedrigem Zinsfuß zur Verfügung gestellt, so hat man, trotzdem das Werk selbst nach den Grundsätzen der Rentabilität arbeiten kann, einen Fall der „Gemeinnützigkeit"[1]), insofern das vorgestreckte Kapital unter Umständen erst den Betrieb etwa bei niedrigem m ermöglichen kann.

Ist Kapital bei verschieden steigenden Zinsfüßen, etwa entsprechend der eingeräumten Sicherheiten zu haben, so stehen wir damit vor einer umfassenden Aufgabe der Obligationstheorie, nämlich der, welche Aufnahme die günstigste ist. Mit den gemachten Ausführungen ist der Lösung aber der Weg gewiesen.

220. Grenzfall des ausschließlich fremden Kapitals. Es könnte noch die Frage aufgeworfen werden, was geschieht, wenn das ganze Kapital z. B. aus „Gemeinnützigkeit" zu niedrigem Zinsfuß zur Verfügung gestellt wird. Dann wird man auch den Wert m entsprechend festsetzen müssen, wenn nicht ein nur selten gerechtfertigter Überschuß für irgend jemand entstehen soll[2]), und wir haben für die praktische Behandlung den Fall der Wirtschaftlichkeit.

Werden bei normaler Verzinsung etwa Garantien betreffend die Sicherheit des Kapitals gegeben und der Betriebsüberschuß auf Null reduziert, so liegt auch dem Wesen nach reine Wirtschaftlich-

[1]) Vergl. Wagner, Grundlagen der politischen Ökonomie, „charitatives Wirtschaftsprinzip".

[2]) Vergl. Monopolausnutzung S. 209.

keit vor. Bei derselben kann also von Rentabilität nicht mehr die Rede sein. Man spricht allerdings namentlich dann fälschlich von einer solchen, wenn man wirtschaftliche Vergleiche z. B. bei den verschiedenen Arten des Energietransportes zieht und die Überlegenheit des einen oder anderen Systems z. B. des elektrischen Energietransports gegen den Kohlentransport zu Wasser und zu Lande feststellen will[1]).

---

[1]) Vergl. u. a. M. Baldamus, Die Rentabilitätsgrenze von Überlandzentralen mit Dampf als Betriebskraft. In.-Diss. Braunschweig 1902, in welcher bei einer allgemeinen Spannung von 10000 Volt und einer auf Grund der einfachen Thomsonschen Regel (ohne Berücksichtigung von Verzinsung und Amortisation der Zentrale) erhaltenen Stromdichte an sich interessante aber in den Endresultaten natürlich wenig stichhaltige wirtschaftliche Schlüsse gezogen werden.

Zweiter Teil.

Beschränkte Energieerzeugungsmöglichkeit.

A.

Die Exploitation.

I. Das Wesen der Exploitation.

221. Die verschiedenen Fälle der Exploitation. Gemein- und Privatexploitation. In unseren bisherigen Betrachtungen ist immer angenommen worden, daß die Erzeugungsmöglichkeit der Energie eine unbegrenzte sei, oder daß, wie unter anderem bei großen Wasserkräften, wenigstens über den Bedarfseffekt $\mathfrak{E}_1$ hinaus unter gleichen Bedingungen wie im übrigen Energie erzeugt werden könnte.

Es kann nun aber auch der in der Einleitung gestreifte weitere Fall vorliegen, daß in irgendwelchen Händen sich der Besitz oder die rechtliche Beherrschung einer beschränkten Produktionsmöglichkeit von Energie befindet. Es handelt sich dann sowohl für Gemeinkörper als auch bei den meist in betracht kommenden Privaten um einen Fall, welcher zwar für beide Teile verschiedene Bezeichnungen erhalten kann (Ausnutzung, Rechnung auf unbekannten wirtschaftlichen Wert oder Ausbeutung, Kapitalisierung[1]) einer Energieerzeugungsmöglichkeit), der aber die gleichartige theoretische Behandlung erfordert, wenngleich eine der vorkommenden Größen eine etwas verschiedene Bedeutung haben kann. Wir wollen deshalb, da wir nicht eine der genannten Bezeichnungen für alle Fälle benutzen können, zusammenfassend von der Theorie der „Exploitation" reden.

---

1) Vergl. Philippovich, Grnndriß der polit. Ökonomie. S. 286.

Es besteht nämlich dann zunächst die Absicht, die vorhandene Energieerzeugungsgelegenheit bei einem vorhandenen allgemeinen, durch die übrigen Verhältnisse gegebenen „Wirtschaftswert“ (bei Gemeinkörpern z. B. durch die Kosten der nicht elektrischen Straßenbeleuchtung) oder „Marktwert“ (bei Privaten und unter Umständen ebenfalls bei Gemeinkörpern) der Energie. derart zu verwenden, daß ein maximaler Wirtschafts- oder Finanzüberschuß oder absoluter Unternehmungsgewinn im Gegensatz zu demjenigen pro Kapitaleinheit bei der Rentabilität [1]) entsteht. Bei Gemeinkörpern scheint der Fall demjenigen der Monopolausnützung sehr ähnlich zu sein, welcher gelegentlich der Wirtschaftlichkeit gestreift wurde [2]). Es bestehen aber doch, wie die Theorie des näheren ergeben wird, fundamentale Unterschiede nicht nur wirtschaftstheoretischer Art, sondern auch hinsichtlich der praktischen Resultate.

Bezüglich der Privatexploitation ist zu beachten, daß im Falle sie angenommen wird, eine „Rentabilitätskonkurrenz“ entweder nicht vorhanden sein darf, was z. B. gilt, wenn der Verbrauch der Energie in einer Produktion stattfindet, welche bei einem Energiepreis, wie ihn die Rentabilitätskonkurrenz als minimal verlangen müßte, unmöglich würde, oder es muß wenigstens die Möglichkeit bestehen, den Preis der Energie derart herabzusetzen, daß die Konkurrenzgrenze der Rentabilität anderer Energielieferungswerke unterschritten werden kann, ohne daß die noch zu besprechende Existenzgrenze [3]) des Exploitationsunternehmens erreicht wird. Dann kann sich der Energiepreis des letzteren dem allgemeinen soweit nähern, bis die Unterbringung der gesamten „Exploitationsenergie“ gesichert erscheint. Dies wird sich sicher häufig, namentlich bei Wasserkräften, unter Umständen auch bei Naphtaquellen usw. ereignen. Auch die erste Möglichkeit kommt bei solchen Gelegenheiten vor; die angenommene Exploitationsverwertung der Energie muß dann selbstverständlich auch die beste erreichbare sein, es wird also vorausgesetzt, daß z. B. auf die Versorgung anderer Energie verbrauchender Produktionszweige nicht zu rechnen ist, vielleicht weil der Ort für sie gänzlich ungeeignet erscheint.

222. Die aus der Definition folgende Hauptbeziehung der Exploitation. Wir definieren also gemäß Einleitung, vielleicht noch mit ergänzendem Hinweis auf die zur Zeit

[1]) Vergl. S. 212.
[2]) Vergl. S. 209.
[3]) Vergl. S. 265.

seltenere Gemeinexploitation und den dort an Stelle des Preises einzuführenden Wirtschaftswert, unbekümmert um sonstige Bezeichnungen[1]) den Begriff der Exploitation (weniger zweckmäßig, soweit es sich nicht um direkte Kapitalisierung handelt, Exploitationswirtschaftlichkeit im Gegensatz zu der später zu besprechenden Exploitationsrentabilität zu nennen) wie folgt:

Eine beschränkte Produktionsmöglichkeit exploitieren heißt, dieselbe bei gegebenem Wirtschaftswert oder irgendwie zu bestimmendem Preis der Energie so ausnutzen, daß ein maximaler Wirtschaftsüberschuß oder maximaler „absoluter Unternehmungsgewinn" entsteht.

Die Hauptbedingung der Exploitation lautet kurz

$$G_e = M_e - K_e$$

sei ein Maximum, wobei

G_e den absoluten Unternehmungsgewinn der Exploitation,
M_e die bei einem festen Energiepreis variable Einnahme und
K_e die direkten, indirekten und Verzinsungsausgaben bedeutet.

II. Der einfachste Übertragungsfall. Die Exploitationswerte der Spannung, des Effektverlustes und der übrigen elektrischen Daten. Die Kosten der Anlage. Die jährlichen Ausgaben. Der Kabelspezialfall.

223. Die Ausgangsgleichungen. In der Gleichung

$$G_e = M_e - K_e$$

ist für den einfachsten möglichen Fall M_e gegeben durch

$$M_e = (\mathfrak{E}_0 - \mathfrak{e})\, m\, T,$$

wo $\mathfrak{E}_0 = (\mathfrak{E}_1 + \mathfrak{e})$ konstant für die Zeit T und m der Einheitsnutzungswert, Wirtschaftswert oder Preis ist.

Ferner wird sinngemäß nach Früherem

$$K_e = \mathfrak{E}_0 m_0 p_0 + \mathfrak{E}_0 m_b T + \frac{\mathfrak{E}_0^2}{\mathfrak{e} E_0^2} m_L L^2 \varrho p_L,$$

wo m_0 und m_L die Momentanwerte der Kosten für die Spannung E_0 sind.

---

1) Auch in bezug auf eine Exploitation und ihre verschiedenen Fälle nach Art der unserigen gibt es in der Volkswirtschaftslehre kaum genügend exakte Definitionen. Bei Sax, Grundlegung der polit. Ökonomie, 1892, wäre sie ihrer Eigenart nach am ehesten zu den Spezialfällen der „Privatwirtschaftlichkeit" zu rechnen. Umgekehrt fehlt es nicht an Definitionen, nach welchem jedes privatwirtschaftliche (verkehrswirtschaftliche) Prinzip (also namentlich unser Rentabilitätsprinzip), welches irgend einen Unternehmungsgewinn ermöglicht, gewissermaßen als Exploitation angesehen wird, unbekümmert darum, woher sich der Unternehmungsgewinn schreibt.

Es folgt

$$G_e = (\mathfrak{E}_0 - e)\,m\,T - \left(\mathfrak{E}_0 m_0 p_0 + \mathfrak{E}_0 m_b T + \frac{\mathfrak{E}_0^2}{e\,E_0^2} m_L L^2 \varrho\, p_L\right)$$

$$= \mathfrak{E}_0 T (m - m_b) - e\,m\,T - \mathfrak{E}_0 m_0 p_0 - \frac{\mathfrak{E}_0^2}{e\,E_0^2} m_L L^2 \varrho\, p_L.$$

224. Die Relativgleichung für den Effektverlust. Der Exploitationsveränderungsgrad in bezug auf e gibt dann die folgende Relativgleichung für den Effektverlust

$$- m_b T + \frac{\mathfrak{E}_0^2}{e^2 E_0^2} m_L L^2 \varrho\, p_L = 0,$$

woraus also

$$e^2 = \frac{\mathfrak{E}_0^2}{E_0^2} L^2 \frac{m_L \varrho\, p_L}{m\,T},$$

oder, falls statt des Momentanwertes m_L derjenige mit der E_0-Funktion gesetzt wird

$$e = \left[\frac{\mathfrak{E}_0^2}{E_0^2} m_L \frac{L^2 \varrho\, p_L (1 + F_L E_0^{n_L})}{m\,T}\right]^{\frac{1}{2}} \quad . \; . \; . \quad (2\text{b})$$

folgt. In Näherung vom zweiten Grade wird

$$e = \frac{\mathfrak{E}_0}{E_0} L \left(\frac{m_L \varrho\, p_L}{m\,T}\right)^{\frac{1}{2}} \left(1 + \frac{1}{2} F_L E_0^{n_L}\right) \quad . \; . \; . \quad (2\text{a})$$

Benutzt man m_L als Anfangswert bei geringen Spannungen unverändert für größere in

$$e = \frac{\mathfrak{E}_0}{E_0} L \left(\frac{m_L \varrho\, p_L}{m\,T}\right)^{\frac{1}{2}}, \quad . \; . \; . \; . \; . \; . \quad (2)$$

so ist der Klammerausdruck in Gleichung (2b) der einzige mögliche Korrektionswert. Er war, wie wir früher gesehen haben, in vielen Fällen gering, und wird es auch hier in dem geringen, durch die Exploitations- oder eine vorgeschriebene Spannung gegebenen Grade sein, wo nicht ausdrücklich das Gegenteil zu berücksichtigen ist.

225. Die Spannungsrelativgleichung. Für die Herstellung des Veränderungsgrades der Exploitation in Bezug auf E_0 müssen wir setzen

$$G_e = (\mathfrak{E}_0 - e)\,m\,T - \mathfrak{E}_0 m_b T - \mathfrak{E}_0 m_0 p_0 (1 + F_0 E_0^{n_0})$$

$$- \frac{\mathfrak{E}_0^2}{e\,E_0^2} m_L L^2 \varrho\, p_L (1 + F_L E_0^{n_L})$$

Setzen wir also den durch partielle Differentiation nach E_0 folgenden Veränderungsgrad gleich Null, so haben wir die entsprechende Partialbedingung von der Form

$$-\mathfrak{E}_0 m_0 p_0 n_0 F_0 E_0^{n_0-1} + \frac{\mathfrak{E}_0^2}{e} m_L L^2 \varrho p_L \left[\frac{2}{E_0^2} - (n_L - 2) F_L E_0^{n_L-3}\right] = 0.$$

Somit wird die Relativgleichung für E_0 die Form annehmen

$$m_0 p_0 n_0 F_0 E_0^{n_0} = [2 - (n_L - 2) F_L E_0^{n_L}] \frac{\mathfrak{E}_0 m_L L^2 \varrho p_L}{e E_0}. \quad (3b)$$

Dieselbe unterscheidet sich nur durch das konstante $\mathfrak{E}_0$ von der Wirtschaftlichkeitsbedingung. Daß es sich in beiden Relativgleichungen um die richtigen Bedingungen, d. h. diejenige des Maximums handelt, ist auch hier ohne weitere Differentiation zu erkennen.

226. Die absolute Spannungsgleichung. Den absoluten Wert der Spannung erhalten wir dann z. B. in Genauigkeit zweiten Grades, in folgender Form

$$E_0 = \left(1 - \frac{n_L - 1}{2 n_0 + 2} F_L E_0^{n_L}\right) \left[\frac{2 L}{n_0 F_0} \frac{(m_L \varrho p_L m T)^{\frac{1}{2}}}{m_0 p_0}\right]^{\frac{1}{n_0+1}} \quad (1a)$$

Auch die exakte Form ist hier ohne weiteres zu übersehen. Wir werden namentlich bei dem Kabelfall darauf zu achten haben.

Die Formel der geringsten Näherung wird sein

$$E_0 = \left[\frac{2L}{m_0 p_0 n_0 F_0} (m_L \varrho p_L m T)^{\frac{1}{2}}\right]^{\frac{1}{n_0+1}} \quad . \; . \; . \quad (1)$$

und falls die Amortisations- und Verzinsungssätze gleich sind

$$E_0 = \left[\frac{2L}{m_0 n_0 F_0} \left(\frac{m_L \varrho m T}{p}\right)^{\frac{1}{2}}\right]^{\frac{1}{n_0+1}}$$

227. Wichtige Feststellungen. Betrachten wir die Formeln näher, so finden wir zunächst den

Satz: Der Effektverlust der (höchsten) Exploitation bei gegebener Spannung und gegebenem Preise m der Energie ist nur abhängig von der Höhe der Amortisation und Verzinsung des Leitungskapitals, aber unabhängig von den entsprechenden Ausgaben für die Energieerzeugungsstation. Er ist auch unabhängig von der Höhe der direkten Betriebskosten. Die Spannung der Exploitation ist hingegen abhängig von der Höhe der Amortisation und Verzinsung des Kapitals der Erzeugerstation und bei verschiedenen Amortisations- und Verzinsungssätzen für Leitung und Zentrale, außerdem abhängig von dem Verhältnis beider. Sie ist aber ebenfalls unabhängig von der Höhe der direkten Betriebskosten.

Wir sehen also, es ist z. B. hier nicht nur theoretisch völlig gleichgültig, ob wir einen Wasserfall oder eine Petroleumquelle (welch letztere nur eine leichtere Sammlung der latenten Energie, um den Bedingungen unseres einfachsten Falls Genüge zu leisten, erlaubt) exploitieren oder nur das Recht, z. B. eine bestimmte Menge Petroleum zu einem relativ niedrigen, aber absolut noch beträchtlichen Preise zu beziehen. Die Höhe des Gewinnes ist in diesen Fällen zwar verschieden; wir vermögen aber nicht, den letzten Verschiedenheiten in den Bedingungen Rechnung zu tragen.

Zu beachten ist der Unterschied in diesen Beziehungen von allen übrigen Wirtschafts- und Finanzierungsbedingungen, namentlich denjenigen für die Rentabilität, in welchen nur das Verhältnis der Amortisationssätze eine Rolle spielte. Waren diese gleich (und sie werden praktisch oft nicht sehr verschieden sein), so war dort Unabhängigkeit von der Amortisation sowohl als auch von der Betriebszeit vorhanden. Bei einer Änderung derselben blieb also außer dem Einheitseffektverlust die Spannung richtig. Hier würde, analog wie im Falle der Wirtschaftlichkeit, bei einer plötzlich vermehrten Exploitationsmöglichkeit auch vielleicht vorteilhaft zu einer Änderung der Spannung geschritten werden.

228. Die absolute Gleichung für den Effektverlust. Den absoluten Wert für den Effektverlust erhalten wir durch entsprechende Substitution als

$$\mathfrak{e} = \mathfrak{E}_0 \left[L (m_L \varrho p_L)^{\frac{1}{2}}\right]^{\frac{n_0}{n_0+1}} \left(m_0 p_0 \frac{n_0 F_0}{2}\right)^{\frac{1}{n_0+1}} \left(\frac{1}{m T}\right)^{\frac{n_0+2}{2(n_0+1)}} \qquad (4)$$

Setzen wir $\frac{\mathfrak{e}}{\mathfrak{E}_0} = v'$ und beachten wir, daß in dem vorhandenen Genauigkeitsgrade

$$v' \cong \frac{\mathfrak{e}}{\mathfrak{E}_1} = v$$

zu setzen ist, so wird also

$$v' \cong v = [L(m_L \varrho p_L)^{\frac{1}{2}}]^{\frac{n_0}{n_0+1}} \left(m_0 p_0 \frac{n_0 F_0}{2}\right)^{\frac{1}{n_0+1}} \left(\frac{1}{mT}\right)^{\frac{n_0+2}{2(n_0+1)}}$$

229. Die praktische Gleichung für den Effektverlust. Die genauere absolute Formel brauchen wir nicht, da wir entweder die Relativformel (2a) ansetzen können oder auch hier Gebrauch machen von der praktischen Beziehung, die wir etwa aus (1), bei Einsetzung des Wertes von $m_L \varrho p_L$ aus der Effektformel (2) finden.

Es wird nämlich

$$2\,v' m T = n_0 m_0 p_0 F_0 E_0^{n_0} \quad . \quad . \quad . \quad . \quad . \quad (5)$$

in geringster und

$$2\,v' m T = \left(1 + \frac{n_L}{2} F_L E_0^{n_L}\right) m_0 p_0 n_0 F_0 E_0^{n_0} \quad . \quad . \quad (5a)$$

in besserer Näherung, unter Bezugnahme auf die bereits korrigierte Spannung.

230. Die Gleichung der Stromdichte. Die zugehörige Spannungsrelativgleichung. In Beziehung auf den Relativwert der Exploitation für $\mathfrak{e}$ nämlich

$$\mathfrak{e}_e = \frac{\mathfrak{E}_0}{E_0} L \left(\frac{m_L \varrho p_L}{mT}\right)^{\frac{1}{2}} \quad . \quad . \quad . \quad . \quad . \quad (2)$$

und seine Korrektionen bemerken wir hier, daß der Exploitationsfall der einzige ist, in welchem die Stromdichte für alle Spannungen völlig korrekt durch eine einfache, von der Entfernung nicht direkt abhängige Beziehung, nämlich

$$\mathfrak{d} = \left[\frac{m_L p_L}{\varrho m T}(1 + F_L E_0^{n_L})\right]^{\frac{1}{2}} \quad . \quad . \quad . \quad . \quad . \quad (6b)$$

gegeben ist, und daß sie nur in solchen Grenzen zahlenmäßig schwankt, als aus der Leitungsverteurung folgt. In Näherung zweiten Grades ist

$$\mathfrak{d} = \left(\frac{m_L p_L}{\varrho m T}\right)^{\frac{1}{2}} \left(1 + \frac{1}{2} F_L E_0^{n_L}\right), \quad . \quad . \quad . \quad . \quad (6a)$$

Das ergibt die Möglichkeit, hier in bequemer Weise zur Erreichung des genaueren Wertes von E_0 den Veränderungsgrad der Exploitation in bezug auf E_0 bei konstantem $\mathfrak{d}$ zu benutzen, während dies früher nur für die Werte der geringsten Näherung praktisch war.

Es ist nämlich

$$G_e = \mathfrak{E}_0 T (m - m_b) - \frac{\mathfrak{E}_0 L}{E_0} \left[\varrho \mathfrak{d} m T - \frac{m_L}{\mathfrak{d}} p_L (1 + F_L E_0^{n_L})\right]$$
$$- \mathfrak{E}_0 m_0 p_0 (1 + F_0 E_0^{n_0}).$$

Der durch partielle Differentiation nach E_0 folgende Veränderungsgrad vom Werte Null und damit die entsprechende Bedingung für E_0 ist dann gegeben durch

$$m_0 p_0 n_0 F_0 E_0^{n_0} = \frac{m_L L p_L}{E_0 \mathfrak{d}} [1 - (n_L - 1) F_L E_0^{n_L}] + \frac{L \varrho \mathfrak{d} m T}{E_0} \tag{7a}$$

Diese Gleichung muß übrigens wieder direkt benutzt werden in denjenigen Spezialfällen, in denen auf Grund der Bedingung eines Maximalwertes von $\mathfrak{d}$ die Berechnung von $\mathfrak{d}$ wegfällt. Setzen wir hingegen den Wert von $\mathfrak{d}_e$ ein, so erhalten wir

$$F_0 E_0^{n_0 + 1} = \frac{L}{n_0 m_0 p_0} [2 - (n_L - 1) F_L E_0^{n_L}] (m_L p_L \varrho m T)^{\frac{1}{2}}, \tag{1a'}$$

wie früher in anderer Form.

231. Der vollständige Kontrollsatz. Aus Gleichung (5) erhalten wir einen Kontrollsatz in der Form:

Satz: Bei einer nach den Grundsätzen der Exploitation richtig ausgeführten Anlage ist die n_0-fache Vergrößerung der Amortisations- und Verzinsungskosten durch die Spannung, bezogen auf die Energieerzeugungsstation, gleich dem doppelten Betrage der Summe, welche man für den Verkauf des in der Leitung verlorenen Effektes erhalten würde.

Aus Gleichung (2) erhalten wir dann den ergänzenden Kontrollsatz, nämlich:

Satz: Bei einer nach den Grundsätzen der Exploitation richtig bemessenen Anlage muß die Summe, welche man für den Verkauf der in der Leitung verlorenen Energie erhalten würde (der Marktwert oder Preis der verlorenen Energie) gleich sein dem Amortisations- und Verzinsungsbetrage für die Leitungskosten.

Die beiden Relationen zusammengezogen ergeben die Generalbedingung

$$\frac{n_0}{2} m_0 p_0 F_0 E_0^{n_0} = v m T = q_p L m_L p_L$$

für die Effekteinheit und die entsprechende Relation für den Gesamteffekt $\mathfrak{E}_0$. Die Einzelbedingungen lassen sich natürlich wieder nach Belieben anders zusammenstellen, jeweils einer konstanten gegebenen Größe entsprechend.

232. Die Kapitalisierungsgrundlagen. Hat man auf diese Weise den richtigen Jahresgewinn ermittelt oder kontrolliert, so hat man damit auch die richtigen Grundlagen, die Anlage zu kapitalisieren, und insofern ist die Bezeichnung der Rechnung als „Kapitalisationsrechnung" zweckmäßig. Wird die Anlage zu einem entsprechenden oder unter Umständen geringeren Preise verkauft, so fragt sich, ob sie dann vielleicht vorteilhaft umgebaut wird, da der Käufer sie nach den Grundsätzen der Wirtschaftlichkeit (bezw. Monopolverwertung) oder Rentabilität bewirtschaften oder wenigstens mitbewirtschaften wird.

Die Beantwortung dieser Frage wird uns aber erst später beschäftigen [1]).

233. Die Jahresausgaben und Anlagekosten als Funktion der Spannung. Die Relativgleichungen und Kontrollsätze erlauben natürlich auch hier die Wiedergabe der Jahres- und Anlagekosten in einfacher Weise. Es wird nämlich annähernd bei Bezugnahme auf $\mathfrak{E}_0$

$$K_e = \mathfrak{E}_0 \left[1 + \left(1 + \frac{n_0}{2}\right) F_0 E_0^{n_0}\right] m_0 p_0 + \mathfrak{E}_0 m_b T \quad . \quad . \quad (14)$$

bezw.

$$\mathfrak{K}_e = \mathfrak{E}_0 \left[1 + \left(1 + \frac{n_0}{2}\right) F_0 E_0^{n_0}\right] m_0, \quad . \quad . \quad . \quad . \quad (11)$$

und entsprechend können wir für die genaueren Gleichungen folgern, wenn wir nicht die Ausgangskostenformeln benutzen wollen.

234. Der Kabelspezialfall. Für den einfachsten Kabelfall erhalten wir analog den früheren Fällen sogleich in geringster Näherung

$$v = \frac{L}{E_0}\left(\frac{m_L \varrho p_L F_L E_0^{n_L}}{m T}\right)^{\frac{1}{2}} \quad . \quad . \quad . \quad . \quad . \quad . \quad (2)$$

und

$$n_0 F_0 E_0^{n_0} = \frac{(2 - n_L) F_L E_0^{n_L}}{v E_0^2} \, \frac{m_L L^2 \varrho p_L}{m_0 p_0} \quad . \quad . \quad . \quad . \quad (3)$$

und aus beiden Gleichungen

[1]) Vergl. S. 271, 273 und 275.

$$n_0 F_0 E_0^{n_0+1} = \frac{(2 - n_L)(F_L m_L \varrho p_L)^{\frac{1}{2}}}{(m_0 p_0)^{\frac{1}{2}}} E_0^{\frac{n_L}{2}} \left(\frac{mT}{m_0 p_0}\right)^{\frac{1}{2}} L, \; . \; . \; (1)$$

woraus leicht E_0 zu rechnen ist. Zur Bestimmung von v bei richtigem E_0 kann auch benutzt werden

$$(2 - n_L) v m T = n_0 F_0 E_0 \quad m_0 p_0 \; . \; . \; . \; . \; . \; (5)$$

Die Korrektionsrechnungen verstehen sich danach von selbst. Übrigens ist auch hier die genaueste Form sehr einfach.

III. Praktische Anwendung. Der Exploitationsgewinn als Funktion der Entfernung. Die Wertgrenze der Energieerzeugungsmöglichkeit. Beispiele.

Beispiel.

235. Gegebene Entfernung. Vergleich der ideellen Bewertung der Energie bei den verschiedenen Wirtschaftsgrundsätzen. Normalkurven. Die Anwendungsmethode der Gleichungen ist genau die frühere. Wir rechnen darum sogleich ein Vergleichsbeispiel.

Es sei wie in dem wirtschaftlichen früheren Beispiel des einfachen Freileiterfalls

$$p_0 = p_L = 0{,}1$$

$$m_0 = 1 \mathcal{M}, m_L = 0{,}02 \mathcal{M}, F_0 = 1{,}031 \,.\, 10^{-11}, n_0 = 2{,}32, L = 2 L_D = 2 \,.\, 10 = 20 \text{ km}$$

und $T = 5000$ Stunden.

Ferner sei wie bei der Rentabilität $m = 0{,}15 \,.\, 10^{-3} \mathcal{M}$ pro Wattstunde. Der Wert m_b dient nur zur späteren Feststellung des absoluten Unternehmungs-Exploitationsgewinns. Es sei etwa $m_b = 0{,}08 \,.\, 10^{-3} \mathcal{M}$ wie früher, obwohl er meist geringer sein wird. Nun ist

$$E_{oe} = \left[\frac{2L}{m_0 n_0 F_0} \left(\frac{m_L \varrho m T}{p}\right)^{\frac{1}{2}}\right]^{\frac{1}{n_0+1}} \; . \; . \; . \; . \quad (1)$$

d. h.

$$E_{oe} = E_{ob} \left(\frac{mT}{m_0 p}\right)^{\frac{1}{2 \,.\, 2{,}32 + 2}},$$

da wir das Beispiel der Billigkeit benutzen wollen, welches wir auch bei den andern Wirtschaftsprinzipien benutzt hatten. Es folgt also in der entsprechenden ersten Annäherung.

$$E_{oe} = 11\,600 \left(\frac{0{,}75}{0{,}1}\right)^{\frac{1}{6{,}64}} = 15\,800 \text{ Volt},$$

während bei der Rentabilität

$$E_{or} = 12\,800 \text{ Volt},$$

bei der Wirtschaftlichkeit

$$E_{ow} = 14\,800 \text{ Volt}$$

und bei der Billigkeit wie benutzt

$$E_{ob} = 11\,600 \text{ Volt}$$

war.

In entsprechender Näherung folgt bei

$$v'_e \cong v_e = \frac{L}{E_0}\left(\frac{m_L \varrho p_L}{m T}\right)^{\frac{1}{2}}$$

$$v_e = v_b \frac{E_{ob}}{E_{oL}}\left(\frac{m_0 p_L}{m T}\right)^{\frac{1}{2}}.$$

Also wird

$$v_e = 3{,}25 \frac{11\,600}{15\,800}\left(\frac{1}{7{,}5}\right)^{\frac{1}{2}} = 0{,}87\,\%.$$

Vergleichen wir wieder die Werte für die Rentabilität

$$v_r = 1{,}97\,\%,$$

die Wirtschaftlichkeit

$$v_w = 1{,}14\,\%$$

und die Billigkeit wie benutzt

$$v_b = 3{,}25\,\%,$$

so sehen wir deutlich, wie relativ verschieden bei den verschiedenen Wirtschafts- und Finanzierungsprinzipien die ideelle Bewertung der Energie für eigenen Verbrauch in der Leitung ist. Die Bewertung ist am geringsten bei der Billigkeit, sie steigt bei der Rentabilität, noch mehr bei der Wirtschaftlichkeit und am meisten bei der Exploitation derart, daß im ersten Falle 270 % mehr verbraucht werden darf als im letzten.

Wollen wir noch in der geringsten Näherung den Effektverlust für unsern Fall kontrollieren, so setzen wir nach (5)

$$v'_e \cong v_e = \frac{n_v}{2} F_0 E_0^{\,n_0} \frac{m_0 p}{m T},$$

wo wir $F_0 E_0^{\,n_0}$ allerdings aus der Fortsetzung der benutzten Kostenkurve in Fig. 8 schätzen müssen, da in der Nähe der berechneten

Exploitationsspannung keine Punkte mehr vorhanden sind. Es ist nun etwa

$$F_0 E_0^{n_0} = 0{,}30 \,.\, 0{,}2$$

also

$$v_e = \frac{2{,}32}{2} 0{,}2 \,.\, \frac{0{,}3}{7{,}5} = 0{,}93\,\%,$$

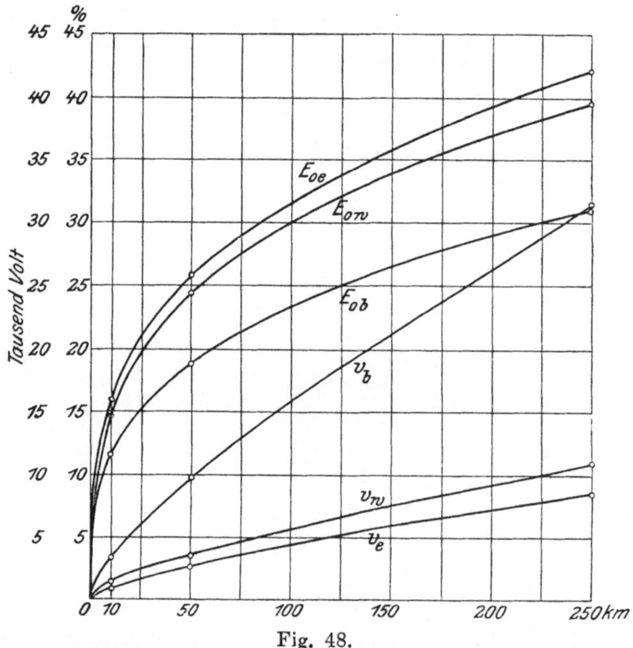

Fig. 48.
Spannung und Effektverlust der Billigkeit, der Wirtschaftlichkeit und der Exploitation.

also 6 % mehr als vorher berechnet. Der Unterschied rührt von dem geänderten Kurvencharakter her. Die Umrechnung einiger anderer Punkte der Billigkeitskurven liefert uns dann z. B. die Zusammenstellung in Fig. 48, für die aber im oberen Bereich natürlich die Korrekturen vorzunehmen sind.

236. Normalkurve der Exploitationsgewinne. Wertkurve. Neuer Gemeinnützigkeitsfall. Exploitationsgewinn der nach andern Wirtschaftsgrundsätzen gebauten Anlagen. Was für unsere Rechnung erst die praktische Bedeutung ergibt ist natürlich der Exploitationsgewinn selbst. Aus

den Ausgangsgleichungen und Kontrollsätzen erkennen wir nun leicht, daß z. B.

$$G_e \cong \mathfrak{E}_0(1-v)\,m\,T - \mathfrak{E}_0 m_0 p_0 - \mathfrak{E}_0 m_b T - \mathfrak{E}_0\left(1+\frac{2}{n_0}\right) v\,m\,T$$

gesetzt werden kann, oder wenn wir Bezug auf die primäre Effekteinheit nehmen

$$G_{ep} \cong (m - m_b)T - m_0 p_0 - \left(2+\frac{2}{n_0}\right) v\,m\,T.$$

Wir haben also für das jeweilige L den Wert v_e zu bestimmen und dann G_{ep} zu rechnen.

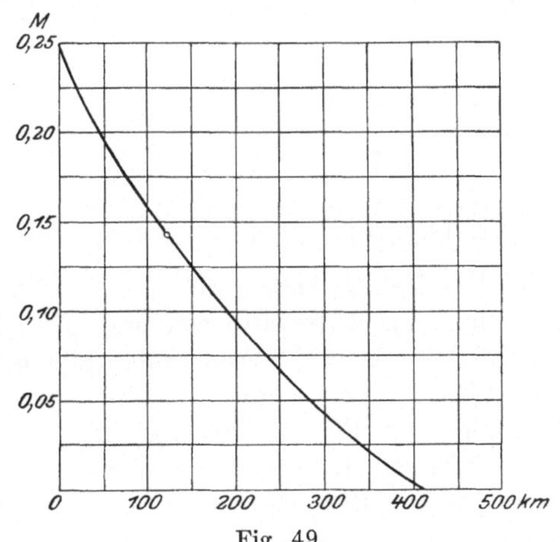

Fig. 49.

Exploitationsgewinn.

Wir erfahren auch sogleich die maximale Übertragungsentfernung der Exploitation, die „Wertgrenze“ der Energieerzeugungsgelegenheit oder die „Existenzgrenze“ des Unternehmens.

Sie ergibt den Gewinn Null, also folgt

$$v = \frac{(m - m_b)T - m_0 p_0}{\left(2+\dfrac{2}{n_0}\right) m\,T}$$

und daraus L_{max}.

Wird diese Grenze überschritten, so erhalten wir einen negativen Wert für die Anlage und somit für beschränkte Energieerzeugung eine neue Art von Gemeinnützigkeitsfall, indem wieder eine Person zu denken ist, welche den „minimalen“ Schaden trägt. Es ist dies das Gegenstück zu dem früheren Monopolausnützungsfall mit zu geringem statt zu hohem m, welcher auch einen Gemeinnützigkeitsfall darstellen kann.

In Fig. 49 ist nun G_{ep} als Funktion von L_D aufgetragen. Hierbei ist

$$v_{e\,max} = \frac{0,25}{2,86 \,.\, 0,75} = 11,6\,\%.$$

Dazu gehört etwa

$$L_D = 410 \text{ km},$$

wie wir leicht schätzen können.

Für den Punkt

$$v_e = 5\,\%$$

und das dazu gehörige

$$L_D = 120 \text{ km}$$

wird

$$G_{ep} = 0,25 - 2,86 \,.\, 0,75 \,.\, 0,05 = 0,25 - 0,107 = 0,143.$$

Durch einige Überlegung finden wir dann, daß der Endpunkt von L_D bei Einsetzung der wirtschaftlichen und auch der Rentabilitätswerte für den Effektverlust keine Änderung erfahren kann. Wäre die Rechnung in allen Fällen in gleicher Weise genau, so würde er also mit demjenigen in Fig. 46 zusammenfallen. Es ist nicht schwer dies durch einige Korrekturwerte, welche den Unterschied bedingen, zu zeigen. Wir wollen aber davon absehen.

Im übrigen ist zu folgern, daß unsere Kurve der Werte von G_{ep} eine schwächere Krümmung zeigen muß als die frühere Kurve der Werte von g oder p_g der Rentabilität, wovon man sich durch Vergleich in der Tat überzeugen kann.

Hätte man für alle Entfernungen z. B. die wirtschaftlichen Werte der Spannung und des Effektverlustes benutzt, so würde man ähnliche Abweichungen erhalten wie bei der Rentabilität. Die Anwendung der Rentabilitätswerte würde dieselben noch vergrößern. In noch erhöhtem Maße würden dies natürlich die Billigkeitswerte tun.

IV. Berücksichtigung einer Unterstation. Die übrigen technischen Sonderfälle. Berücksichtigung der Übergangsverluste und der speziellen Vorgänge bei der Wechselstromübertragung. Energieproduktions- und Konsumtionsbedingungen nach der Zeit. Kritischer Überblick über die sonstigen neueren Arbeiten für den Exploitationsfall.

237. Die Gleichungen bei vorhandener Unterstation. Der Einfluß der Verteurung der Unterstation gibt sich in fast genau gleicher Weise kund wie bei der Billigkeit oder der Wirtschaftlichkeit.

Wir erhalten nämlich, wenn wir z. B. die Verluste der Unterstation also z. B. der Sekundärtransformatoren vernachlässigen, aus

$$G_e = (\mathfrak{E}_0 - \mathfrak{e})\,m\,T - \mathfrak{E}_0\,m_0\,p_0\,(1 + F_0\,E_0^{n_0})$$
$$-(\mathfrak{E}_0 - \mathfrak{e})\,m_1\,p_1\,(1 + F_1\,E_0^{n_1}) - E_0\,m_b\,T - \frac{E_0^2}{\mathfrak{e}\,E_0^2}\,m_L\,L^2\varrho\,p_L(1 + F_L\,E_0^{n_L})$$

z. B. für gleichartige Amortisation und Verteurung primär und sekundär d. h. bei $m_0\,F_0\,E_0^{n_0} = m_1\,F_1\,E_0^{n_1}$ für den Effektverlust leicht

$$\mathfrak{e} = \left[\frac{\mathfrak{E}_0^2}{E_0^2}\,\frac{m_L\,L^2\varrho\,p_L(1 + F_L\,E_0^{n_L})}{m\,T - (m_1 + m_0\,F_0\,E_0^{n_0})\,p_0}\right]^{\frac{1}{2}} \quad . \; . \; . \; . \; (2b)$$

und für die Spannung

$$(2\,\mathfrak{E}_0 - \mathfrak{e})\,m_0\,p_0\,n_0\,F_0\,E_0^{n_0} = [2 - (n_L - 2)\,F_L\,E_0^{n_L}]\,\frac{\mathfrak{E}_0^2}{\mathfrak{e}}\,\frac{m_L\,L^2\varrho\,p_L}{E_0^2} \quad (3b)$$

Wir bekommen dann auch bei geringer Vernachlässigung mühelos weiter die absolute Gleichung

$$E_0 = \left(1 + \frac{n_0 - 1}{2\,n_0 + 2}\,F_0\,E_0^{n_0}\,\frac{m_0\,p_0}{m\,T - m_1\,p_0} - \frac{n_L - 1}{2\,n_0 + 2}\,F_L\,E_0^{n_L}\right) \times$$
$$\times \left[\frac{L}{n_0\,F_0}\,\frac{(m_L\,\varrho\,p_L)^{\frac{1}{2}}(m\,T - m_1\,p_0)^{\frac{1}{2}}}{m_0\,p_0}\right]^{\frac{1}{n_0+1}}, \quad . \; . \; . \; (1a)$$

so daß hier auch ein Korrektionsglied, bestimmt durch die sekundäre Verteurung selbst, auftritt.

Zur bequemen Rechnung von v' können wir dann noch setzen

$$v'(m\,T - m_1\,p_0) = \left(1 - \frac{n_0 + 2}{2}\,F_0\,E_0^{n_0}\,\frac{m_0\,p_0}{m\,T - m_1\,p_0}\right.$$
$$\left. + \frac{n_L}{2}\,F_L\,E_0^{n_L}\right)\,m_0\,p_0\,n_0\,F_0\,E_0^{n_0} \quad . \; . \; (5a)$$

238. Die sonstigen Fälle und Einflüsse. Auch hier müssen wir es uns versagen alle übrigen noch verbleibenden Sonderfälle genau zu verfolgen. Die gegebenen Grundlagen genügen vollauf zur Abänderung und Ergänzung der Beziehungen. Im besonderen macht es gerade hier kaum Schwierigkeit überall noch die Glieder anzubringen, welche Übergangsverluste, Selbstinduktion und Kapazität berücksichtigen.

239. Variabler Betrieb. Energieaufspeicherung. Tarifpolitik. Hingegen wären noch einige Worte über einen möglicherweise variablen Betrieb zu sagen.

Wie früher haben wir nämlich unter Umständen nicht mit einer einfachen Betriebszeit sondern mit Zeitfunktionen zu rechnen. Wir werden aber hier in der Regel Produktionsbedingungen nach der Zeit haben, da die Erzeugung der Energie das Gegebene ist. Die Einführung der entsprechenden Reduktionszeiten vollzieht sich indessen genau wie früher[1]). Sind im einfachsten Falle z. B. soviel Turbinen oder Petroleummotoren vorhanden, daß die Betriebskosten unabhängig von der Belastung als konstant angesehen werden können, so können wir im einfachsten Fall setzen, wenn T_{e1} und T_{e2} Reduktionszeiten sind

$$G_e = \mathfrak{E}_0(m - m_b)T_{e1} - \mathfrak{e} m T_{e2} - \mathfrak{E}_0 m_0 p_0 - \frac{\mathfrak{E}_0^2}{\mathfrak{e} E_0^2} m_L L^2 \varrho p_L,$$

so daß also einfach an Stelle von T in den Gleichungen der Bedingungen die Leitungsreduktionszeit T_{e2} auftritt. Wir erkennen hieraus namentlich, daß auch bei verschwindenden Energiekosten die Zeitfunktionen des Betriebes eine große Rolle spielen, während im Wirtschaftlichkeitsfall alsdann Vernachlässigungen eintreten konnten.

Konsumbedingungen nach der Zeit werden nur in beschränktem Umfange auftreten können. Sie sind nur erfüllbar bei Energieaufspeicherung in irgend einer Form und lassen sich rechnerisch auf den Fall der Produktionsbedingungen nach der Zeit zurückführen. Die Energieaufspeicherung kann dabei bekanntlich primär in mechanischer und elektrischer und sekundär in elektrischer Form erfolgen, ersteres z. B. durch Talsperren, Naphtaspeicher u. dergl. Wann die eine oder andere von Vorteil ist, hängt im wesentlichen von dem Charakter der auftretenden Betriebskurven ab.

Bei der Berücksichtigung der Tarifeinflüsse kommt eigentlich nur die günstigere Gestaltung dieser Kurven in Frage; die früher angedeutete Konsumvergrößerungstendenz entfällt hier.

---

[1]) Vergl. S. 188.

240. Die Theorie und Fälle anderer Autoren: Teichmüllers Vorschlag. Zum Schluß hätten wir noch zu prüfen, zu welchen Resultaten andere Autoren für den Exploitationsfall gekommen sind, oder welche Fälle sie im Auge gehabt haben.

Am frühesten hat, wie es scheint, wohl Teichmüller[1]) versucht den Fall zu fassen. Er will ihn von der Wirtschaftlichkeit aus berücksichtigen, was nach unsern Ausführungen allerdings nicht sehr zweckmäßig erscheint, und zwar schlägt er vor, für die Betriebskosten m_b der Wirtschaftlichkeitsformel des Effektverlustes einfach den Preis m zu setzen.

Er setzt also für die Stromdichte

$$\mathfrak{d} = \left[\frac{m_L p_L}{\varrho(m_0 p_0 + mT)}\right]^{\frac{1}{2}}$$

und hat somit die richtige Absicht dem hohen Marktpreis der Energie Rechnung zu tragen. Doch erkennen wir aus unsern Rechnungen, daß die Formel nur bei niedrigen Verzinsungs- und Amortisationsbeträgen für die Zentrale und fehlender Unterstation brauchbare Resultate liefern kann.

241. Die Wirkungsgradgleichung von Wallace. Von den neueren Resultaten, welche bei der ersten Entwicklung der gegebenen Beziehungen noch nicht vorlagen, zeigt die Wirkungsgradgleichung von Wallace[2]) für den schon früher erwähnten Fall des „maximalen Reineinkommens pro Effekteinheit, abgegeben an die Linie" nämlich

$$\eta = 1 - \left(\frac{M}{f^2 E_0^2 S}\right)^{\frac{1}{2}},$$

wo die Bezeichnungen die früheren[3]) sind, abgesehen von den fehlenden Verteurungsfunktionen im Wesen eine völlige Übereinstimmung mit unserer Effektverlustformel für den einfachsten Fall. Der von Wallace nicht wiedergegebene Rechnungsansatz stimmt zweifellos mit dem unserigen überein. Auch hat die zugehörige „Market"-Kurve die richtige Lage zu den andern, wenn man sich die Rentabilitätskurve entsprechend der Bemerkung auf S. 246 korrigiert denkt. Welche nähere Bedeutung die Gleichung hat, sagt Wallace allerdings nicht.

---

[1]) Vergl. J. Teichmüller, Die Berechnung der Leitungen auf Wirtschaftlichkeit der Anlage. ETZ. 1902. S. 190.

[2]) Vergl. J. C. Wallace, Economics of a 200 mile-Transmission. El. World and Eng. 1904. S. 771.

[3]) Vergl. S. 206 u. S. 246.

242. Die Gleichungen von Swyngedauw. Kritik. Swyngedauw, welcher ebenfalls den Fall und zwar für eine Drehstromübertragung mit Transformatoren primär und sekundär betrachtet [1]) und ihm wie es scheint allgemeine Bedeutung verleihen möchte, gibt nicht nur eine Formel für die Stromdichte nämlich

$$\mathfrak{d} = \left[\frac{m_L p_L}{\eta_{t2}\varrho(mT - m_{t2} p_{t2})}\right]^{\frac{1}{2}} \cong \left(\frac{m_L p_L}{\varrho m T}\right)^{\frac{1}{2}},$$

sondern auch gemäß

$$E_0 \cong \left[\frac{2 m_L L p_L}{(m_{t1} p_{t1} + m_{t2} p_{t2}) F_t \mathfrak{d} \sqrt{3} \cos \varphi}\right]^{\frac{1}{2}}$$

eine Spannungsgleichung. Die Werte m_{t1} und m_{t2} sind hierbei die Transformatorenkosten, p_{t1} und p_{t2} die zugehörigen Beträge für die Amortisationen und Verzinsungen und η_{t2} der zum Sekundärtransformator gehörige Wirkungsgrad. Wir sehen, daß es sich um die angenommene Verteurung der Transformatoren nach einer Geraden handelt. Fassen wir unsere Tangentenmethode ins Auge, welche, obwohl sie auch für andere Verteurungskurven brauchbar ist, eine gleiche Näherungsformel ergibt, so haben wir hier den seltenen Fall, daß fast völlige Übereinstimmung besteht zwischen unseren Ergebnissen und einem solchen auf anderer Seite. Einzuschränken wäre dies nur insofern, als nach unsern Voraussetzungen in der von Swyngedauw gegebenen Formel für $\mathfrak{d}$ nicht nur die Transformatorenkosten sondern die Gesamtkosten der Sekundäranlage auftreten müßten, oder bei kleinem Effekt ein besonderer Proportionalitätsfaktor, wenn nicht gar besondere Funktion in Frage kommt.

Eine schon früher angeschnittene Frage ist noch, wie sich die Anlage für beschränkte Energieerzeugung als Teil einer Rentabilitätsanlage verhalten würde, oder wenn sie deren ausschließlicher Bestandteil ist. Zu den entsprechenden Betrachtungen wenden wir uns sogleich in ausführlicher Weise.

---

[1]) Vergl. R. Swyngedauw, Densité de courant et tension les plus économiques, Bulletin de la société int. des Él. 1904. S. 417.

B.

Die Exploitationsrentabilität.

I. Das Wesen der Exploitationsrentabilität.

243. Die Möglichkeit des Falles einer Exploitationsrentabilität. In der Exploitationsrechnung hatten wir zugleich ein Mittel kennen gelernt, den wirtschaftlichen Handelswert einer Exploitationsgelegenheit festzustellen oder dieselbe zu „kapitalisieren".

Ist nun der bei der Rechnung angenommene Verkaufs- oder Abgabepreis m der Energie ein solcher, daß er den Selbstkosten bei einer unbeschränkten Produktionsgelegenheit entspricht, so wird sich die Anlage als ganzes zur Vervollständigung einer wirtschaftlichen Anlage verwerten lassen. Ist der genannte Preis aber höher, so kann auch ein Verkauf der Anlage an einen Rentabilitätsunternehmer stattfinden, wenn der Verkaufspreis des Werks niedrig genug ist, daß dem neuen Besitzer bei dem vorhandenen Exploitationsgewinn ein hinreichender Unternehmungsgewinn pro Kapitaleinheit verbleibt, der ihn allein veranlaßt sich dem Unternehmen zu widmen. Dient die Ausnutzungsgelegenheit bei genügendem m von vornherein für ein Rentabilitätsunternehmen, so ist ein wirtschaftstheoretischer Unterschied zwischen dem früheren und dem neuen Falle der Rentabilität natürlich nicht vorhanden, und es fragt sich nur, wie sich die rechnungsmäßigen Unterschiede gestalten.

II. Der Zusammenhang zwischen dem gewöhnlichen Rentabilitätsfall und demjenigen für beschränkte Energieerzeugung im einfachsten Fall und im allgemeinen. Allgemeine Methode zur Ableitung der Gleichungen für die Exploitationsrentabilität aus den Rentabilitätsgleichungen.

244. Die Ausgangsgleichung. Wir wollen zunächst unsern früheren einfachsten Fall annehmen und dazu die Voraussetzung machen, ein besonderes Kapital sei für die Erwerbung der Exploitationsgelegenheit oder des Exploitationsrechtes nicht gezahlt worden. Als ursprünglichen rechtlichen Inhaber kann dabei, wenn überhaupt die Frage der Herkunft erörtert werden soll, etwa an den Staat gedacht werden, welcher die Ausnutzung eines Wasserfalls von bestimmter Leistung ohne Entschädigung (Konzessionsgebühr) vergibt, lediglich

um gewisse Industrien zu ermöglichen und ohne das herrschende Wirtschaftsprinzip der Rentabilität durch die aufgedrängte Wirtschaftlichkeit einer Staatsunternehmung stören zu wollen. Er wird aber vielleicht den Abgabepreis der Energie m festsetzen.

Wir haben dann zu bilden

$$g_{er} = \frac{M_{er} - K_{er}'}{\mathfrak{K}_{er}}$$

d. h. wenn wir zunächst auf Ausdrückung der Verteuerungsfunktionen verzichten

$$g_{er} = \frac{(\mathfrak{E}_0 - \mathfrak{e}) m T - \mathfrak{E}_0 m_0 p' - \mathfrak{E}_0 m_b T - m_L L^2 \varrho p' \frac{\mathfrak{E}_0^2}{\mathfrak{e} E_0^2}}{\mathfrak{E}_0 m_0 + m_L L^2 \varrho \frac{\mathfrak{E}_0^2}{\mathfrak{e} E_0^2}}$$

245. Die Relativgleichung für den Effektverlust. Durch Differentiation nach $\mathfrak{e}$ erhalten wir den entsprechenden Veränderungsgrad der Exploitationsrentabilität, dessen Nullwert uns nach alter Weise die Relativbedingung für den Effektverlust liefert, nämlich

$$\left(\mathfrak{E}_0 m_0 + m_L L^2 \varrho \frac{\mathfrak{E}_0^2}{\mathfrak{e} E_0^2}\right)\left(- m T + m_L L^2 \varrho p' \frac{\mathfrak{E}_0^2}{\mathfrak{e}^2 E_0^2}\right)$$
$$- \left[(\mathfrak{E}_0 - \mathfrak{e}) m T - \mathfrak{E}_0 m_0 p' - \mathfrak{E}_0 m_b T - m_L L^2 \varrho p' \frac{\mathfrak{E}_0^2}{\mathfrak{e} E_0^2}\right] \times$$
$$\times \left(- m_L L^2 \varrho \frac{\mathfrak{E}_0^2}{\mathfrak{e}^2 E_0^2}\right) = 0.$$

oder

$$- m_0 m + (m - m_b) m_L L^2 \varrho \frac{\mathfrak{E}_0^2}{\mathfrak{e}^2 E_0^2} - 2 m_L L^2 \varrho \frac{\mathfrak{E}_0}{\mathfrak{e} E_0^2} m = 0.$$

Vergleichen wir diesen Ausdruck, welcher, wie auch hier bei gleichmäßigem p' vorauszusetzen war, die Amortisation nicht mehr enthält, mit demjenigen des früheren Rentabilitätsfalles nämlich

$$- m_0 m - \frac{m_L L^2 \varrho}{E_0^2}(m + m_b) + (m - m_b) m_L L^2 \varrho \frac{\mathfrak{E}_1^2}{\mathfrak{e}^2 E_0^2}$$
$$- 2 m_L L^2 \varrho \frac{\mathfrak{E}_1}{\mathfrak{e} E_0^2} m_b = 0$$

und denken wir uns in dieser Gleichung überall $\mathfrak{E}_1$ durch $\mathfrak{E}_0 - \mathfrak{e}$ ersetzt, so sehen wir schon hier, daß die durch die verschiedene Differentiation sich ergebenden Unterschiede inhaltlich wegfallen und formell nur einen verschiedenen Bezugseffekt berücksichtigen.

Demzufolge ist die Relativgleichung der geringsten Näherung, nämlich

$$\mathfrak{e}_{er} \cong \frac{\mathfrak{E}_0}{E_0} L \left(m_L \varrho \frac{m - m_b}{m_0 m} \right)^2$$

in der Form

$$v_{er}' \cong v_{er} = \frac{L}{E_0} (m_L \varrho)^{\frac{1}{2}} \left(\frac{m - m_b}{m_0 m} \right)^{\frac{1}{2}}, \quad . \quad . \quad . \quad . \quad (2)$$

dieselbe wie im früheren Fall der Rentabilität.

Indessen mahnt uns die Differenz in

$$m_L L^2 \varrho \frac{\mathfrak{E}_0^2}{\mathfrak{e}^2 E_0^2} \left[(m - m_b) - \frac{2\,\mathfrak{e}}{\mathfrak{E}_0} m \right]$$

des vorhergehenden Ausdrucks hier mehr wie im früheren Falle, wo das letztere Glied m_b statt m aufwies zur Vorsicht. Es kann bei geringerm Werte von $(m—m_b)$ und nur einigermaßen bedeutendem $\mathfrak{e}$, also bei größerem L noch leichter vorkommen, daß hier der Ausdruck (2) keinen mittelst der allgemeinen Gleichung korrektionsfähigen Wert ergibt. Wir müssen dann von vornherein zu der genauen Lösung der vorliegenden Gleichung unsere Zuflucht nehmen.

Diese ist für das gewünschte Maximum der Rente

$$v' = \frac{m_L L^2 \varrho}{E_0^2 m_0} + \left[\frac{m_L L^2 \varrho}{E_0^2 m_0} \left(\frac{m_L L^2 \varrho}{E_0^2} + \frac{m - m_b}{m} \right) \right]^{\frac{1}{2}} . \quad . \quad (2b)$$

246. Zusammenhang zwischen der Exploitation und der Exploitationsrentabilität. Es ist übrigens zunächst von Wichtigkeit, daß zwischen der Exploitation und Exploitationsrentabilität ein ähnlicher Zusammenhang besteht wie früher zwischen Wirtschaftlichkeit (und Monopolausnutzung) und Rentabilität.

In der geringsten Näherung können wir uns leicht hiervon überzeugen. Bei der Exploitation war nämlich

$$\mathfrak{e}_e = \frac{\mathfrak{E}_0}{E_0} L \left(\frac{m_L \varrho p_L}{m T} \right)^{\frac{1}{2}}$$

Fordern wir nun, daß

$$p_L = p_L' + g \cong p_L' + \frac{m T - m_b T - m_0 p_0'}{m_0}$$

d. h. etwa bei $p_L' = p_0'$ die Verzinsung des Gesamtkapitals so weit erhöht werde, daß sie den ganzen Exploitationsgewinn verschlingt und für den Darleiher den Unternehmungsgewinn $\frac{G_e}{\mathfrak{K}}$ sichert (womit dieser Darleiher auch seine Rolle wechselt und selbst „Unternehmer" wird) so wird für diesen Grenzfall

$$\mathfrak{e}_e = \frac{\mathfrak{E}_0}{E_0} L \left[\frac{m_L \varrho}{m_0} \frac{m - m_b}{m}\right]^{\frac{1}{2}}$$

wie behauptet, d. h. mit dem Fallen des Exploitationsgewinns zu gunsten höherer Kapitalverzinsung tritt auch stetiger Übergang zu den günstigsten Rentabilitätsbedingungen ein. Durch genauere Rechnung und Verfolgung der Kurven läßt sich dies wie früher bestätigen.

247. Die Spannungsrelativgleichung. Wir haben nun noch den einfachen Fall zu Ende zu führen.

Der Veränderungsgrad in Bezug auf die Spannung muß ohne weiteres zu erhalten sein, wenn wir für die früheren Werte von $\mathfrak{E}_1$ jeweils ($\mathfrak{E}_0 - \mathfrak{e}$) setzen, denn für die partielle Differentiation nach E_0 ist es von vorn herein gleichgültig, ob $\mathfrak{E}_0$ oder $\mathfrak{E}_1$ konstant ist. Wir haben also

$$m_0 n_0 F_0 E_0^{n_0} = \frac{m_L L^2 \varrho}{v' E_0^2} [2 - (n_L - 2) F_L E_0^{n_L}] \quad . \quad . \ (3b)$$

248. Die praktische Gleichung für den Effektverlust. Die Kombination der letzten Gleichung, wenn wir in ihr noch kleinen Vernachlässigungen eintreten lassen, mit der Bedingung für den Effektverlust gibt die praktische Form

$$2 v' m = \left[1 - (1 - n_0) F_0 E_0^{n_0} + \frac{n_L}{2} F_L E_0^{n_L}\right] n_0 F_0 E_0^{n_0} (m - m_b) \ (5a)$$

249. Die absolute Spannungsgleichung. Aus gleicher Kombination ergibt sich bei substituiertem v' die absolute Spannungsgleichung

$$E_0 = \left(1 + \frac{1}{2} F_0 E_0^{n_0} - \frac{n_L - 1}{2 n_0 + 2} F_L E_0^{n_L}\right) \left(\frac{2L}{n_0 F_0}\right)^{\frac{1}{n_0 + 1}} \times$$

$$\times \left(\frac{m_L \varrho}{m_0} \frac{m}{m - m_b}\right)^{\frac{1}{2 n_0 + 2}} \quad . \ . \ . \ . \ . \ . \ (1a)$$

250. Andere Möglichkeit der Ableitung aller Gleichungen. Wir bemerken, daß die letzte genau dieselbe Formel ist, die wir bei der Rentabilität hatten, und wir fragen nun, ob etwa von vorn herein ganz allgemein in jedem beliebigen Grade der Genauigkeit Gleichheit zu erwarten war. Dies ist aber in der Tat der Fall, denn es ist, wenn allgemein

$$v = \frac{v'}{1 - v'}$$

gesetzt wird, wo wie früher v sich auf $\mathfrak{E}_1$ bezieht, und in g_{er} gleichfalls v eingeführt wird, wobei $g_{er} = g$ wird,

$$\frac{dg}{dv'} = \frac{dg}{dv}\frac{dv}{dv'}$$

Da nun

$$\frac{dg}{dv'} = 0$$

sein muß, so genügt die Bedingung

$$\frac{dg}{dv} = 0,$$

also die gewöhnliche Rentabilitätsbedingung. Wir haben also auch umgekehrt eine weitere einfache Ableitungsmöglichkeit der Formel für den Einheitseffektverlust durch Einführung des neuen sich auf $\mathfrak{E}_0$ beziehenden v' anstelle des früheren in Bezug auf $\mathfrak{E}_1$ geltenden v in die gewöhnlichen Rentabilitätsbedingungen und gleichzeitig den Beweis, daß die absoluten Formeln für E_0 übereinstimmen müssen, denn v' kommt in ihnen nicht vor.

251. Die Behandlung aller Sonderfälle. Damit sind wegen der gleichbleibenden Folgerungen nicht nur sämtliche früheren technischen Sonderfälle, die Theorie der Kapitalaufnahme sowie die Berücksichtigung von Sonderaufwendungen z. B. auch zum Ankauf der beschränkten Energieerzeugungsgelegenheit selbst erledigt, sondern es zeigt sich auch, daß letztere als Teil einer unbeschränkten Produktion auch auf dem Gebiete der Rentabilitätsunternehmung keine Änderung der allgemeinen Bedingungen herbeiführen kann.

Schluß.

252. Rückblick und Ausblick. Überblicken wir unsere gesamten Rechnungen und deren Resultate, so kann kein Zweifel mehr bestehen, daß der Entwurf der Anlagen, im besonderen der Fernleitungsanlagen, soll er nicht irgendwie unzweckmäßig oder ganz verfehlt sein, neben physikalischen und technischen, umfassende wirtschaftstheoretische Feststellungen erfordert. Erst auf Grund von solchen und umfangreicher Rechnungen sind zutreffende Urteile über die künftige Entwicklung des elektrischen Energietransports möglich.

Das für die Rechnungen notwendige praktische Material dürften die in Entwicklung begriffenen Anlagen in immer reicherem Maße liefern.

Erklärung der hauptsächlich verwendeten Buchstaben.

(Bezeichnungen, welche nur von fremden Autoren benutzt werden, sind nur an denjenigen Stellen erklärt, an welchen die Arbeiten derselben besprochen werden.)

$\mathfrak{A}_p$ Additionswert der Anlagekosten pro Effekteinheit.
A_p Additionswert der Jahresausgaben pro Effekteinheit.
A_L Ableitung der Linie pro m Leitungslänge.
A_k fixiertes Aufnahmekapital.
a Maß für die Güte des Ausgleichs.
B Barometerstand in engl. Zoll in der Ryanschen Originalgleichung.
C Kapazität der Leitung pro m Leitungslänge.
C_k Kosten der Konzessionserwerbung.
C_L Konstante der Leitungskosten pro m Leitungslänge.
D Leiterabstand.
$\mathfrak{d}$ Stromdichte.
d Drahtdurchmesser.
$\mathfrak{E}_0$ Primäreffekt.
$\mathfrak{E}_1$ Sekundäreffekt.
$\mathfrak{E}_{1i}$ wattloser Scheineffekt sekundär.
e Effektverlust im Leitermetall.
e_d Effektverlust pro Draht.
e_{di} Veränderung des wattlosen Scheineffektes pro Draht.
e_i Veränderung des wattlosen Scheineffekts durch die Leitung.
e_n Effektverlust im Netz.
e_t Effektverlust im Transformatorkupfer.
e_{te} Effektverlust im Transformatoreisen.
e_v Übergangseffektverlust der Linie.
E Spannung an irgend einer Stelle der Leitung.
E_{eff} Effektivwert der Spannung, wo Unterscheidung erfolgen soll.
E_{max} Scheitelwert der Spannung.
E_{ph} Phasenspannung.
E_0 Primärspannung.
E_1 Sekundärspannung.
E_{og} Spannung der geringsten Näherung.
e Spannungsabfall in der Linie.
F_a Verteuerungsfaktor des sich mit der Spannung verteuernden Teils der Primäranlage.
F_{cq} Faktor der substituierten Potenzlinie zur Berücksichtigung der Leitungskapazität im Einzelleiterfall.

F_h Faktor der substituierten Potenzlinie der kritischen Spannung.
F_i Verteurungsfaktor des zum wattlosen Scheineffekt gehörigen Teils der Primäranlage.
F_L Verteurungsfaktor der Leitung.
F_{Lq} Querschnittsfaktor der Leitungskosten im Einzelleiterfall.
F_m Verteurungsfaktor der elektrischen Maschinen.
F_r reduzierter Verteurungsfaktor.
F_{rq} resultierender Querschnittsfaktor.
F_{sq} Faktor der substituierten Potenzlinie zur Berücksichtigung der Selbstinduktion der Leitung im Einzelleiterfall.
F_t Verteurungsfaktor der Transformatoren.
F_u Spannungsfaktor der vom Querschnitt unabhängigen Kosten bei Kabeln.
F_v Spannungsfaktor der Übergangsverluste.
F_{vq} Querschnittsfaktor der Übergangsverluste.
F_0 Verteurungsfaktor der Primäranlage.
F_{ok} mittlerer Verteurungsfaktor primär bei Vorhandensein von Scheineffekt.
F_1 Verteurungsfaktor der Sekundäranlage.
f_L Funktionszeichen für die Leitungsverteurung.
f_0 Funktionszeichen für die Verteurung der Primärstation.
f_1 (t) bis f_{18} (t) Zeitfunktionen.
G_e Exploitationsgewinn.
G_{ep} Exploitationsgewinn pro primäre Effekteinheit.
G_u Unternehmungsgewinn.
g Gesamtgewinn pro Kapitaleinheit.
h Exponent der substituierten Potenzlinie der kritischen Spannung.
J Strom an irgend einer Stelle der Leitung.
J_0 Primärstrom.
J_1 Sekundärstrom.
$j = \sqrt{-1}$.
$\mathfrak{K}$ Kosten der Anlage.
$\mathfrak{K}_p$ Kosten pro sekundäre Effekteinheit.
K Jahresausgaben.
K_p Jahresausgaben pro sekundäre Effekteinheit.
K Jahresausgaben ohne Zinsbetrag.
K_p' Jahresausgaben pro Effekteinheit ohne Zinsbetrag.
L Leitungslänge. (Leiter- oder Drahtlänge bei einfacher Leitung.)
L_a Länge der Ausgleichleitung.
L_D Länge der Leitungsanlage. (Entfernung. Hälfte der Drahtlänge bei einfacher Leitung.)
$L_{D\,max}$ maximale Übertragungsentfernung der Existenz.
$L'_{D\,max}$ maximale Übertragungentfernung der Konkurrenz.
L_{max} maximale Übertragungslänge der Existenz.
L'_{max} maximale Übertragungslänge der Konkurrenz.
L_s Koeffizient der Selbstinduktion pro m Leitungslänge.
L_1, L_2 Leitungslängen bei mehrfacher Übertragung.
l_D beliebiger Teil der Entfernung.
M Jahreseinnahmen.
M_b Jahresbetriebsausgaben.
m Einnahme pro gelieferte Wattstunde. (Preis.)
m_a Kosten des sich verteuernden Teils der Primäranlage pro Einheit des Effektes.
m_h mittlere Erzeugungskosten der elektrischen Energie pro Wattstunde.
m_i Kostenvergrößerung der Primärstation pro Einheit des wattlosen Scheineffektes.
m_k Kohlenkosten für eine der nach dem zweiten Hauptsatz der mechanischen Wärmetheorie erzielbaren Wattstunde.
m_L Kosten der Leitung pro Querschnittseinheit.

m_m Kosten der elektrischen Maschinen pro Effekteinheit.
m_n Kosten des Netzes pro Effekteinheit.
m_r reduzierter Preis beim Vorhandensein eines Verteilungsnetzes.
m_t Kosten der Transformatoren pro Effekteinheit.
m_{wo} Wartungskosten pro Wattstunde primär.
m_{w1} Wartungskosten pro Wattstunde sekundär.
m_0 Kosten der Primärstation pro Effekteinheit.
m_{0k} mittlere Kosten der Primäranlage pro Einheit des Effektes bei Vorhandensein von Scheineffekt.
m_1 Kosten der Sekundärstation pro Effekteinheit.
m_L', m_0', m_1' entsprechende Werte bei der Tangentenmethode.
n Drahtzahl der einfachen Leitung.
n_a Verteurungsexponent des sich verteuernden Teils der Primärlage.
n_{cq} Exponent der substituierten Potenzlinie zur Berücksichtigung der Leitungskapazität im Einzelleiterfall.
n_h Exponent der substituierten Potenzlinie der kritischen Spannung.
n_i Verteurungsexponent des zum wattlosen Scheineffekt gehörigen Teils der Primäranlage.
n_L Verteurungsexponent der Leitung.
n_{Lq} Querschnittsexponent der Leitungskosten im Einzelleiterfall.
n_m Verteurungsexponent der elektrischen Maschinen.
n_r reduzierter Verteurungsexponent.
n_{rq} resultierender Querschnittsexponent.
n_{sq} Exponent der substituierten Potenzlinie zur Berücksichtigung der Selbstinduktion im Einzelleiterfall.
n_t Verteurungsexponent der Transformatoren.
n_u Spannungsexponent der vom Querschnitt unabhängigen Kosten bei Kabeln.
n_v Spannungsexponent der Übergangsverluste.
n_{vq} Querschnittsexponent der Übergangsverluste.
n_0 Verteurungsexponent des wattführenden Teils der Primäranlage.
n_{0k} mittlerer Verteurungsexponent für den gesamten Scheineffekt der Primäranlage.
n_1 Verteurungsexponent des wattführenden Teils der Sekundäranlage.
$P_{L1}\, P_{L2}$, $P_1\, P_2$ } Verteurungen bei der Leitung und den Maschinen.
p Ausgaben für Verzinsung und Amortisation pro Kapitaleinheit.
p_g Unternehmungsgewinn pro Kapitaleinheit.
p_L, p_0, p_1 } Ausgaben für Verzinsung und Amortisation bei dei Leitung, der Primär- und Sekundäranlage.
p' Ausgaben für Amortisation pro Kapitaleinheit.
p_L', p_0', p_1' } Ausgaben für die Amortisation bei der Leitung, der Primär- und Sekundäranlage.
p_n normale Ausgaben für Verzinsung.
q Leitungsquerschnitt.
q_d Querschnitt eines Drahtes.
q_p Querschnitt pro Effekteinheit.
R Widerstand der Leitung pro m Leitungslänge.
R_g Gesamtwiderstand der Leitung.
R_k Kurzschlußwiderstand der Leitung.
R_L Leerlaufwiderstand der Leitung.
r Radius der Leiter in engl. Zoll in der Ryanschen Originalgleichung.
S Betriebsüberschuß.
s Abstand der Leiter in engl. Zoll in der Ryanschen Originalgleichung.

T Betriebszeit pro Jahr in Stunden.
T_1 bis T_{13} Reduktionszeiten.
t Temperatur nach Fahrenheit in der Ryanschen Originalgleichung.
v Effektverlust pro sekundäre Effekteinheit.
v' Effektverlust pro primäre Effekteinheit.
x Verhältnis des Gesamtkapitals zum aufgenommenen.
$\mathfrak{z}_u, \mathfrak{z}_e$, $\mathfrak{z}_d, \mathfrak{z}_k$ Effektverluste pro Effekteinheit der Sekundärstation und des elektrischen, Dampfmaschinen- und Kesselteils der Primärstation.
α_k, α_d, α_e Schaltkoeffizienten für Kessel, Dampfmaschinen und elektrische Einrichtung der Zentrale.
η_t Transformatorwirkungsgrad.
ϱ spezifischer Widerstand des Leitermaterials.
φ Winkel der Phasenverschiebung.
ω Periodenzahl multipliziert mit 2π.

Bemerkung: Wo eine Unterscheidung der Werte der Billigkeit, Wirtschaftlichkeit, Rentabilität, Exploitation und der Exploitationsrentabilität stattfinden muß, werden an den betreffenden Bezeichnungsbuchstaben noch die Indices b, w, r, e, er angebracht.